第三版

微處理器原理與應用
組合語言與PIC18微控制器
Microprocessors Fundamentals and Applications
Using Assembly Language and PIC18 Microcontrollers

曾百由 著

五南圖書出版公司 印行

序

　　為了教授微處理器課程才發現相關教科書的欠缺，每次上課中總是要求學生參考原廠的原文資料手冊；但資料手冊畢竟不是教科書，在教學效果上總是顯得有點差距。累積了幾年微處理器授課經驗之後，覺得自己可以貢獻一些教學的心得，於是起了個念頭想要為這個社會貢獻一些心力，就動手寫了這本書作為一點回饋，可以應用於基礎的微處理器課程。

　　微處理器雖然是一個非常基本而且廣泛的學科與概念，但是在學習的過程中卻又必須與特定的硬體互相搭配才能夠得到實際的成果。因此雖然希望朝著廣泛而基本的學習目標撰寫書籍，卻也不可避免地需要選擇適當的微處理器作為說明的對象。因此，書中利用目前在八位元微處理器市佔率最高的 Microchip PIC 微控制器為對象，希望能夠針對這一系列微處理器的充分說明可以讓讀者了解到微處理器的各個組成與使用方法。只要讀者能夠完整的學習一種微處理器之後，對於其他各個不同廠牌或者類別的微處理器多半可以觸類旁通，完成自我學習的過程。

　　雖然本書的撰寫目的設定為一本教學用書，但是為了讓讀者在學習的過程中可以省去查詢資料的困難，盡可能地將所需要的微處理器相關文件也納入到各個章節的說明中。因此，這本書也可以作為讀者在使用 PIC18 系列微控制器時完整的使用手冊。而且為了能夠讓讀者實際驗證微處理器的各項功能，在每一個章節也都搭配了範例程式的練習，配合輔助的實驗電路板讓讀者可以在實際的硬體電路上觀察到相關的微處理器運作方式與程式執行結果。

　　本書的完成必須要感謝 Microchip 台北辦公室的大力協助，提供了書中所需要的相關文件並協助開發相關的硬體與範例程式；特別要感謝何仁杰先生在撰書過程中的各項協助與諮詢，讓本書的內容可以更加完整豐富。另外也要感謝五南文化出版公司，讓這本書可以完整的呈現在讀者的面前。同時也要感謝曾經協助過相關內容校正與測試的學生與朋友，讓這本書的內容可以更為正確無誤。最後更要感謝我的家人，特別是太太與小孩，在他們問過「爸爸您在做什麼？」之後，可以靜靜地看著我完成書籍的撰寫。

　　最後，希望這本書的發行可以讓希望學習微處理器相關知識與技術的讀者完成他們的學習目標；也希望這本書能夠發揮拋磚引玉的效果，能夠讓更多專業書籍出版發行，豐富這個社會的知識，提升我們的競爭力。希望個人的一點點貢獻與付出能夠讓更多人的學習更為順利，在微處理器的技術領域中能夠更進一步地發揮所長回饋於社會。

國立台北科技大學機械系

曾百由

Microchip Technology Taiwan
12F, No.4 ,Sec. 3 , Minchuan E. Road, Taipei, 104, Taiwan, R.O.C.
TEL: 886-2-25006610 FAX: 886-2-25080102

授權同意書

　　茲同意　曾百由　先生撰寫之「微處理器原理與應用—組合語言與 PIC18 微控制器」一書，其內容所引用 Microchip data books / sheets 的資料，已經由 Microchip 公司授權。

　　有關 Microchip 公司所規定之註冊商標及專有名詞之聲明，必須敘述於所出版之中文書內。為保障消費者權益，其內容若與 Microchip data books/sheets 中有相異之處，則以 Microchip data books/sheets 內容為基準。

　　此致

　　　　　　　曾百由　　　先生

授權人：　美商 Microchip Technology Taiwan
代表人：　總經理
　　　　　陳　　永　　豐

　　　　中 華 民 國 九十五 年 九 月 五 日

Microchip, dsPIC, PIC, MPLAB, MPASM, C18, MPLAB SIM, ICD2 等名詞為 Microchip Technology 公司所註冊之商標或名稱。

　　本書含範例程式所引用之資料已獲原廠授權，書中不再個別標註。

　　本書內容，含範例程式與實驗板設計，僅供讀者個人學習與參考使用。非經許可，請勿隨意引用。

前言

　　隨著科技進步與發展，數位化電子產品與個人生活愈加貼近，從電腦、行動電話、音樂播放器、數位相機等等個人器材，到家庭娛樂設備與生活用品與企業的生產管理設備等等電子化產品的蹤影無所不在。而電子化產品的基本形式多是以一個微處理器控制周邊的數位電路與感測器以達到特定的目的，例如個人電腦便是以一個強大的核心微處理器控制顯示器、硬碟、鍵盤、印表機等等周邊裝置完成使用者的工作。因此要了解複雜的數位系統時，必須要由基本的微處理機開始才能夠完整地學習軟體、硬體與韌體的架構與觀念。有別於傳統的單晶片微處理機只能處理簡單的數位輸出入並必須配合額外周邊硬體的限制，現代的微處理機已朝著系統單晶片的方向發展，將許多周邊硬體整合於單一元件的微處理器中。因此新一代微處理器的功能已足以應付許多特定功能而成為嵌入式數位系統的核心。特別是對於小型或客製化的數位裝置，例如音樂播放器或數位相機就必須充分利用微處理機的功能才能達到輕薄短小的設計目的而兼具強大的使用功能。

　　本書的內容以介紹微處理器相關的知識概念與使用方法為主要目標，配合使用 Microchip PIC18 系列微控制器作為各個硬體與功能的說明對象；而且為了讓讀者能夠更進一步地實際驗證並了解各個硬體的使用與結果，各個章節的範例程式都可以完整地在輔助實驗電路板上呈現正確的執行結果。由於本書所使用的 PIC18 系列微控制器是 Microchip 在八位元微處理器中的標準基本微處理器，因此這個微處理器具備有相當完整而豐富的功能，非常適合做為學習微處理器的對象。除此之外，為了讓讀者能夠學習到最新的微處理器相關技術，本書也針對新一代的微控制器 PIC18F4520 所增加的最新功能作了詳細的說明與範例程式的實驗。由於 PIC18 系列微控制器的高度相容性，本書所有的內容與範例程式也都能夠適用於其他 PIC18 系列微控制器。

　　這本書規劃的撰寫方式是希望藉由詳細的硬體說明與操作方式的講解，讓讀者可以充分地了解微處理器的硬體組成與使用方法。為了加強學習的效果，在說明各個硬體組成的過程中，將使用組合語言撰寫的範例程式讓讀者可以從最基本的微處理器操作方式學習到直接的硬體使用，以便能夠完整地了解微處理器運作的方法與技巧。希望讀者能夠學習到的不僅僅是基本的微處理器程式技巧，而且能夠更進一步地了解微處理器的功能與硬體規劃。

　　配合輔助實驗電路板的使用，書中所介紹的每一個微處理器功能與範例程式都可以在硬體電路上實際呈現它的效果；如果讀者可以搭配實驗電路板的使用，將可以獲得最大的學習效果。而且由於範例程式針對每一個微處理器的硬體功能與相關配合的實驗板元件都有詳細的說明與使用範例，讀者可以清楚地了解到各個硬體與元件的功能及使用方法。書中所提供的數十個組合語言範例程式更可以作為讀者未來發展應用程式的函式庫重要資源，讀者可利用這些範例程式針對新的應用需求組合整理出所需要的微處理器應用程式。

　　為了完成上述的規劃，本書的章節內容包括：

第一章　　微處理器與數位電路簡介
第二章　　PIC18 微控制器簡介
第三章　　微處理器組合語言指令
第四章　　資料記憶體
第五章　　PIC 微控制器實驗板
第六章　　數位輸出入埠
第七章　　PIC18 微控制器系統功能與硬體設定
第八章　　中斷與周邊功能運用
第九章　　計時器／計數器
第十章　　類比數位訊號轉換與類比訊號比較模組
第十一章　　CCP 模組
第十二章　　通用非同步傳輸
第十三章　　EEPROM 資料記憶體
第十四章　　LCD 液晶顯示器
附錄 A　Microchip 開發工具
附錄 B　參考文獻

第一章主要作為數位電路相關基礎觀念的回顧；第二章則是對於 PIC18 系列微控制器的功能概況作一個簡略的介紹；第三章則詳細地介紹使用微處理器的相關組合語言指令，作為後續章節範例程式的基礎；第四章則是針對微處理器的記憶體配置與使用做一個完整的介紹，並建立基本的微處理器操作概念；第五章則針對輔助實驗電路板的元件規劃與電路設計做詳細的說明，以便在後續章節配合使用；第六章到第十四章則是針對微處理器各項核心功能與周邊硬體功能與操作方法做詳細的介紹與說明，並配合組合語言範例程式的示範引導讀者深入地了解微處理器各個功能的使用技巧與觀念。

由於本書所涵蓋的章節非常地完整而豐富，因此可以作為基礎的微處理器教學課程教材。書中範例程式已根據最新的 PIC-AS 組合語言組譯器更新，所使用的實驗板設計 APP025 mini 也重新設計以提供讀者基礎實惠的入門工具。針對基礎的微處理器課程可以利用第一章到第十四章作為一個學期的教學內容；針對較為進階的微處理器運用技巧則可以配合作者的另一本著作《微處理器原理與應用——C 程式語言與 PIC18 微控制器》學習使用 C 程式語言的微處理器程式撰寫技巧，作為研究高階微處理器課程的教材內容。

本書所配合的微控制器實驗電路板為 APP025 mini。實驗電路板及範例程式的取得，讀者可以使用附錄 B 的連結下載或在五南圖書 http://www.wunan.com.tw 本書的網頁查詢到相關的內容。

目錄

CHAPTER 1

微處理器與數位電路簡介

1.1　微處理器簡介

　　數位運算的濫觴要從 1940 年代早期的電腦雛形開始。這些早期的電腦使用眞空管以及相關電路來組成數學運算與邏輯運算的數位電路，這些龐大的電路元件所組成的電腦大到足以占據一個數十坪的房間，但卻只能作簡單的基礎運算。一直到 1947 年，貝爾實驗室所發明的電晶體取代了早期的眞空管，有效地降低了數位電路的大小以及消耗功率，逐漸地提高了電腦的使用率與普遍性。從此之後，隨著積體電路（Integrated Circuit, IC）的發明，大量的數位電路不但可以被建立在一個微小的矽晶片上，而且同樣的電路也可以一次大量重複製作在同一個矽晶圓上，使得數位電路的應用隨著成本的降低與品質的穩定廣泛地進入到一般大眾的生活中。

　　在數位電路發展的過程中，所謂的微處理器（microprocessor）這個名詞首先被應用在 Intel® 於 1971 年所發展的 4004 晶片組。這個晶片組能夠執行 4 位元大小的指令並儲存輸出入資料於相關的記憶體中。相較於當時的電腦，所謂的「微」處理器在功能與尺寸上，當然是相當的微小。但是隨著積體電路的發達，微處理器的功能卻發展得越來越龐大，而主要的發展可以分爲兩個系統。

　　第一個系統發展的方向主要強調強大的運算功能，因此硬體上將使用較多的電晶體來建立高位元數的資料通道、運算元件與記憶體，並且支援非常龐大的記憶空間定址。這一類的微處理器通常被歸類爲一般用途微處理器，它本身只負責數學邏輯運算的工作以及資料的定址，通常會搭配著外部的相關元件以及程式資料記憶體一起使用。藉由這些外部輔助的相關元件，或稱爲晶片組（chipset），使得一般用途微處理器可以與其他記憶體或輸出入元件溝通，以達到使用者設計要求的目的。例如在一般個人電腦中常見的 Core® 及 Pentium® 處理器，也就是所謂的 CPU（Central Processing Unit），便是屬於這一類的一般用途微處理器。

第二個微處理器系統發展的方向，則朝向將一個完整的數位訊號處理系統功能完全建立在一個單一的積體電路上。因此，在這一個整合的微處理器系統上，除了核心的數學邏輯運算單元之外，必須要包含足夠的程式與資料記憶體、程式與資料匯流排，以及相關的訊號輸出入介面周邊功能。而由於所具備的功能不僅能夠作訊號的運算處理，並且能夠擷取外部訊號或輸出處理後的訊號至外部元件，因此這一類的微處理器通常被稱作為微控制器（Micro-Controller），或者微控制器元件（Micro-Controller Unit, MCU）。

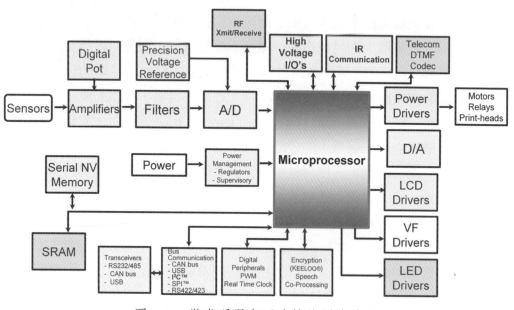

圖 1-1　微處理器與可連接的周邊功能
（實心方塊為目前已整合於微處理器內之功能）

由於微控制器元件通常內建有數位訊號運算、控制、記憶體，以及訊號輸出入介面在同一個系統晶片上，因此在設計微控制器時，上述內建硬體與功能的多寡便會直接地影響到微控制器元件的成本與尺寸大小。相對地，下游的廠商在選擇所需要的微控制器時，便會根據系統所需要的功能以及所能夠負擔的成本再挑選適當的微控制器元件。通常微控制器製造廠商會針對一個相同數位訊號處理功能的核心微處理器設計一系列的微控制器晶片，提供不同程式記憶體大小、周邊功能、通訊介面，以及接腳數量的選擇，藉以滿足不同使用者以及應用需求的選擇。

　　目前微處理器的運算資料大小，已經由早期的 8 位元微處理器，發展到一般個人電腦的 32 位元，甚至於 64 位元的微處理器也可以在一般的市場上輕易地取得。因此，使用者必須針對應用設計的需求選擇適當的微處理器，而選擇的標準不外乎是成本、尺寸、周邊功能與記憶體大小。有趣的是，在個人電腦的使用上，隨著視窗軟體系統的升級與應用程式的功能增加，使用者必須不斷地追求速度更快，位元數更多，運算功能更強的微處理器；但是在一般的微控制器實務運用上，8 位元的微控制器便可以滿足一般應用系統的需求，使得 8 位元微控制器的應用仍然是目前市場的主流。所不同的是，隨著應用的增加，越來越多不同的周邊功能與資料通訊介面不斷地被開發並整合到 8 位元的微控制器上，以滿足日益複雜的市場需求。

　　目前在實務的運用上，由於一般用途微處理器僅負責系統核心的數學或邏輯運算，必須搭配相關的晶片組才能夠進行完整的程式與資料記憶體的擷取、輸出入控制等等相關的功能，例如一般個人電腦上所使用的 Core® 及 Pentium® 微處理器。因此，在這一類的一般用途微處理器發展過程中，通常會朝向標準化的規格發展，以便相關廠商配合發展周邊元件。因為標準化的關係，即使是其他廠商發展類似的微處理器，例如 AMD® 所發展的同等級微處理器，也可以藉由標準化的規格以及類似的周邊元件達到同樣的效能。這也就是為什麼各家廠商或自行拼裝的個人電腦或有不同，但是它們都能夠執行一樣的電腦作業系統與相關的電腦軟體。

　　相反地，在所謂微控制器這一類的微處理器發展上，由於設計者在應用開發的初期便針對所需要的硬體、軟體，或所謂的韌體，進行了特殊化的安排與規劃，因此所發展出來的系統以及相關的軟硬體便有了個別的獨立性與差異性。在這樣的前題下，如果沒有經過適當的調整與測試，使用者幾乎是無法將一個設計完成的微控制系統直接轉移到另外一個系統上使用。例如，甲廠商所發展出來的汽車引擎微控制器或者是輪胎胎壓感測微控制器，便無法直接轉移到乙廠商所設計的車款上。除非經由工業標準的制定，將相關的系統或者功能制定成為統一的硬體界面或通訊格式，否則廠商通常會根據自我的需求與成本的考量選用不同的控制器與程式設計來完成相關的功能需求。即便是訂定了工業標準，不同的微控制器廠商也會提供許多硬體上的解決方案，使得設計者在規劃時可以有差異性的選擇。例如，在規劃微控制器使用通用序列埠（Universal Serial Bus, USB）的設計時，設計者可以選用一般的微控制器搭配外部的 USB 介面元件，或者是使用內建 USB 介面功能的微控制器。因此，設計者必須要基於成本的考量以及程式撰寫的難易與穩定性做出最適當的設定；而不同的廠商與設計者便會選擇不同的設計方法、硬體規劃以及應用程式內容。也就是因為這樣的特殊性，微控制器可以客制化的應用在少量多樣的系統上，滿足特殊的使用要求，例如特殊工具機的控制系統；或者是針對數量龐大的特定應用，選擇低成本的微控制器元件有效地降低成本而能夠普遍地應用，例如車用電子元件與 MP3 播放控制系統；或者是具備完整功能的可程式控制系統，提供使用者修改控制內容的彈性空間，例如工業用的可程式邏輯控制器（Programmable Logic Controller, PLC）。

也就是因為微控制器的多樣化與客制化的特色，使得微控制器可以廣泛地應用在各式各樣的電子產品中，小到隨身攜帶的手錶或者行動電話，大到車輛船舶的控制與感測系統，都可以看到微控制器的應用。也正由於它的市場廣大，引起了為數眾多的製造廠商根據不同的觀念、應用與製程開發各式各樣的微控制器，其種類之繁多即便是專業人士亦無法完全列舉。而隨著應用的更新與市場的需求，微控制器也不斷地推陳出新，不但滿足了消費者與廠商的需求，也使得設計者能夠更快速而方便的完成所需要執行的特定工作。

在種類繁多的微處理器產品中，初學者很難選擇一個適當的入門產品做為學習的基礎。即便是選擇微控制器的品牌，恐怕都需要經過一番痛苦的掙扎。事實上，各種微處理器的設計與使用觀念都是類似的，因此初學者只要選擇一個適當的入門產品學習到基本觀念與技巧之後，便能夠類推到其他不同的微處理器應用。基於這樣的觀念，本書將選擇目前在全世界 8 位元微控制器市場佔有率最高的 Microchip® 微控制器作為介紹的對象。本書除了介紹各種微處理器所具備的基本硬體與功能之外，並將使用 Microchip® 產品中功能較為完整的 PIC18 系列微控制器作為程式撰寫範例與微處理器硬體介紹的對象。本書將介紹一般撰寫微處理器所使用的基本工具——組合語言，引導讀者能夠撰寫功能更完整、更有效率的應用程式。並藉由組合語言程式的範例程式詳細地介紹微處理器的基本原理與使用方法，使得讀者可以有效地學習微處理器程式設計的過程與技巧，有效地降低開發的時間與成本。

　　不論微處理器的發展如何的演變，相關的運算指令與周邊功能都是藉由基本的數位邏輯元件建構而成。因此，在詳細介紹微處理器的各個功能之前，讓我們一起回顧相關的基本數位運算觀念與邏輯電路元件。

1.2　數位運算觀念

◢ 類比與數位訊號

　　在生活周遭的各式各樣用品中，存在著不同的訊號處理方式，基本上可以概略地分成類比與數位兩大類的方式。在數位運算被發明之前，人類的生活使用的都是類比的訊號。所謂的類比（Analog）訊號，也就是所謂的連續（Continuous）訊號，指的是一個在時間上連續不斷的物理量，不論在任何時間，不論使用者用多微小的時間單位去劃分，都可以量測到整個物理量的數值。例如每一天大氣溫度的量測，在早期人類使用玻璃管式的酒精或者水銀溫度計時，不論是每一分鐘、每一秒鐘、每一毫秒（1/1,000秒）甚至每一微秒（1/1,000,000秒），在這些傳統的溫度計上都可以讀取到一個溫度值。因此我們說，這些溫度計所顯示的訊號是連續不斷的，也就是所謂的類比訊號。而數位（Digital）訊號，也就是所謂的離散（Discrete）訊號，訊號的狀態是片段的狀態所聯結而成的。數位訊號是人類使用數位電路之後所產生的，因此這一類的訊號便存在於一般的數位電子產品中。例如同樣是量測溫度的溫度計，現在的家庭中多使用電子式的溫度計，量測結果都是以數字的方式顯示在銀幕上。這些溫度的數字並不是隨時隨地地在變化，而是每隔一段時間，也就是所謂的週期，才做一次變化。如果拿著吹風機對著這種數位溫度計加熱，將會發現到溫度的上升是每一秒，甚至間隔好幾秒才會改變一次。這是因為數位溫度計裡面的電子電路或者微處理器每隔一個固定的週期才會進行溫度的量測與顯示的更新，而在這個週期內顯示的溫度是不會改變的。因此當我們把顯示的溫度與時間畫成一條曲線時，將會發現溫度是許多不連續的片段所組成，這就是所謂的數位或者離散的訊號。因此，就像在圖 1-2 所顯示的兩個溫度計，類比的溫度計所量測的溫度曲線有著連續不斷地變化，而數位的溫度計則顯示著片段的變化結果。

圖 1-2   類比與數位溫度計量測的溫度曲線

訊號編碼方式

在數位電路或者是微處理器系統中，為了要表示一個訊號的狀態以配合數位電路的架構或者是操作者的資訊溝通，必須要使用適當的訊號編碼方式。由於在一般的 8 位元微處理器中多半是以整數的方式處理訊號，因此在這裡將介紹幾種基本的訊號編碼方式，包括十進位編碼、二進位編碼、十六進位編碼及 BCD（Binary Coded Decimal）編碼方式。

■ 十進位編碼（Decimal Numbering）

十進位編碼方式是一般常用的數學計量方法。一如大家所熟悉的數字，每一個位數可以有 10 種不同的數字（0,1,2,3,4,5,6,7,8,9），當每一個位數的大小超過 9 時就必須要進位到下一個層級（Order）的位數。換句話說，每一個層級位數的大小將會相差 10 倍。例如在圖 1-3 中，以十進位編碼的 462 這個數字，2 代表的是個位數（也就是 10^0），6 代表的是十位數（也就是 10^1），4 代表的是百位數（也就是 10^2）。而其所代表的大小也就是圖 1-3 算式中所列出的總和。

數字	D_3	D_2	D_1	D_0
位數大小	10^3	10^2	10^1	10^0

十進位編碼數字 $(D_3D_2D_1D_0)_{10} = D_3 \times 10^3 + D_2 \times 10^2 + D_1 \times 10^1 + D_0 \times 10^0$

例：$(462)_{10} = 4 \times 10^2 + 6 \times 10^1 + 2 \times 10^0$

圖 1-3　十進位編碼

■二進位編碼（Binary Numbering）

　　由於在數位電路元件中每一個元件只能存在有高電壓與低電壓兩種狀態，分別代表著 1 與 0 兩種數值，因此在數位電路中每一個位數就僅能夠有兩種不同的數字變化。當數字的大小超過 1 時，就必須進位到下一個層級的位數。換句話說，每一個層級位數的大小將會相差兩倍。例如在圖 1-4 中，以二進位編碼的 1011 這個數字，最左邊的 1 代表的位數大小是 2^3，0 代表的位數大小是 2^2，接下來的 1 代表的位數大小是 2^1，最右邊的 1 代表的位數大小是 2^0。而其所代表的大小也就是圖 1-4 算式中所列出的總和。

數字	B_3	B_2	B_1	B_0
位數大小	2^3	2^2	2^1	2^0

二進位編碼數字 $(B_3B_2B_1B_0)_2 = B_3 \times 2^3 + B_2 \times 2^2 + B_1 \times 2^1 + B_0 \times 2^0$

例：$(1011)_2 = 1 \times 2^3 + 0 \times 2^2 + 1 \times 2^1 + 1 \times 2^0 = (8 + 0 + 2 + 1)_{10} = 11_{10}$

圖 1-4　二進位編碼

■十六進位編碼（Hexadecimal Numbering）

　　上述的兩種編碼方式，十進位編碼是一般人所常用的計量方式，而二進位編碼則是數位系統計算與儲存資料的計量方式。雖然經過適當的訓練，使用者可以習慣二進位編碼的數字系統；然而由於二進位編碼的數值過於冗長，造成訊號顯示或者程式撰寫時的不便。因此為了更簡捷有效的表示數位化的訊號，便有了十六進位編碼方式的產生。

每一個十六進位編碼的位數可以有 16 種數字的變化。而由於常用的阿拉伯數字僅有十個數字符號，因此超過 9 的部分便藉由英文字母 ABCDEF 來代表 10、11、12、13、14 與 15。而每一個層級位數的大小將會相差 16 倍。例如在圖 1-5 中，以十六進位編碼的 2A4D 這個數字，最左邊的 2 代表的位數大小是 16，A 代表的位數大小是 16^2，接下來的 4 代表的位數大小是 16，最右邊的 D 代表的位數大小是 16^0。而其所代表的大小也就是圖 1-5 算式中所列出的總和。

數字	H_3	H_2	H_1	H_0
位數大小	16^3	16^2	16^1	16^0

十六進位進位編碼數字 $(H_3\ H_2\ H_1\ H_0)_{16} = H_3 \times 16^3 + H_2 \times 16^2 + H_1 \times 16^1 + H_0 \times 16^0$

例：$(2A4D)_{16} = 2 \times 16^3 + 10 \times 16^2 + 4 \times 16^1 + 13 \times 16^0$

$= (2 \times 4096 + 10 \times 256 + 4 \times 16 + 13 \times 16)_{10} = 10829_{10}$

圖 1-5　十六進位編碼

訊號編碼的轉換

在上面的範例中，說明了如何將二進位編碼或者是十六進位編碼的數值轉換成十進位編碼的數字。而當需要將十進位的數值轉換成二進位或十六進位編碼數字時，通常較為常用的方式是所謂的連續除法（Successive Division）的方式。

■十進位編碼轉換二進位編碼

轉換時，只要將十進位的數值除以 2 後所得的商數連續地除以 2，然後將所得到的餘數依序的由最低位數填寫，便可以得到二進位的轉換結果。

例：將 462_{10} 轉換成二進位數字表示

$$
\begin{array}{rcccccll}
462 & \div & 2 & = & 231 & 餘 & 0 & \times\, 2^0 \\
231 & \div & 2 & = & 115 & 餘 & 1 & \times\, 2^1 \\
115 & \div & 2 & = & 57 & 餘 & 1 & \times\, 2^2 \\
57 & \div & 2 & = & 28 & 餘 & 1 & \times\, 2^3 \\
28 & \div & 2 & = & 14 & 餘 & 0 & \times\, 2^4 \\
14 & \div & 2 & = & 7 & 餘 & 0 & \times\, 2^5 \\
7 & \div & 2 & = & 3 & 餘 & 1 & \times\, 2^6 \\
3 & \div & 2 & = & 1 & 餘 & 1 & \times\, 2^7 \\
1 & \div & 2 & = & 0 & 餘 & 1 & \times\, 2^8 \\
\end{array}
$$

$$462_{10} = 111001110_2$$

■十進位編碼轉換十六進位編碼

　　轉換時，只要將十進位的數值除以 16 後所得的商數連續地除以 16，然後將所得到的餘數依序的由最低位數填寫，便可以得到十六進位的轉換結果。

　　例：將 10829_{10} 轉換成十六進位數字表示

$$
\begin{array}{rcccccll}
10829 & \div & 16 & = & 676 & 餘 & 13 & \to D \times 16^0 \\
676 & \div & 16 & = & 42 & 餘 & 4 & \times 16^1 \\
42 & \div & 16 & = & 2 & 餘 & 10 & \to A \times 16^2 \\
2 & \div & 16 & = & 0 & 餘 & 2 & \times 16^3 \\
\end{array}
$$

$$10829_{10} = 2A4D_{16}$$

■十六進位編碼轉換二進位編碼

　　轉換時，只要將十六進位編碼的每一個十六進位數字直接轉換成一組四個

CHAPTER

1

二進位編碼數字即可。

　例：將 $2A4D_{16}$ 轉換成二進位編碼

十六進位編碼	2	A	4	D
	↓	↓	↓	↓
二進位編碼	0010	1010	0100	1101

■二進位編碼轉換十六進位編碼

　　轉換時，只要將二進位的數值由低位數開始，每四個二進位數字一組直接轉換成一個十六進位編碼數字即可。

　例：將 10101001001101_2 轉換成十六進位編碼

二進位編碼	0010	1010	0100	1101
	↓	↓	↓	↓
十六進位編碼	2	A	4	D

BCD訊號的編碼

　　在某一些數位訊號系統的應用中，為了顯示資料的方便，例如使用七段顯示器，有時候會將十進位編碼的每一個層級數字直接地轉換成二進位編碼方式來存取，這樣的編碼方式這叫做 BCD 編碼（Binary Coded Decimal）。由於十進位編碼的每一個層級數字需要四個二進位數字才能夠表示，因此在 BCD 編碼的資料中，每四個的二進位數字便代表了 0 到 9 的十進位數字；雖然四個二進位的數值可以表示最大到 15 的大小，但是在 BCD 編碼的資料中 10~15 是不被允許在這四個二進位數字的組合中。

■十進位編碼轉換成 BCD 編碼

　　轉換時，只要直接將每一個層級的十進位編碼數字轉換成二進位編碼的數字即可。

　例：將 462_{10} 轉換成 BCD 編碼數字表示

十進位編碼	4	6	2
	↓	↓	↓
二進位編碼	0100	0110	0010

$$462_{10} \rightarrow 010001100010_{BCD}$$

■BCD 編碼轉換成十進位編碼

轉換時，只要將二進位的數值由低位數開始，每四個二進位數字一組直接轉換成一個十進位編碼數字即可。

例：將 10001100010_{BCD} 轉換成十進位編碼數字表示

二進位編碼	0100	0110	0010
	↓	↓	↓
十進位編碼	4	6	2

$$10001100010_{BCD} \rightarrow 462_{10}$$

☉ ASCII編碼符號

ASCII 編碼符號是一個國際公認的數字、英文字母與鍵盤符號的標準編碼，總共包含 128 個編碼符號。ASCII 是 American Standard Code for Information Interchange 的縮寫。ASCII 編碼符號的內容如表 1-1 所示。這 128 個 ASCII 編碼符號可以用七個二進位數字編碼所代表，因此在數位訊號系統中便可以藉由這些編碼來傳遞文字資料；例如，微處理器與電腦之間，或者是電腦與電腦之間的資料傳輸，都可以利用 ASCII 編碼符號來完成。

在個人電腦上，通常會利用「超級終端機」這個應用程式以 ASCII 編碼的訊號透過 COM 埠以 RS-232 的通訊架構傳輸資料到其他數位訊號系統。我們將會在稍後的範例中見到這樣的應用。而在功能較為完整的微處理器上，通常也會具備這樣子的通訊功能，以便將相關的資料傳輸到其他的數位訊號系統中。

值得注意的是，在 ASCII 編碼符號中有一些是無法顯示的控制符號，例如 ASCII 編碼表中的前三十二個。這一些控制符號是用來控制螢幕或終端機上的顯示位址以及其他相關的訊息。

CHAPTER

1

表 1-1　ASCII 編碼符號

Code		MSB							
		0	1	2	3	4	5	6	7
LSB	0	NUL	DLE	Space	0	@	P	'	p
	1	SOH	DC1	!	1	A	Q	a	q
	2	STX	DC2	"	2	B	R	b	r
	3	ETX	DC3	#	3	C	S	c	s
	4	EOT	DC4	$	4	D	T	d	t
	5	ENQ	NAK	%	5	E	U	e	u
	6	ACK	SYN	&	6	F	V	f	v
	7	Bell	ETB	'	7	G	W	g	w
	8	BS	CAN	(	8	H	X	h	x
	9	HT	EM	)	9	I	Y	i	y
	A	LF	SUB	*	:	J	Z	j	z
	B	VT	ESC	+	;	K	[	k	{
	C	FF	FS	,	<	L	\	l	|
	D	CR	GS	-	=	M	]	m	}
	E	SO	RS	.	>	N	^	n	~
	F	SL	US	/	?	O	_	o	DEL

狀態與事件的編碼

　　在數位訊號系統中，數字並不見得一定代表著一個用來運算的數值，數字經常也會被使用來作爲一些相關的事件或者系統狀態的代表。例如，使用者可以用八個二進位數字代表需要監測的四個儲油槽中溫度與壓力是否超過所設定的監測值，如圖 1-6 所示；當量測的結果超過所預設的控制值時，可以將數字訊號設定爲 1；否則則將相對應的數字訊號設定爲 0。

　　在這樣的條件設定下，這四個儲油槽的溫度與壓力狀態可以組合出一組八個二進位數字訊號所組成的資料。雖然這組數字訊號並不代表任何有意義的數值，但是它卻可以用來表示跟儲油槽有關的狀態或事件的發生，這也是在數位系統中常見到的應用。除此之外，這一組數字的內容與實際的硬體電路有絕對密切的關係，使用者必須得配合設計系統時相關的電路資料才能夠了解所對應的狀態與事件。

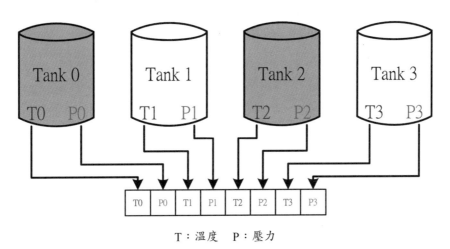

T：溫度　P：壓力

圖1-6　儲油槽中溫度與壓力狀態編碼

2的補數法表示

在數位訊號系統中，所有的數學運算都是以二進位的方式來完成。而二進位的加減乘除運算與一般常用的十進位運算法則並沒有太大的差異。比較特別的是，數位訊號運算在處理負數或者是減法的運算時，一般都會採用一個特別的數值表示方式，通常稱之為2的補數法（2's Complementary）。

在簡單的數位訊號系統或者是微處理器應用程式中，通常只會處理正的數值，而不考慮小於0的數值運算。但是在需要考慮負數或者是減法運算時，為了增加運算的效率並且減少微處理器硬體的設計製造成本，通常會採用2的補數法方式進行。

在一般八位元的系統中，如果只表示正數的話，可以表示的範圍是由0到255（2^8-1），也就是二進位的00000000~111111111。但是，如果要表示的範圍包含正數與負數的可能時，2的補數法是最廣泛被採用的方式。由於要表示正數與負數，2 的補數法所能表示的範圍雖然同樣地涵蓋二進位的 00000000~111111111 的 256 個數字，但是其範圍則改變爲十進位的 -128 到 +127。基本上，二進位最高位元標示的是數值的正負號，如果數值爲正數，最高位元爲 0；如果數值爲負數，最高位元爲 1。剩下的七個位元數則表示數值的大小。數值的大小可以經由簡單的運算法則計算得到，其步驟簡列如下：

Step 1　如果數值爲正數，則直接使用二進位的方式轉換。

Step 2　如果數值爲負數，則必須先將二進位方式轉換後每一個位元的數字作補數運算，然後再加 1。所謂的補數運算，即是將二進位數值中的 0 變成 1，1 則變成 0。如此便可以得到所謂的 2 的補數法表示數字。

讓我們用簡單的例題來學習 2 的補數法的數值轉換方式。

例：將 +100 與 -100 以 2 的補數法方式表示。

解：(A) +100 爲正數，所以最高位元爲 0。100 則可以直接轉換爲 1100100。因此，+100 完整的 2 的補數法表示爲 01100100。

(B) -100 爲負數，所以最高位元爲 1。100 則可以直接轉換爲 1100100。但是負數必須經過補數的運算，然後再加 1。因此，100 將轉換爲 1100100，經過補數運算成爲 0011011 之後，再加 1 成爲 0011100。最後，-100 的完整 2 的補數法表示爲 10011100。

2 的補數法除了用來表示負數之外，在許多數位系統與微處理器的硬體上，爲了降低設計與製造的成本，通常都會將減法運算改變爲加負數的運算。因此，2 的補數法使用是非常地廣泛。

在某些場合，如果使用者需要將 2 的補數法標示的數值轉換成十進位或作進一步的分析計算時，也可以利用同樣的方法轉換而得。換句話說，它的步驟同樣是：

Step 1　如果數值爲正數，則直接使用二進位的方式轉換。

Step 2　如果數值爲負數，則必須先將每一個位元的數字作補數的運算後再轉換爲十進位數字，然後再加 1。如此便可以得到所謂的十進位表示數字的大小，最後要記得加上負號標示。

例：將 2 的補數法方式的 10011100 轉換爲十進位表示。

解：10011100，因爲最高位元爲 1，所以爲負數。因爲是負數，所以 0011100 必須先經過補數的運算，然後再加以 1。因此，0011100 將 經過補數運算成爲 1100011 之後，再加 1 成爲 1100100，也就是十 進位的 100。最後，10011100 的完整十進位表示，必須加上負號成 爲 -100。

1.3 邏輯電路

任何一個數位訊號系統或者微處理器，基本上都是由許多邏輯電路元件所 組成的。在這個章節中，將回顧一些基本的邏輯電路元件與相關的邏輯運算或 設計的方法。

基本的邏輯元件

基本的邏輯元件包含：AND、OR、NOT、XOR、NAND 與 NOR。所有 的數位訊號系統皆可以由這些基本邏輯元件組合而成。

AND Gate

AND Gate，一般稱爲「且」閘。它的邏輯元件符號、布林代數（Boolean Algebra）表示方式及眞值表（Truth Table）如圖 1-7 所示。

$$X = A \text{ and } B$$
$$X = A \times B = AB$$

Input		Output
A	B	$X = A \times B$
0	0	0
0	1	0
1	0	0
1	1	1

圖 1-7 AND 閘邏輯元件符號、布林代數表示方式及眞值表

　　由真值表可以看到，只有當輸入 A 與輸入 B 的條件都成立而為 1 時，AND 閘的輸出 X 才會成立為 1。當 AND 閘的輸入條件數目增加為 N 個時，真值表的大小將會增加為 2^N 個。不過只有當所有輸入條件都成立而為 1 時，AND 閘的輸出 X 才會成立為 1。

　　AND 閘除了作為一般的邏輯條件判斷之外，另一個常見的用途是作為訊號傳輸與否的控制。如圖 1-8 所示，當控制訊號為 0 時，輸出訊號將永遠為 0，也就是說在輸出端永遠看不到傳輸訊號的變化；當控制訊號為 1 時，輸出訊號將會等於傳輸訊號，而且將反映傳輸訊號的變化。利用簡單的 AND 閘，可以在數位訊號系統中達到控制訊號傳輸的目的。這種控制傳輸訊號的方法一般稱做為正向控制（Positive Control）。

圖 1-8　AND 閘作為訊號傳輸控制

■ OR Gate

　　OR Gate，一般稱為「或」閘。它的邏輯元件符號、布林代數表示方式及真值表如圖 1-9 所示。

　　由真值表可以看到，只要當輸入 A 與輸入 B 的條件任何一個成立而為 1 時，OR 閘的輸出 X 就會成立為 1。當 OR 閘的輸入條件數目增加為 N 個時，真值表的大小將會增加為 2^N 個。不過只有當所有輸入條件都不成立而為 0 時，OR 閘的輸出 X 才會為 0。相反地，只要有任何一個輸入條件成立而為 1 時，OR 閘的輸出 X 就會成立為 1。

Input A
Input B

Output X

$$X = A \; or \; B$$

$$X = A + B$$

Input		Output
A	B	$X = A \times B$
0	0	0
0	1	1
1	0	1
1	1	1

圖 1-9　OR 閘邏輯元件符號、布林代數表示方式及真值表

CHAPTER

1

　　OR 閘除了作爲一般的邏輯條件判斷之外，它也可以作爲訊號傳輸與否的控制。如圖 1-10 所示，當控制訊號爲 1 時，輸出訊號將永遠爲 1，也就是說在輸出端永遠看不到傳輸訊號的變化；當控制訊號爲 0 時，輸出訊號將會等於傳輸訊號，而且將反映傳輸訊號的變化。利用簡單的 OR 閘，也可以在數位訊號系統中達到控制訊號傳輸的目的。這種控制傳輸訊號的方法一般稱做爲負向控制（Negative Control）。使用 OR 閘控制傳輸訊號而輸出訊號不變時，輸出訊號將爲 1；但是使用 AND 閘控制傳輸訊號而輸出訊號不變時，輸出訊號將爲 0。

傳輸訊號
控制訊號

輸出訊號

控制訊號 = 0　→　輸出訊號 = 傳輸訊號
控制訊號 = 1　→　輸出訊號 = 1

圖 1-10　OR 閘作為訊號傳輸控制

■ NOT Gate

NOT Gate，一般稱為「反向」閘。它的邏輯元件符號、布林代數表示方式及真值表如圖 1-11 所示。由真值表可以看到，輸出 X 的結果永遠與輸入 A 的條件相反。

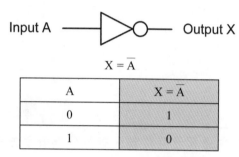

$$X = \overline{A}$$

A	$X = \overline{A}$
0	1
1	0

圖 1-11　NOT 閘邏輯元件符號、布林代數表示方式及真值表

■ XOR Gate

XOR（Exclusive OR）Gate，一般稱為「互斥或」閘。它的邏輯元件符號、布林代數表示方式及真值表如圖 1-12 所示。

$$X = A \oplus B$$

Input		Output
A	B	$X = A \oplus B$
0	0	0
0	1	1
1	0	1
1	1	0

圖 1-12　XOR 閘邏輯元件符號、布林代數表示方式及真值表

　　由真值表可以看到，只要當輸入 A 與輸入 B 的條件相同時，XOR 閘的輸出 X 就會為 0；當輸入 A 與輸入 B 的條件不同時，XOR 閘的輸出 X 就會為 1。因此在數位電路的設計上，互斥或閘通常被拿來作為訊號的比較使用。

■ NAND Gate

　　NAND Gate，它的邏輯元件符號、布林代數表示方式及真值表如圖 1-13 所示。實際上它就是將 AND 閘的運算結果再經過一個反向器反向運算後輸出。

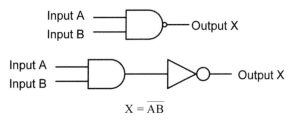

$$X = \overline{AB}$$

Input		Output
A	B	$X = \overline{AB}$
0	0	1
0	1	1
1	0	1
1	1	0

圖 1-13　NAND 閘邏輯元件符號、布林代數表示方式及真值表

■ NOR Gate

　　NOR Gate，它的邏輯元件符號、布林代數表示方式及真值表如圖 1-14 所示。實際上它就是將 OR 閘的運算結果再經過一個反向器反向運算後輸出。

CHAPTER

1

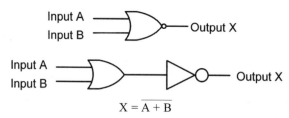

$$X = \overline{A + B}$$

Input		Output
A	B	$X = \overline{A + B}$
0	0	1
0	1	0
1	0	0
1	1	0

圖 1-14　NOR 閘邏輯元件符號、布林代數表示方式及真值表

　　NAND 閘與 NOR 閘在邏輯電路的設計上也被稱作爲萬能閘（Universal Gate），因爲在設計上可以使用這兩種邏輯元件的其中一種組合出所有前面所列出的基本邏輯元件。因此，在積體電路的設計上，常常會以 NAND 閘或者 NOR 閘作爲設計的基礎，以便統一積體電路的製造程序。

組合邏輯

　　簡單的數位訊號系統可以由上述的基本邏輯元件根據設計的需求組合而成。如果設計的需求條件並未牽涉到輸入條件狀態的先後順序，而僅由輸入條件的瞬間狀態組合決定輸出結果，這一類的數位訊號系統可稱爲組合邏輯（Combinational Logic）。

　　例如在汽車上爲提醒駕駛人一些注意狀態的警告聲音，可藉由蜂鳴器的觸發產生。如果設計蜂鳴器觸發的需求如下，

　　1. 車門打開*且*鑰匙插入

　　2. 車門打開*且*頭燈打開

　　由於這兩個條件只要有一個成立，蜂鳴器就要觸發。因此兩個條件之間爲「或」的關係。上述的系統可以根據條件設計爲如圖 1-15 之組合邏輯系統。

圖 1-15　汽車蜂鳴器觸發的組合邏輯系統

在實務上，爲了降低成本與故障發生的機會，當一個數位訊號系統建立之後的第一個問題便是如何進一步地簡化系統。事實上，圖 1-15 的系統可以被簡化爲如圖 1-16 的邏輯設計，利用眞值表便可以證明這兩個系統的功能是相同的。

圖 1-16　簡化的汽車蜂鳴器觸發邏輯設計

要如何簡化一個組合邏輯系統呢？這時候便需要學習並運用相關的布林代數技巧與觀念。

1.4　布林代數

運用布林代數的主要目的在於利用簡便的數學運算符號來進行組合邏輯的相關運算與整理。由於使用圖形元件來表示組合邏輯系統會隨著系統元件數目的增加而越趨困難，遑論要對這些邏輯系統進行整理與分析。因此，必須使用較爲有效率的方法與工具，布林代數的使用正可以彌補邏輯元件圖所無法完成的工作。因此，在數位邏輯系統設計的過程中，邏輯元件圖與布林代數的對應

CHAPTER

1

轉換是時常進行的工作,也是必備的基本技能。

當需要將邏輯元件圖轉換成布林代數時,只需要依序地由輸入端逐步地將邏輯運算關係轉換成代數運算符號式後,漸進地整理邏輯元件圖直到最終的輸出端即可得到完整相對應的布林代數式,如圖 1-17 所示。過程中最重要的因素是「小心謹慎」。

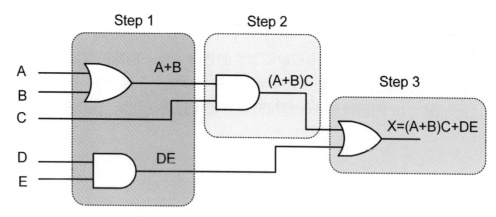

圖 1-17　邏輯元件圖轉換成布林代數

相反地,當需要將布林代數繪製成邏輯元件圖時,則需要由最終的輸出逐一逆向地將布林運算符號化成邏輯元件,這是較為繁瑣的工作。例如,要繪製 X=(AB+CD)E 的布林代數所相對的邏輯元件圖時,必須依照圖 1-18 的步驟。

圖 1-18　布林代數轉換成邏輯元件圖

▐布林代數基本定理

在進行布林代數相關的計算、分析與化簡時,可以運用一些基本的布林代數定理與法則。

基本的布林代數定理包含:

交換律:

$$A + B = B + A$$
$$AB = BA$$

結合律:

$$A + (B + C) = (A + B) + C$$
$$A(BC) = (AB)C$$

分配律:

$$A(B + C) = AB + AC$$
$$(A + B)(C + D) = AC + AD + BC + BD$$

基本的布林代數法則包含:

$$A0 = 0$$
$$A1 = A$$
$$A + 0 = A$$
$$A + 1 = 1$$
$$AA = A$$
$$A + A = A$$
$$A \times \overline{A} = 0$$
$$A + \overline{A} = 1$$

$$\overline{\overline{A}} = A$$
$$A + \overline{A}B = A + B$$
$$\overline{A} + AB = \overline{A} + B$$

這些定理與法則可以運用來整理或化簡布林代數。

例：

$$X = A(B + C) + C$$
$$= AB + AC + C$$
$$= AB + (AC + C)$$
$$= AB + (A + 1) C$$
$$= AB + (1) C$$
$$= AB + C$$

De Morgan's Theorem

De Morgan's Theorem，又稱第摩根定理，是常被運用來化簡布林代數的工具之一。特別是在需要將輸出端有反向（NOT）運算的邏輯運算，如 NAND 或 NOR，化簡成其他形式時特別有用。其基本定理為，

$$\overline{A+B} = \overline{A} \cdot \overline{B}$$
$$\overline{A \cdot B} = \overline{A} + \overline{B}$$
$$\overline{A+B+C} = \overline{A} \cdot \overline{B} \cdot \overline{C}$$
$$\overline{A \cdot B \cdot C} = \overline{A} + \overline{B} + \overline{C}$$

運用第摩根定理，可以將一些組合邏輯布林代數作有效的化簡。

例：

$$X = \overline{AB} + \overline{(AB \cdot (\overline{C+D}))}$$
$$= \overline{AB} + (\overline{AB} + (\overline{\overline{C+D}}))$$

$$=\overline{AB}+(\overline{AB}+(C+D))$$
$$=\overline{A}+\overline{B}+(\overline{A}+\overline{B}+(C+D))$$
$$=(\overline{A}+\overline{A})+(\overline{B}+\overline{B})+(C+D)$$
$$=\overline{A}+\overline{B}+C+D$$

◎ 卡諾圖

　　Karnaugh Mapping，又稱卡諾圖，也是常被運用來化簡布林代數的工具。而且依照正確的步驟運用，將可以得到最簡化形式的布林代數表示。卡諾圖基本上是藉由表格來表示可能的邏輯組合，使用者必須先將可能的邏輯組合一一地填入到表格中。再將可化簡的邏輯組合群組圈併起來，然後便可以依照簡單的規則得到最簡化形式的布林代數方程式。

　　卡諾圖所使用的表格可以隨著輸入條件數目的多寡加以調整，如圖 1-19 所示，分別為二～四個輸入條件所使用的卡諾圖表格。

圖 1-19　卡諾圖表格

使用卡諾圖時，可以依照下列幾個簡單的步驟進行：

1. 將需要化簡整理的布林代數方程式轉換成所謂的 SOP（Sum-Of-Product）形式
2. 將每一項邏輯組合填入到卡諾圖表格中
3. 將卡諾圖表格中相鄰的邏輯組合，以 2 的次方數大小的方塊群組化，並將各個群組以最簡單的邏輯式標示。
4. 將所有化簡的群組以「或」閘串聯，即可得到最簡化的布林代數方程式。

例：化簡 $X = \overline{A}B + \overline{A}\,\overline{B}\,\overline{C} + AB\overline{C} + A\overline{B}\,\overline{C}$

1. 首先將布林代數簡化成 SOP 的形式

$$X = \overline{A}B + \overline{A}\,\overline{B}\,\overline{C} + AB\overline{C} + A\overline{B}\,\overline{C}$$
$$\because \overline{A}B = \overline{A}B(C + \overline{C}) = \overline{A}BC + \overline{A}B\overline{C}$$
$$\Rightarrow X = \overline{A}BC + \overline{A}B\overline{C} + \overline{A}\,\overline{B}\,\overline{C} + AB\overline{C} + A\overline{B}\,\overline{C}$$

2. 將每一項邏輯組合填入到三個輸入條件的卡諾圖表格中

	C	$\overline{C}$
AB		1
$\overline{A}$B	1	1
$\overline{A}\overline{B}$		1
$A\overline{B}$		1

3. 將卡諾圖表格中相鄰的邏輯組合，以最大的 2 個次方數大小的方塊群組化，並將各個群組以最簡單的邏輯式標示。

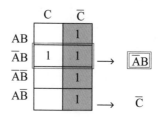

4. 在這裡可以看到所有的邏輯組合可以被化簡成兩個群組，而每個群組所相對應的布林代數組合便是最簡化的布林代數方程式。

$$X = \overline{A}\,B + \overline{A}\,\overline{B}\,\overline{C} + AB\overline{C} + A\overline{B}\,\overline{C}$$
$$= \overline{A}\,B + \overline{C}$$

1.5   多工器與解多工器

組合邏輯的另外一個重要的應用是多工器（Multiplexer）與解多工器（De-multiplexer）。

所謂的多工器指的是將一個硬體或者是資料的通道作多重用途的使用；單一的硬體當然在同一個時間不可能同時進行多樣的工作，但是卻可以藉著硬體電路的切換選擇，依照使用者所設定的順序，利用單一的硬體完成多個不同的工作，這就是多工器的目的。換句話說，多工器的目的就是要分享有限的資源。

例如，當數位元件之間只有單一的資料通道，如果必須要顯示多個事件的狀態就必須以多工器切換的方式依序的顯示，如圖 1-20 所示。

Select Setting		Output
S1	S0	X
0	0	D0
0	1	D1
1	0	D2
1	1	D3

圖 1-20   多工器資料切換

藉由選擇設定的切換，在輸出端便可以依照使用者能設定得到不同事件的狀態。

相反地，如果需要經由單一個資料路徑將某一個狀態傳遞到不同的系統元件時，也可以利用類似的觀念進行傳輸資料的切換，以達到分享的效果，這樣的功能元件稱之為解多工器，如圖 1-21 所示。

藉由選擇設定的切換，可以依照使用者設定將資料傳輸到不同的輸出端或者系統元件。

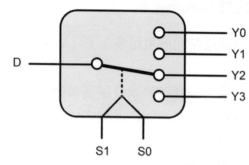

Select Setting		Output
S1	S0	D
0	0	Y0
0	1	Y1
1	0	Y2
1	1	Y3

圖 1-21 解多工器資料切換

1.6 順序邏輯

在前面所敘述的各種組合邏輯、布林運算或者數學運算等等的數位訊號處理，它們的運算結果都只和運算當時的輸入條件狀態有關係，而和其他時間的系統狀態無關。但是如果數位訊號的運算與系統過去的狀態有關，或者則是和某一個輸入條件曾經發生的狀態有關時，這時候所運用到的數位系統觀念稱之為順序邏輯（Sequential Logic）。簡單地說，順序邏輯就是有記憶的邏輯運算。有記憶的邏輯元件基本上都是由正反器（Flip-Flop）及暫存器（Register）所組成的。

正反器與暫存器

■ SR 正反器

正反器的種類有許多種，最基本的 SR 正反器的運作是可以由 NAND 或 NOR 來說明它的基本觀念，如圖 1-22 所示。

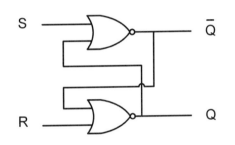

Input		Output	
S	R	Q	
0	0	Q	保持 Hold
0	1	0	清除 Reset
1	0	1	設定 Set
1	1	Not Allowed	

圖 1-22　SR 正反器

由真值表可以清楚地看到，藉由輸入端的設定可以將輸出端的狀態保持、清除或者設定，如此便可以將某一事件的狀態加以保留，而達到記憶的效果。

而由於輸入端的狀態改變將會直接影響到輸出端的狀態，因此可以將 SR 正反器改良成為具有控制閘（Gated）的 SR 正反器，如圖 1-23 所示。

圖 1-23　具有控制閘的 SR 正反器

藉由控制閘 G 的訊號控制，只有當 G=1 的時候輸入端 S 與 R 的狀態才能夠改變輸出端的 Q 狀態。如此一來，輸出端的狀態 Q 就可以更有效地維持。

■D 正反器

如果正反器的用途只是要鎖定某一個狀態的話，這時候可以使用 D 正反器，如圖 1-24 所示。

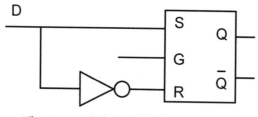

圖 1-24　具有控制閘的 D 正反器

■JK 正反器

JK 正反器則是將兩級 SR 正反器串聯在一起，可以更有效地避免輸入端的訊號波動意外地造成輸出端的狀態改變，如圖 1-25 所示。同時 JK 正反器的設計提供了另外一項的輸入設定選擇：當兩個輸入端皆為 1 時輸出端將會做反向的變化；如果此時輸出端為 1 則將反向變為 0，如果輸出端為 0 則將反向變為 1。這樣的反向變化在許多特定的應用中是非常地有用。

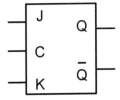

Input		Output	
J	K	Q	
0	0	Q	保持 Hold
0	1	0	清除 Reset
1	0	1	設定 Set
1	1	$\overline{Q}$	反向 Toggle

圖 1-25　JK 正反器

■ 移位暫存器

　　如果將多個 JK 正反器串接起來，便可以得到一組多位元的資料記憶體。
而這一組資料記憶體可以藉由硬體的設計，讓資料能夠以串列或並列的方式傳
送到其他相關元件中。例如圖 1-26 便是一個可以將資料以並列方式傳入再以
串列方式傳出的一組資料記憶體。這樣的資料記憶體又可以稱之為移位暫存器

CHAPTER
1

（Shift Register）。

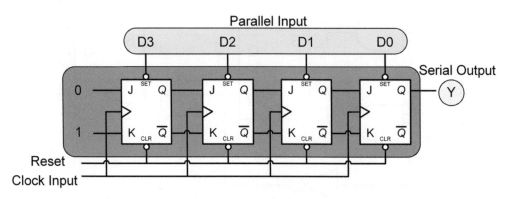

圖 1-26　移位暫存器

計數器

計數器是一個非常重要的數位邏輯元件，它可以用來記錄事件發生的次數，也可以用來計算事件發生所經過的時間，也就是計時器。計數器是每一個微處理器所必備的元件。最基本的計數器是漣波計數器（Ripple Counter），其架構圖如圖 1-27 所示。由計數器的結構圖可以看到，當每一次計數波形有所改變的時候，暫存器所代表的數值將會被遞加一而達到計數的功能。

有了對於上述的數位邏輯元件的基本認識，將有助於讀者了解在各種微處理器中的硬體電路組成，以便發揮微處理器的最大功能。如果讀者想要對邏輯電路有更深一層的了解，可以參考坊間眾多的邏輯設計或者數位電路教科書。在此強烈建議讀者必須要有適當的數位電路背景，才能夠完整地學習到微處理器的功能與應用技巧。

圖 1-27　漣波計數器

1.7　數值的邏輯計算

在微處理器的系統中，由於資料處理大多是以 8 個位元（bit），或稱為位元組（byte）為單位，因此在資料進行邏輯處理時必須以 8 個位元同時進行邏輯運算。這樣的邏輯運算除了必要的場合之外，有時是為了擷取特定的狀態資料，有時則是為了快速調整同一位元組的數值而不用逐一位元地調整。

例如，在前面監視油槽的範例中，如果需要判斷是否有任一油槽的溫度達到上限，這樣的需求可以有兩種作法：1. 逐一位元檢查；2. 利用數值邏輯運算同時檢查所有相關位元。

如果選擇逐一位元檢查，則需要四個步驟分別檢查 T0, T1, T2, T3 四個位元，判斷每一個位元是否為 1 即可知道是否有任一油槽達到溫度上限。這樣的作法雖然直覺簡單，但是卻耗費時間與運算資源。

如果選擇使用位元組的邏輯計算，則可以快速完成多個位元的檢查。例如，將油槽的狀態位元組設為資料 A ，如果需要判斷是否有任一油槽溫度超過上限，則可以使用下列邏輯計算：

$$L = A \text{ AND } (10101010)_2$$

只要 L 的數值不是 0，即代表所檢測的條件成立。

　　例如油槽檢測資料目前為 10110001，若檢測條件為是否有任一油槽溫度超過上限，則使用下列邏輯計算：

$$L = (10110001)_2 \text{ AND } (10101010)_2 = (10100000)_2$$

由於 L 的結果不為 0，代表至少有一個油槽的溫度超過上限。雖然這樣的運算無法明確得知哪一個油槽溫度超過上限，卻可以用一次的邏輯運算得知需要的檢測結果，可以有效降低運算時間與資源。

　　上述範例中利用 0 將不須檢測的條件位元利用 AND 運算的特性加以忽略，而使用 1 保留所需檢測的位元。類似的數值邏輯運算也可以使用 OR 或 XOR 擷取出適當的位元資料進行所需的邏輯判斷，是使用微處理器基本而必要的手段。

　　如果所需要的檢測條件改為是否全部的油槽溫度都超過上限，則可以改用 OR 的邏輯運算。只是需要將邏輯運算式改為：

$$L = A \text{ OR } (01010101)_2$$

並判斷結果是否全部為 1 即可。

　　例如油槽檢測資料目前為 10110001，若檢測條件為是否全部油槽溫度都超過上限，則使用下列邏輯計算：

$$L = (10110001)_2 \text{ OR } (01010101)_2 = (11110101)_2$$

由於 OR 運算的特性，因此 bit 1 與 bit 3 不是 1，所以只要檢查 L 是否位元皆為 1 即可判斷是否全部全部油槽溫度皆超過上限。範例中因為 OR 運算的特性，使用 1 將所有壓力檢測位元加以忽略，而以 1 檢測溫度位元。

PIC18 微控制器簡介

　　單晶片微控制器的應用非常地廣泛，從一般的家電生活用品、工業上的自動控制、一直到精密複雜的醫療器材都可以看到微控制器的蹤影。而微控制器的發展隨著時代與科技的進步變得日益複雜，不斷有新功能的增加，使微控制器的硬體架構更為龐大。從早期簡單的數位訊號輸出入控制，到現今許多功能強大使用複雜的通訊介面，先進的微控制器已不再是早期簡單的數位邏輯元件組合。

　　在眾多的微控制器市場競爭中，8 位元的微控制器一直是市場的主流，不論是低階或高階的應用往往都以 8 位元的微控制器作為基礎核心，逐步地發展成熟而成為實際應用的產品。雖然科技的發展與市場的競爭，許多領導的廠商已經推出更先進的微控制器，例如 16 位元或 32 位元的微處理器，或者是具備數位訊號處理功能的 DSP 控制器，但是在一般的商業應用中仍然以 8 位元的微控制器為市場的大宗。除了因為 8 位元微控制器的技術已臻於成熟的境界，眾多的競爭者造成產品價格的合理化，各家製造廠商也提供了完整的周邊功能與硬體特性，使得 8 位元微控制器可以滿足絕大部分的使用者需求。

　　在眾多的 8 位元微控制器競爭者之中，Microchip® 的 PIC® 系列微控制器擁有全世界第一的市場佔有率，這一系列的微控制器提供了為數眾多的硬體變化與功能選擇。從最小的 6 隻接腳簡單微控制器，到 84 隻接腳的高階微控制器，Microchip® 提供了使用者多樣化的選擇。從 PIC10、12、16 到 18 系列的微控制器，使用者不但可以針對自己的需求與功能選擇所需要的微控制器，而且各個系列之間高度的軟體與硬體相容性讓程式設計得以發揮最大的功能。

　　在過去的發展歷史中，Microchip® 成功地發展了從 PIC10、12 與 16 系列的基本 8 位元微控制器，至今仍然是市場上基礎微控制器的主流產品。近幾年來，Microchip® 也成功地發展了更進步的產品，也就是 PIC18 系列微控制器。
PIC18 系列微控制器是 Microchip® 在 8 位元微控制器的高階產品，不但全系
列皆配置有硬體的乘法器，而且藉由不同產品的搭配，所有相關的周邊硬體都
可以在 PIC18 系列中找到適合的產品使用。除此之外，Microchip 並為 PIC18
系列微控制器開發了 C18 與 XC8 的 C 語言程式編譯器，提供使用者更有效率
的程式撰寫工具。透過 C 語言程式庫的協助，使用者可以撰寫許多難度較高或
者是較為複雜的應用程式，例如 USB 與 Ethernet 介面硬體使用的相關程式，
使得 PIC18 系列微控制器成為一個功能強大的微控制器系列產品。

　　而隨著科技的進步，Microchip® 也將相關產品的程式記憶體從早期的一次
燒錄（One-Time Programming, OTP）及可抹除記憶體（EEPROM），提升到
容易使用的快閃記憶體（Flash ROM），使開發工作的進行更為快速而便利。

2.1　Microchip®產品的優勢

RISC架構的指令集

　　PIC® 系列微控制器的架構是建立在改良式的哈佛（Harvard）精簡指令集
（RISC, Reduced Instruction Set Computing）的基礎上，並且提供了全系列產
品無障礙的升級途徑，所以設計者可以使用類似的指令與硬體完成簡單的 6 支
腳位 PIC10 微控制器的程式開發，或者是高階的 100 支腳位 PIC18 微控制器
的應用設計。這種不同系列產品之間的高度相容性使得 PIC® 系列微控制器提
供更高的應用彈性，而設計者也可以在同樣的開發設計環境與觀念下快速地選
擇並完成相關的應用程式設計。

核心硬體的設計

　　所有 PIC 系列微控制器，設計開發上有著下列一貫的觀念與優勢：
■ 不論使用的是 12 位元、14 位元或者是 16 位元的指令集，都有向下相
　容的特性；而且這些指令集與相對應的核心處理器硬體都經過最佳化
　的設計以提供最大的效能與計算速度。

- 由於採用哈佛（Harvard）式匯流排的硬體設計，程式與資料是在不同的匯流排上傳輸，可以避免運算處理時的瓶頸並增加整體性能的表現。
- 而且硬體上採用兩階段式的指令擷取方式，使處理器在執行一個指令的同時可以先行擷取下一個執行指令，而得以節省時間提高運算速度。
- 在指令與硬體的設計上，每一個指令都只占據一個字元（word）的長度，因此可以加強程式的效率並降低所需要的程式記憶體空間。
- 對於不同系列的微處理器，僅需要最少 33 個指令，最高 83 個指令，因此不論是學習撰寫程式或者進行除錯測試，都變得相對地容易。
- 而高階產品向下相容的特性使得設計者可以保持原有的設計觀念與硬體投資，並保留已開發的工作資源，進而提高程式開發的效率並減少所需要的軟硬體投資。

硬體整合的周邊功能

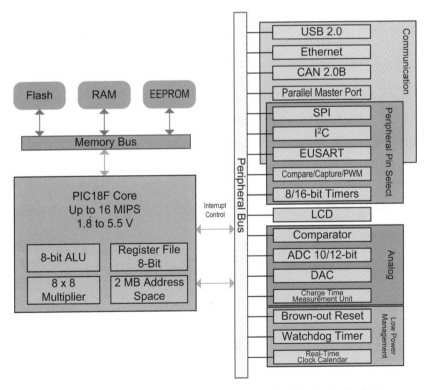

圖 2-1　Microchip® PIC18F 系列硬體整合的周邊功能

　　PIC® 系列微控制器提供了多樣化的選擇，並將許多商業上標準的通訊協定與控制硬體與核心控制器完整地整合。因此，只要使用簡單的指令，便可以將複雜的資料輸出入功能或運算快速地完成，有效地提升控制器的運算效率。如圖 2-1 所示，PIC® 系列微控制器提供內建整合的通訊協定與控制硬體包括：

■ 通訊協定與硬體

　　RS232/RS485
　　SPI
　　I^2C
　　CAN
　　USB
　　LIN
　　Radio Frequency(RF)
　　TCP/IP

■ 控制與時序周邊硬體

　　訊號捕捉（Input Capture）
　　輸出比較（Output Compare）
　　波寬調變（Pulse Width Modulator, PWM）
　　計數器／計時器（Counter/Timer）
　　監視（看門狗）計時器（Watchdog Timer）

■ 資料顯示周邊硬體

　　發光二極體 LED 驅動器
　　液晶顯示器 LCD 驅動器

■ 類比周邊硬體

　　最高達 12 位元的類比數位轉換器
　　類比訊號比較器及運算放大器
　　電壓異常偵測

低電壓偵測
溫度感測器
震盪器
參考電壓設定
數位類比訊號轉換器

　　同時在近期推出的新產品採用了許多低功率消耗的技術，在特定的狀況下可以將微控制器設定為睡眠或閒置的狀態，在這個狀態下控制器將消耗相當低的功率而得以延長系統電池使用的時間。

整合式發展工具

　　Microchip® 提供了許多便利的發展工具供程式設計者使用。從整合式的發展環境 MPLAB X IDE 提供使用者利用各種免費的 MPASM 組合語言組譯器撰寫程式，到價格便宜的 C18 或 XC8 編譯器（學生版為免費提供），以及物廉價美的 ICD 5、PICKit 5 程式燒錄除錯器，讓一般使用者甚至於學生可以在個人電腦上面完成各種形式微控制器程式的撰寫與除錯。同時 Microchip® 也提供了許多功能完整的測試實驗板以及程式燒錄模擬裝置，可以提供更完善和強大的功能讓使用者可以完全地測試相關的軟硬體而減少錯誤發生的機會。

16位元的數位訊號控制器

　　除了在 8 位元微控制器的完整產品線之外，Microchip® 也提供了更進步的 16 位元數位訊號控制器（dsPIC 系列產品）與 PIC 24 系列產品，以及 32 位元的 PIC 32 系列微控制器。由於商品的相似性與相容性，降低了使用者進入高階數位訊號控制器的門檻。而 dsPIC® 數位訊號控制器不但提供了功能更完整強大的周邊硬體之外，同時也具備有硬體的數位訊號處理（Digital Signal Processing, DSP）引擎，能夠做高速有效的數位訊號運算處理。

　　上述眾多的優點及產品的一致性與相容性，讓使用者可以針對單一 PIC

系列微控制器進行深入而有效的學習之後，快速地將相關的技巧與觀念轉換到其他適合的微控制器上。因此，使用者不需要花費許多時間學習不同的工具及微控制器的特性或指令，便可以根據不同的系統需求選擇適合的微控制器完成所需要的工作。

　　也就是因為上述的考量，本書將利用功能較為完整的 8 位元的 PIC18F4520 微控制器作為本書介紹基本功能微處理器的範例。這個 8 位元微處理器延續 PIC18 早期的代表性產品 PIC18F452 的功能，隨著微控制器技術的進步，持續擴充其功能，也同時保持與前期產品的高度相容性。由於 PIC18F4520 微控制器配備有許多核心處理器與周邊硬體的功能，在後續的章節中我們將先作一個入門的介紹，然後在介紹特定硬體觀念時再一一地作完整的功能說明與實用技巧的範例演練。即便現今已有 PIC18F45Kxx 、 PIC18F4x-Qxx 系列的替代產品， PIC18F4520 因為其功能完善但設定簡單，反而是入門學習的好選擇。避免新產品的複雜造成學習的障礙。

2.2　PIC18系列微控制器簡介

▌功能簡介

　　以 PIC18F4520 微控制器為例，它是一個 40（DIP）或 44（PLCC/QTFP）支腳位的 8 位元微控制器，它是由 PIC18F452 微控制器所衍生的新一代微控制器。 PIC18F4520 微控制器的基本功能簡列如表 2-1 所示。

表 2-1　PIC18F4520 微控制器基本功能表

特性Features	PIC18F4520
操作頻率Operating Frequency	DC-40 MHz
程式記憶體Program Memory (Bytes)	32768
程式記憶體Program Memory (Instructions)	16384
資料記憶體Data Memory (Bytes)	1536
EEPROM資料記憶體 Data EEPROM Memory (Bytes)	256

表 2-1　PIC18F4520 微控制器基本功能表（續）

特性Features	PIC18F4520
中斷來源Interrupt Sources	20
輸出入埠I/O Ports	Ports A, B, C, D, E
計時器Timers	4
CCP模組Capture/Compare/PWM Module	1
增強CCP模組Enhanced CCP Module	1
串列通訊協定Serial Communications	MSSP, Enhanced USART
並列通訊協定Parallel Communications	PSP
10位元類比轉數位訊號模組 10-bit Analog-to-Digital Module	13 Input Channels
重置功能 RESETS (and Delays)	POR, BOR, RESET Instruction, Stack Full, Stack Underflow (PWRT, OST), MCLR (optional), WDT
可程式高低電壓偵測 Programmable High/Low Voltage Detect	Yes（高低電壓）
可程式電壓異常偵測 Programmable Brown-out Reset	Yes
組合語言指令集 Instruction Set	75 Instructions; 83 with Extended Instruction Set enabled
IC封裝 Packages	40-pin PDIP 44-pin QFN 44-pin TQFP

PIC18微控制器共同的硬體特性

高效能的精簡指令集核心處理器
使用最佳化的C語言編譯器架構與相容的指令集
核心指令相容於傳統的 PIC16 系列微處理器指令集

高達 64K 位元組的線性程式記憶體定址

高達 1.5K 位元組的線性資料記憶定址

多達 1024 位元組的 EEPROM 資料記憶位置

位置高達 16MIPS 的操作速度

可使用 DC ～ 64MHz 的震盪器或時序輸入

可配合四倍相位鎖定迴路（PLL）使用的震盪器或時序輸入

■ 周邊硬體功能特性

每支腳位可輸出入高達 25mA 電流

三個外部的中斷腳位

TIMER0 模組：配備有 8 位元可程式的 8 位元或 16 位元計時器／計數器

TIMER1 類型模組：16 位元計時器／計數器

TIMER2 類型模組：配備有 8 位元週期暫存器的 8 位元計時器／計數器

可選用輔助的外部震盪器時序輸入計時器：TIMER1／TIMER3／TIMER5

輸入捕捉／輸出比較／波寬調變（CCP）模組

- 16 位元輸入捕捉，最高解析度可達 6.25ns
- 16 位元輸出比較，最高解析度可達 100ns
- 波寬調變輸出可調整解析度為 1-10 位元，最高解析度可達 39kHz（10 位元解析度）～ 156kHz（8 位元解析度）

增強型的 CCP 模組

- 1、2 或 4 組 PWM 輸出
- 可選擇的輸出極性、可設定的空乏時間
- 自動停止與自動重新啟動

主控式同步串列傳輸埠模組（MSSP）：可設定為 SPI 或 IC 通訊協定模式

可定址的通用同步／非同步傳輸模組：支援 RS-485 與 RS-232 通訊協定

被動式並列傳輸埠模組（PSP）

■ 類比訊號功能特性

高採樣速率的 10 位元類比數位訊號轉換器模組

類比訊號比較模組

可程式並觸發中斷的低電壓偵測

可程式的電壓異常重置

■特殊的微控制器特性

可重複燒寫 100,000 次的程式快閃（Flash）記憶體

可重複燒寫 1,000,000 次的 EEPROM 資料記憶體

大於 40 年的快閃程式記憶體與 EEPROM 資料記憶體資料保存

可由軟體控制的自我程式覆寫

開機重置、電源開啓計時器及震盪器開啓計時器

內建 RC 震盪電路的監視計時器（看門狗計時器）

可設定的程式保護裝置

節省電能的睡眠模式

可選擇的震盪器模式

4 倍相位鎖定迴路

輔助的震盪器時序輸入

5 伏特電壓操作下使用兩支腳位的線上串列程式燒錄（In-Circuit Serial Programming, ICSP）

僅使用兩支腳位的線上除錯（In-Circuit Debugging, ICD）

■CMOS 製造技術

低耗能與高速度的快閃程式記憶體與 EEPROM 資料記憶體技術

完全的靜態結構設計

寬大的操作電壓範圍（2.0-5.5V）

符合工業標準更擴大的溫度操作範圍

增強的新功能

PIC18F4520 微控制器不但保持了優異的向下相容性，同時也增加了許多新的功能；特別是在核心處理器與電能管理方面，更是有卓越的進步。以下所列為較為顯著的改變之處：

CHAPTER

2

■電能管理模式

　　除了過去所擁有的執行與睡眠模式之外，新增加了閒置（idle）模式。在閒置模式下，核心處理器將會停止作用，但是其餘的周邊硬體可以選擇性的繼續保持作用，並且可以在中斷訊號發生的時候喚醒核心處理器進行必要的處理工作。藉由閒置模式的操作，不但可以節約核心處理器不必要的電能浪費，同時又可以藉由周邊硬體的持續操作維持微控制器的基本功能，因此可以在節約電能與工作處理之間取得一個有效的平衡。

　　同時為了縮短電源啟動或者系統重置時微控制器應用程式啟動執行的時間，PIC18F4520 微控制器並增加了雙重速度的震盪器啟動模式。當啟動雙重輸出的模式時，腳位控制器取得穩定的外部震盪器時序脈波之前，可以先利用微控制器所內建的 RC 震盪電路時序脈波進行相關的開機啟動工作程序；一旦外部震盪器時序脈波穩定之後，便可以切換至主要的外部時序來源而進入穩定的操作狀態。這樣的雙重速度震盪器啟動功能可以有效縮短微控制器在開機時等待穩定時序脈波所需要的時間。

　　除此之外，藉由新的半導體製程有效地將微控制器的電能消耗降低，在睡眠模式下可以僅使用低於 0.1 微安培的電量，將有助於延長使用獨立電源時的系統操作時間。

■PIC18F4520 微控制器增強的周邊功能

　　除了維持傳統微控制器眾多周邊功能之外，PIC18F4520 微控制器增強或改善了許多新的周邊硬體功能。包括：

- 增強的周邊硬體功能
  - 多達十三個通道的 10 位元解析度類比數位訊號轉換模組
  - 具備自動偵測轉換的能力
  - 線性化的通道選擇設定
  - 可在睡眠模式下進行訊號轉換
- 二個具備輸入多工切換的類比訊號比較器
- 加強的可定址 USART 模組
  - 支援 RS-485, RS-232 與 LIN 1.2 通訊模式

　　－無需外部震盪器的 RS-232 操作

　　－外部訊號啓動位元的喚醒功能

　　－自動的鮑率（Baud Rate）偵測與調整

・加強的 CCP 模組，提供更完整的 PWM 波寬調變功能

　　－可提供 1、2 或 4 組 PWM 輸出

　　－可選擇輸出波形的極性

　　－可設定的空乏時間（dead time）

　　－自動關閉與自動重新啓動

■ 彈性的震盪器架構

可高達 40MHz 操作頻率的四種震盪器選擇模式

輔助的 TIMER1 震盪時序輸入

可運用於高速石英震盪器與內部震盪電路的 4 倍鎖相迴路（PLL，Phase Lock Loop）

加強的內部 RC 震盪器電路區塊：

　　－八個可選擇的操作頻率：31kHz 到 8MHz。提供完整的時序操作速度

　　－使用鎖相迴路（PLL）時可選擇 31kHz 到 32MHz 的操作範圍

　　－可微調補償頻率飄移。

時序故障保全監視器：

　　－當外部時序故障時，可安全有效的保護微控制器操作。

■ 微控制器的特殊功能

・更爲廣泛的電壓操作範圍：2.0V ～ 5.5V

・可程式設定十六個程式的高／低電壓偵測模組，並提供中斷功能。

　　這些加強的新功能，搭配傳統既有的功能使得 PIC18F4520 微控制器得以應付更加廣泛的實務應用與處理速度的要求。

CHAPTER 2

2.3 PIC18F4520微控制器腳位功能

由於 PIC18F4520 微控制器與 40-Pin PIC18F 系列的高度相容性與新增的優異功能，在本書後續的內容中將以 PIC18F4520 微控制器作為應用說明的對象，但是讀者仍然可以將相關應用程式使用於較早發展的 PIC18F452 或後續的 PIC18F45K22、PIC18F4xQ 系列微控制器。相關的應用程式範例也會盡量使用與其他系列的PIC 微控制器相容的指令集，藉以增加範例程式的運用範圍。

PIC18F4520 微控制器硬體架構方塊示意圖如圖 2-2 所示。

圖 2-2   PIC18F4520 微控制器硬體架構方塊示意圖

▌PIC18F4520微控制器腳位功能

PIC18F4520 微控制器相關的腳位功能設定如圖 2-3 所示。

(a)

(b)

圖 2-3 PIC18F4520 微控制器腳位圖 (a) 44 pins TQFP (b) 40 pins PDIP

PIC18F4520 微控制器相關的腳位功能說明如表 2-2 所示。

CHAPTER

2

表 2-2(1)　PIC18F4520 微控制器相關的腳位功能（系統）

Pin Name 腳位名稱	Pin Type 腳位形式	Buffer Type 緩衝器形式	Description 功能說明
$\overline{\text{MCLR}}$/V$_{PP}$/RE3			Master Clear (input) or high voltage ICSP programming enable pin.
$\overline{\text{MCLR}}$	I	ST	Master Clear (Reset) input. This pin is an active low RESET to the device.
V$_{PP}$	P	ST	High voltage ICSP programming enable pin.
RE3	I	ST	Digital Input
OSC1/CLKI /RA7			Oscillator crystal or external clock input.
OSC1	I	ST	Oscillator crystal input or external clock source input. ST buffer when configured in RC mode, CMOS otherwise.
CLKI	I	CMOS	External clock source input. Always associated with pin function OSC1. (See related OSC1/CLKI, OSC2/CLKO pins.)
RA7	I/O	TTL	General purpose I/O pin.
OSC2/CLKO/RA6			Oscillator crystal or clock output.
OSC2	O	—	Oscillator crystal output. Connects to crystal or resonator in Crystal Oscillator mode.
CLKO	O	—	In RC mode, OSC2 pin outputs CLKO which has 1/4 the frequency of OSC1, and denotes the instruction cycle rate.
RA6	I/O	TTL	General Purpose I/O pin.
V$_{SS}$	P	—	Ground reference for logic and I/O pins.
V$_{DD}$	P	—	Positive supply for logic and I/O pins.

表 2-2(2)　PIC18F4520 微控制器相關的腳位功能（PORTA）

Pin Name 腳位名稱	Pin Type 腳位形式	Buffer Type 緩衝器形式	Description 功能說明
			PORTA is a bi-directional I/O port.
RA0/AN0			
RA0	I/O	TTL	Digital I/O.
AN0	I	Analog	Analog input 0.
RA1/AN1			
RA1	I/O	TTL	Digital I/O.
AN1	I	Analog	Analog input 1.
RA2/AN2/V_{REF}/ CV_{REF}			
RA2	I/O	TTL	Digital I/O.
AN2	I	Analog	Analog input 2.
V_{REF-}	I	Analog	A/D Reference Voltage (Low) input.
CV_{REF}	O	Analog	Comparator reference voltage output.
RA3/AN3/V_{REF+}			
RA3	I/O	TTL	Digital I/O.
AN3	I	Analog	Analog input 3.
V_{REF+}	I	Analog	A/D Reference Voltage (High) input.
RA4/T0CKI/C1OUT			
RA4	I/O	ST/OD	Digital I/O. Open drain when configured as output.
T0CKI	I	ST	Timer0 external clock input.
C1OUT	O		Comparator 1 output.
RA5/AN4/SS/ HLVDIN/ C2OUT			
RA5	I/O	TTL	Digital I/O.
AN4	I	Analog	Analog input 4.
SS	I	ST	SPI Slave Select input.
LVDIN	I	Analog	Low Voltage Detect Input.
C2OUT	O		Comparator 2 output.
RA6			See the OSC2/CLKO/RA6 pin.
RA7			See the OSC1/CLKI/RA7 pin.

CHAPTER

2

表 2-2(3)　PIC18F4520 微控制器相關的腳位功能（PORTB）

Pin Name 腳位名稱	Pin Type 腳位形式	Buffer Type 緩衝器形式	Description 功能說明
RB0/INT0/ FLT0/AN12			PORTB is a bi-directional I/O port. PORTB can be software programmed for internal weak pull-ups on all inputs.
RB0	I/O	TTL	Digital I/O.
INT0	I	ST	External Interrupt 0.
FLT0	I	ST	PWM Fault input for CCP1.
AN12	I	Analog	Analog input 12.
RB1/INT1 /AN10			
RB1	I/O	TTL	
INT1	I	ST	External Interrupt 1.
AN10	I	Analog	Analog input 10.
RB2/INT2/AN11			
RB2	I/O	TTL	Digital I/O.
INT2	I	ST	External Interrupt 2.
AN11	I	Analog	Analog input 11.
RB3/CCP2			
RB3	I/O	TTL	Digital I/O.
CCP2	I/O	ST	Capture2 input, Compare2 output, PWM2 output.
RB4/KBI0/AN11			
RB4	I/O	TTL	Digital I/O. Interrupt-on-change pin.
KBI0	I	TTL	Interrupt-on-change pin.
AN11	I	Analog	Analog input 11.
RB5/ KBI1/PGM			
RB5	I/O	TTL	Digital I/O. Interrupt-on-change pin.
KBI1	I	TTL	Interrupt-on-change pin.
PGM	I/O	ST	Low Voltage ICSP programming enable pin.
RB6/KBI2/PGC			
RB6	I/O	TTL	Digital I/O. Interrupt-on-change pin.
KBI2	I	TTL	Interrupt-on-change pin.
PGC	I/O	ST	In-Circuit Debugger and ICSP programming clock pin.
RB7/KBI3/PGD			
RB7	I/O	TTL	Digital I/O. Interrupt-on-change pin.
KBI3	I	TTL	Interrupt-on-change pin.
PGD	I/O	ST	In-Circuit Debugger and ICSP programming data pin.

表 2-2(4)　PIC18F4520 微控制器相關的腳位功能（PORTC）

Pin Name 腳位名稱	Pin Type 腳位形式	Buffer Type 緩衝器形式	Description 功能說明
RC0/T1OSO/T1CKI			PORTC is a bi-directional I/O port.
RC0	I/O	ST	Digital I/O.
T1OSO	O	—	Timer1 oscillator output.
T1CKI	I	ST	Timer1/Timer3 external clock input.
RC1/T1OSI/CCP2			
RC1	I/O	ST	Digital I/O.
T1OSI	I	CMOS	Timer1 oscillator input.
CCP2	I/O	ST	Capture2 input, Compare2 output, PWM2 output.
RC2/CCP1			
RC2	I/O	ST	Digital I/O.
CCP1	I/O	ST	Capture1 input/Compare1 output/PWM1 output.
RC3/SCK/SCL			
RC3	I/O	ST	Digital I/O.
SCK	I/O	ST	Synchronous serial clock input/output for SPI mode.
SCL	I/O	ST	Synchronous serial clock input/output for I2C mode.
RC4/SDI/SDA			
RC4	I/O	ST	Digital I/O.
SDI	I	ST	SPI Data In.
SDA	I/O	ST	I2C Data I/O.
RC5/SDO			
RC5	I/O	ST	Digital I/O.
SDO	O	—	SPI Data Out.
RC6/TX/CK			
RC6	I/O	ST	Digital I/O.
TX	O	—	USART Asynchronous Transmit.
CK	I/O	ST	USART Synchronous Clock (see related RX/DT).
RC7/RX/DT			
RC7	I/O	ST	Digital I/O.
RX	I	ST	USART Asynchronous Receive.
DT	I/O	ST	USART Synchronous Data (see related TX/CK).

CHAPTER 2

表 2-2(5)　PIC18F4520 微控制器相關的腳位功能（PORTD）

Pin Name 腳位名稱	Pin Type 腳位形式	Buffer Type 緩衝器形式	Description 功能說明
			PORTD is a bi-directional I/O port, or a Parallel Slave Port (PSP) for interfacing to a microprocessor port. These pins have TTL input buffers when PSP module is enabled.
RD0/PSP0			
RD0	I/O	ST	Digital I/O.
PSP0	I/O	TTL	Parallel Slave Port Data.
RD1/PSP1			
RD1	I/O	ST	Digital I/O.
PSP1	I/O	TTL	Parallel Slave Port Data.
RD2/PSP2			
RD2	I/O	ST	Digital I/O.
PSP2	I/O	TTL	Parallel Slave Port Data.
RD3/PSP3			
RD3	I/O	ST	Digital I/O.
PSP3	I/O	TTL	Parallel Slave Port Data.
RD4/PSP4			
RD4	I/O	ST	Digital I/O.
PSP4	I/O	TTL	Parallel Slave Port Data.
RD5/PSP5/P1B			
RD5	I/O	ST	Digital I/O.
PSP5	I/O	TTL	Parallel Slave Port Data.
P1B	O	—	Enhanced CCP1 output.
RD6/PSP6/P1C			
RD6	I/O	ST	Digital I/O.
PSP6	I/O	TTL	Parallel Slave Port Data.
P1C	O	—	Enhanced CCP1 output.
RD7/PSP7/P1D			
RD7	I/O	ST	Digital I/O.
PSP7	I/O	TTL	Parallel Slave Port Data.
P1D	O	—	Enhanced CCP1 output.

CHAPTER

2

表 2-2(6)　PIC18F4520 微控制器相關的腳位功能（PORTE）

Pin Name 腳位名稱	Pin Type 腳位形式	Buffer Type 緩衝器形式	Description 功能說明
RE0/$\overline{RD}$/AN5	I/O		PORTE is a bi-directional I/O port.
RE0		ST	Digital I/O.
$\overline{RD}$		TTL	Read control for parallel slave port (see also WR and CS pins).
AN5		Analog	Analog input 5.
RE1/$\overline{WR}$/AN6	I/O		
RE1		ST	Digital I/O.
$\overline{WR}$		TTL	Write control for parallel slave port (see CS and RD pins).
AN6		Analog	Analog input 6.
RE2/$\overline{CS}$/AN7	I/O		
RE2		ST	Digital I/O.
$\overline{CS}$		TTL	Chip Select control for parallel slave port (see related RD and WR).
AN7		Analog	Analog input 7.
RE3			See MCLR/VPP/RE3 pin.

註記：

TTL = TTL compatible input

ST = Schmitt Trigger input with CMOS levels

O = Output

OD = Open Drain (no P diode to VDD)

CMOS = CMOS compatible input or output

I = Input

P = Power

2.4　PIC18F4520微控制器程式記憶體架構

PIC18F4520 微控制器記憶體可以區分為三大區塊，包括：

■ 程式記憶體（Program Memory）

■ 隨機讀寫資料記憶體（Data RAM）

■ EEPROM 資料記憶體

由於採用改良式的哈佛匯流排架構，資料與程式記憶體使用不同的獨立匯流排，因此核心處理器得以同時擷取程式指令以及相關的運算資料。

由於不同的處理器在硬體設計上及使用上都有著完全不同的方法與觀念，

因此將針對上面三類記憶體區塊逐一地說明。

◎程式記憶體架構

程式記憶體儲存著微處理器所要執行的指令，每執行一個指令便需要將程式的指標定址到下一個指令所在的記憶體位址。由於 PIC18F4520 微控制器的核心處理器是一個使用十六位元（bit）長度指令的硬體核心，因此每一個指令將占據兩個位元組（byte）的記憶體空間。而且 PIC18F4520 微控制器建置有高達 16K 個指令的程式記憶空間，因此在硬體上整個程式記憶體便占據了多達 32K 位元組的記憶空間。

在 PIC18 系列的微處理器上建置一個有 21 位元長度的程式計數器，因此可以對應到高達 2M 的程式記憶空間。由於 PIC18F4520 微控制器實際配備有 32K 位元組的記憶空間，在超過 32K 位元組的位址將會讀到全部為 0 的無效指令。PIC18F4520 微控制器的程式記憶體架構如圖 2-4 所示。

在正常的情況下，由於每一個指令的長度為兩個位元組，因此每一個指令的程式記憶體位址都是由偶數的記憶體位址開始，也就是說最低位元將會一直為 0。而每執行完一個指令之後，程式計數器的位址將遞加 2 而指向下一個指令的位址。

而當程式執行遇到需要進行位址跳換時，例如執行特別的函式（CALL 、RCALL）或者中斷執行程式（Interrupt Service Routine, ISR）時，必須要將目前程式執行所在的位址作一個暫時的保留，以便於在函式執行完畢時得以回到適當的記憶體位址繼續未完成的工作指令；當上述呼叫函式的指令被執行時，程式計數器的內容將會被推入堆疊（Stack）的最上方。或者在執行函式完畢而必須回到原先的程式執行位址的指令（RETURN 、RETFIE 及 RETLW）時，必須要將先前保留的程式執行位址由堆疊的最上方位址取出。因此，在硬體上設計有一個所謂的返回位址堆疊（Return Address Stack）暫存器空間，而這一個堆疊暫存器的結構是一個所謂的先進後出（First-In-Last-Out）暫存器。依照函式呼叫的前後順序將呼叫函式時的位址存入堆疊中；越先呼叫函式者所保留的位址將會被推入越深的堆疊位址。在程式計數器與堆疊存取資料的過程中，並不會改變程式計數器高位元栓鎖暫存器（PCLATH 、PCLATU）的內容。

圖 2-4 PIC18F4520 微控制器程式記憶體架構圖

　　返回位址堆疊允許最多達三十一個程式呼叫或者中斷的發生，並保留呼叫時程式計數器所記錄的位址。這個堆疊暫存器是由一個 31 字元深度而且每個字元長度為 21 位元的隨機資料暫存器及一個 5 位元的堆疊指標（Stack Pointer,STKPTR）所組成；這個堆疊指標在任何的系統重置發生時將會被初始化為 0。在任何一個呼叫程式指令（CALL）的執行過程中，將會引發一個堆疊的推入（push）動作。這時候，堆疊指標將會被遞加 1 而且指標所指的堆疊暫存器位址將會被載入程式計數器的數值。相反地，在任何一個返回程式指令

（RETURN）的執行過程中，堆疊指標所指向的堆疊暫存器位址內容將會被推出（pop）堆疊暫存器而轉移到程式計數器，在此同時堆疊指標將會被遞減 1。堆疊的運作如圖 2-5 所示。

圖 2-5　堆疊的運作

　　堆疊暫存器的空間並不屬於程式資料記憶體的一部分。堆疊指標是一個可讀寫的記憶體，而堆疊最上方所儲存的記憶體位址是可以透過特殊功能暫存器 SFR 來完成讀寫的動作。資料可以藉由堆疊頂端（top-of-stack）的特殊功能暫存器被推入或推出堆疊。藉由狀態（Status）暫存器的內容可以檢查堆疊指標是否到達或者超過所提供的 31 層堆疊空間範圍。

　　堆疊頂端的資料記憶體是可以被讀取或者寫入的，在這裡總共有三個資料暫存器 TOSU、TOSH 及 TOSL 被用來保留堆疊指標暫存器（STKPTR）所指向的堆疊位址內容。這樣的設計將允許使用者在必要時建立一個軟體堆疊。在執行一個呼叫函式的指令（CALL、RCALL 及中斷）之後，可以藉由軟體讀取 TOSU、TOSH 及 TOSL 而得知被推入到堆疊裡的數值，然後將這些數值另外存放在使用者定義的軟體堆疊記憶體。而在從被呼叫函式返回時，可以藉由指令將軟體堆疊的數值存放在這些堆疊頂端暫存器後，再執行返回（RETURN）的指令。如果使用軟體堆疊的話，使用者必須注意要將中斷的功能關閉，以避免意外的堆疊操作發生。

堆疊指標（STKPTR）

堆疊指標暫存器記錄了堆疊指標的數值，以及堆疊飽滿（Stack Full）狀態位元 STKFUL 與堆疊空乏（Underflow）狀態位元 STKUNF。堆疊指標暫存器的內容如表 2-3 所示。

表 2-3　返回堆疊指標暫存器 STKPTR 位元定義

STKFUL	STKUNF	—	SP4	SP3	SP2	SP1	SP0

bit 7　　　　　　　　　　　　　　　　　　　　　　　　　　　　　bit 0

堆疊指標的內容可以是 0 到 31 的數值。每當有數值被推入到堆疊時，堆疊指標將會遞加 1；相反地，當有數值從堆疊被推出時，堆疊指標將會被遞減 1。在系統重置時，堆疊指標的數值將會為 0。使用者可以讀取或者寫入堆疊指標數值，這個功能可以在使用即時操作系統（Real-Time Operation System）的時候用來維護軟體堆疊的內容。

當程式計數器的數值被推入到堆疊中超過 31 個字元的深度時，例如連續呼叫三十一次函式而不做任何返回程式的動作時，堆疊飽滿狀態位元 STKFUL 將會被設定為 1；但是這個狀態位元可以藉由軟體或者是電源啟動重置（POR）而被清除為 0。

當堆疊飽滿的時候，系統所將採取的動作將視設定位元（Configuration bit）STVREN（Stack Overflow Reset Enable）的狀態而定。如果 STVREN 被設定為 1，則第三十一次的推入動作發生時，系統將會把狀態位元 STKFUL 設定為 1 同時並重置微處理器。在重置之後，STKFUL 將會保持為 1 而堆疊指標將會被清除為 0。如果 STVREN 被設定為 0，在第三十一次推入動作發生時，STKFUL 將會被設定為 1 同時堆疊指標將會遞加到 31。任何後續的推入動作將不會改寫第三十一次推入動作所載入的數值，而且堆疊指標將保持為 31。換句話說，任何後續的推入動作將成為無效的動作。

當堆疊經過足夠次數的推出動作，使得所有存入堆疊的數值被讀出之後，任何後續的推出動作將會傳回一個 0 的數值到程式計數器並且會將 STKUNF 堆疊空乏狀態位元設定為 1，只是堆疊指標將維持為 0。STKUNF 將會被保持

設定為 1，直到被軟體清除或者電源啟動重置發生為止。要注意到當回傳一個
0 的數值到程式計數器時，將會使處理器執行程式記憶體位址為 0 的重置指令；
使用者的程式可以撰寫適當的指令在重置時檢查堆疊的狀態。

▍推入與推出指令

在堆疊頂端是一個可讀寫的記憶體，因此在程式設計時能夠將數值推入或
推出堆疊而不影響到正常程式執行是一個非常方便的功能。要將目前程式計數
器的數值推入到堆疊中，可以執行一個 PUSH 指令。這樣的指令將會使堆疊
指標遞加 1 而且將目前程式計數器的數字載入到堆疊中。而最頂端相關的三個
暫存器 TOSU、TOSH 及 TOSL 可以在數值推入堆疊之後被修正以便安置一個
所需要返回程式的位址到堆疊中。

同樣地，利用 POP 指令便可以將堆疊頂端的數值更換成為之前推入到堆
疊中的數值而不會影響到正常的程式執行。POP 指令的執行將會使堆疊指標
遞減 1，而使得目前堆疊頂端的數值作廢。而由於堆疊指標減 1 之後，將會使
前一個被推入堆疊的程式計數器位置變成有效的堆疊頂端數值。

▍堆疊飽滿與堆疊空乏重置

利用軟體規劃 STVREN 設定位元可以在堆疊飽滿或者堆疊空乏的時候產
生一個重置的動作。當 STVREN 位元被清除為零時，堆疊飽滿或堆疊空乏的
發生將只會設定相對應的位元但卻不會引起系統重置。相反地，當 STVREN
位元被設定為 1 時，堆疊飽滿或堆疊空乏除了將設定相對應的 STKFUL 或
STKUNF 位元之外，也將引發系統重置。而這兩個 STKFUL 與 STKUNF 狀態
位元只能夠藉由使用者的軟體或者電源啟動重置（POR）來清除。因此，使用
者可以利用 STVREN 設定位元在堆疊發生狀況而產生重置時，檢查相關的狀
態位元來了解程式的問題。

◙ 快速暫存器堆疊（Fast Register Stack）

除了正常的堆疊之外，中斷執行程式還可以利用快速中斷返回的選項。PIC18F4520 微控制器提供了一個快速暫存器堆疊用來儲存狀態暫存器（STATUS）、工作暫存器（WREG）及資料記憶區塊選擇暫存器（BSR, Bank Select Register）的內容，但是它只能存放一筆的資料。這一個堆疊是不可以讀寫的，而且只能用來處理中斷發生時上述相關暫存器目前的數值使用。而在中斷執行程式結束前，必須使用 FAST RETURN 指令由中斷返回，才可以將快速暫存器堆疊的數值再回到相關暫存器。

使用快速暫存器堆疊時，無論是低優先或者高優先中斷都會將數值推入到堆疊暫存器中。如果高低優先中斷都同時被開啟，對於低優先中斷而言，快速暫存器堆疊的使用並不可靠。這是因為當低優先中斷發生時，如果高優先權中斷也跟著發生，則先前因低優先中斷發生而儲存在快速堆疊的內容將會被覆寫而消逝。

如果應用程式中沒有使用到任何的中斷，則快速暫存器堆疊可以被用來在呼叫函式或者函式執行結束返回正常程式前，回復相關狀態暫存器（STATUS）、工作暫存器（WREG）及資料記憶區塊選擇暫存器（BSR）的數值內容。簡單的範例如下：

```
        CALL SUB1, FAST      ;STATUS, WREG, BSR 儲存在快速暫存器堆疊
        ……
SUB1  ……
        ……
        RETURN FAST          ;將儲存在快速暫存器堆疊的數值回復
```

◙ 程式計數器相關的暫存器

程式計數器定義了要被擷取執行的指令記憶體位址，它是一個 21 位元長度的計數器。程式計數器的低位元組被稱作為 PCL 暫存器，它是一個可讀取

或寫入的暫存器。而接下來的高位元組被稱作為 PCH 暫存器，它包含了程式
計數器第八到十五個位元的資料而且不能夠直接地被讀取或寫入；因此，要更
改 PCH 暫存器的內容必須透過另外一個 PCLATH 栓鎖暫存器來完成。程式計
數器的最高位元組被稱作為 PCU 暫存器，它包含了程式計數器第十六到二十
個位元的資料，而且不能夠直接地被讀寫。因此，要更改 PCU 暫存器的內容
必須透過另外一個 PCLATU 栓鎖暫存器來完成。這樣的栓鎖暫存器設計是為
了要保護程式計數器的內容不會被輕易地更改，而如果需要更改時可以將所有
的位元在同一時間更改，以免出現程式執行錯亂的問題。

讀取 PCL 暫存器時，PCU/PCH 的內容同時移至 PCLATU/PCLATH
寫入資料至 PCL 暫存器時，PCLATU/PCLATH 的內容同時移至 PCU/PCH

圖 2-6　程式計數器相關暫存器的操作示意圖

　　程式計數器的內容將指向程式記憶體中相關位址的位元組資料，為了避免
程式計數器的數值與指令字元的位址不相符而未對齊，PCL 暫存器的最低位
元將會被固定為 0。因此程式計數器在每執行完一個指令之後，將會遞加 2 以
指向程式記憶體中下一個指令所在位元組的位址。
　　呼叫或返回函式的相關指令（CALL 、RCALL 或 GOTO）以及程式跳行

（BRA）相關的指令將直接修改程式計數器的內容。使用這些指令將不會把相關栓鎖暫存器 PCLATU 與 PCLATH 的內容轉移到程式計數器中。只有在執行寫入 PCL 暫存器的過程中才會將栓鎖暫存器 PCLATU 與 PCLATH 的內容轉移到程式計數器中。同樣地，也只有在讀取 PCL 暫存器的內容時才會將程式計數器相關的內容轉移到上述的栓鎖暫存器中。程式記憶體相關暫存器的操作示意如圖 2-6 所示。

時序架構與指令週期

　　處理器（由 OSC1）的時序輸入在內部將會被分割為四個相互不重複的時序脈波，分別為 Q1、Q2、Q3 與 Q4，如圖 2-7 所示。藉由圖 2-8 的微處理器架構，可以更清楚的瞭解這些階段的動作。在 Q1 脈波期間，微處理器從指令暫存器（Instruction Register）讀取指令，由指令解碼與控制元件分析並掌握接下來的運算動作與資料；在 Q2 脈波，藉由控制一般記憶體區塊的記憶體管理單元（Memory Management Unit, MMU），提供所需要的資料記憶體位址，將資料由記憶體區塊或工作暫存器（Working Register, WREG）透過 8 位元匯流排的訊號傳給核心的數學邏輯單元（Arithmetic Logic Unit, ALU），讀取指令所需資料；在 Q3 脈波，藉由指令解碼後控制 ALU 中的多工器與解多工器將輸入資料連通到指令定義的對應數位電路處理資料執行指令運算動作；最後在 Q4 脈波，再次藉由控制 ALU 的輸出解多工器與指令所指定的目標暫存器位址，透過指定的記憶體管理單元 MMU 回存指令運算結果資料到指定的目標記憶體並預捉下一個指令到指令暫存器。在處理器內部，程式計數器將會在每一個 Q1 發生時遞加 2；而在 Q4 發生時，下一個指令將會從程式記憶體中被擷取並鎖入到指令暫存器中。然後在下一個指令週期中，被擷取的指令將會被解碼並執行。

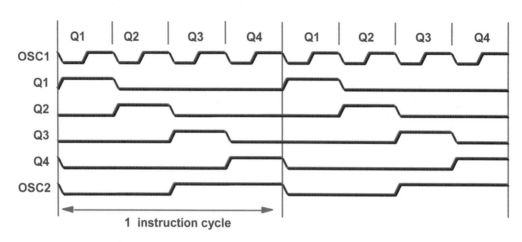

Q1 讀取指令、Q2 讀取資料、Q3 執行運算、Q4 回存運算結果

圖 2-7　微控制器指令週期時序圖

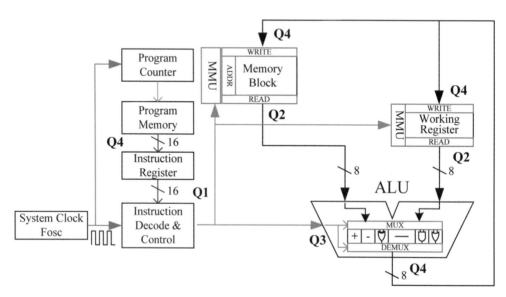

圖 2-8　PIC18F 微控制器核心處理器運作與時脈關係

指令流程與傳遞管線（Pipeline）

　　每一個指令週期包含了四個動作時間 Q1、Q2、Q3 與 Q4。指令擷取與執行透過一個傳遞管線的硬體安排，使得處理器在解碼並執行一個指令的同時擷

取下一個將被執行的指令。不過因為這樣的傳遞管線設計，每一個指令週期只能夠執行一個指令。如果某一個指令會改變到程式計數器的內容時，例如 CALL、RCALL、GOTO，則必須使用兩個指令週期才能夠完成這些指令的執行，如圖 2-9 所示。

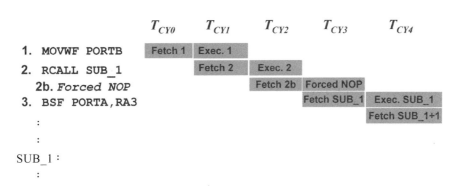

圖 2-9　管線式指令擷取與執行時序關係

　　擷取指令的動作在程式計數器於 Q1 工作時間遞加 1 時也同時開始；在執行指令的過程中，Q1 工作時間被擷取的指令將會被鎖入到指令暫存器；然後在 Q2、Q3 與 Q4 工作時間內被鎖入的指令將會被解碼並執行。如果執行指令需要讀寫相關的資料時，資料記憶體將會在 Q2 工作時間被讀取，然後在工作時間 Q4 將資料寫入到所指定的記憶體位址。

CHAPTER

2

組合語言指令

　　PIC18 系列微處理器的指令集增加了許多早期微處理器所沒有的加強功能，但同時也保持了可以容易由低階微處理器升級的相容性。除了三～四個特別的指令需要兩個字元的程式記憶空間之外，大部分的指令都只需要單一字元（word，16 位元）程式記憶體的空間。

　　每一個單一字元指令是由十六個位元所組成，這些位元內容則可以被分割為運算碼以及運算元。運算碼（OPCODE）是用來定義核心處理器變數需要執行的運算形式，運算元（OPERAND）則定義了所要處理的資料或資料記憶體所在的位址。

3.1　PIC18系列微處理器指令集

　　PIC18 系列微處理器的指令集可以區分為四個基本的類別：

1. 位元組資料運算（Byte-Oriented Operations）
2. 位元資料運算（Bit-Oriented Operations）
3. 常數運算（Literal Operations）
4. 程式流程控制運算（Control Operations）

■ 位元組資料運算類型指令

　　PIC18 系列微處理器指令集的位元組資料運算類型指令內容如表 3-1 所示。大部分的位元組資料運算指令將會使用三個運算元：

1. 資料暫存器（簡寫為 f）－定義指令運算所需要的暫存器。

2. 目標暫存器（簡寫為 d）－運算結果儲存的記憶體位址。如果定義為 0，
則結果將儲存在 WREG 工作暫存器；如果定義為 1，則結果將儲存在
指令所定義的資料暫存器。

3. 運算所需資料是否為擷取區塊（Access Bank）的記憶體（簡寫為 a）。

表 3-1　PIC18 系列微處理器的位元組資料運算類型指令

針對位元組的暫存器操作指令BYTE-ORIENTED FILE REGISTER OPERATIONS						
Mnemonic, Operands	Description	Cycles	16-Bit Instruction Word		Status Affected
			MSb	LSb	
ADDWF　f, d, a	WREG與f相加	1	0010　01da	ffff　ffff	C, DC, Z, OV, N
ADDWFC　f, d, a	WREG與f及C進位旗標相加	1	0010　00da	ffff　ffff	C, DC, Z, OV, N
ANDWF　f, d, a	WREG和f進行「AND（且）」運算	1	0001　01da	ffff　ffff	Z, N
CLRF　f, a	暫存器f清除為零	1	0110　101a	ffff　ffff	Z
COMF　f, d, a	對f取補數	1	0001　11da	ffff　ffff	Z, N
CPFSEQ　f, a	將f與WREG比較，=則跳過	1 (2 or 3)	0110　001a	ffff　ffff	None
CPFSGT　f, a	將f與WREG比較，>則跳過	1 (2 or 3)	0110　010a	ffff　ffff	None
CPFSLT　f, a	將f與WREG比較，<則跳過	1 (2 or 3)	0110　000a	ffff　ffff	None
DECF　f, d, a	f減1	1	0000　01da	ffff　ffff	C, DC, Z, OV, N
DECFSZ　f, d, a	f減1，為0則跳過	1 (2 or 3)	0010　11da	ffff　ffff	None
DCFSNZ　f, d, a	f減1，非0則跳過	1 (2 or 3)	0100　11da	ffff　ffff	None
INCF　f, d, a	f加1	1	0010　10da	ffff　ffff	C, DC, Z, OV, N
INCFSZ　f, d, a	f加1，為0則跳過	1 (2 or 3)	0011　11da	ffff　ffff	None
INFSNZ　f, d, a	f加1，非0則跳過	1 (2 or 3)	0100　10da	ffff　ffff	None
IORWF　f, d, a	WREG和f進行「OR（或）」運算	1	0001　00da	ffff　ffff	Z, N
MOVF　f, d, a	傳送暫存器f的內容	1	0101　00da	ffff　ffff	Z, N

表 3-1　PIC18 系列微處理器的位元組資料運算類型指令（續）

針對位元組的暫存器操作指令BYTE-ORIENTED FILE REGISTER OPERATIONS					
Mnemonic, Operands	Description	Cycles	16-Bit Instruction Word		Status Affected
			MSb	LSb	
MOVFF　fs, fd	將來源fs（第一個位元組）傳送	2	1100　ffff	ffff　ffff	None
	到目標fd（第二個位元組）		1111　ffff	ffff　ffff	
MOVWF　f, a	WREG的內容傳送到f	1	0110　111a	ffff　ffff	None
MULWF　f, a	WREG和f相乘	1	0000　001a	ffff　ffff	None
NEGF　f, a	對f求二的補數負數	1	0110　110a	ffff　ffff	C, DC, Z, OV, N
RLCF　f, d, a	含C進位旗標位元迴圈左移f	1	0011　01da	ffff　ffff	C, Z, N
RLNCF　f, d, a	迴圈左移f（無C進位旗標位元）	1	0100　01da	ffff　ffff	Z, N
RRCF　f, d, a	含C進位旗標位元迴圈右移f	1	0011　00da	ffff　ffff	C, Z, N
RRNCF　f, d, a	迴圈右移f（無C進位旗標位元）	1	0100　00da	ffff　ffff	Z, N
SETF　f, a	設定f暫存器所有位元為1	1	0110　100a	ffff　ffff	None
SUBFWB　f, d, a	WREG減去f和借位旗標位元	1	0101　01da	ffff　ffff	C, DC, Z, OV, N
SUBWF　f, d, a	f減去WREG	1	0101　11da	ffff　ffff	C, DC, Z, OV, N
SUBWFB　f, d, a	f減去WREG和借位旗標位元	1	0101　10da	ffff　ffff	C, DC, Z, OV, N
SWAPF　f, d, a	f半位元組交換	1	0011　10da	ffff　ffff	None
TSTFSZ　f, a	測試f，為0時跳過	1 (2 or 3)	0110　011a	ffff　ffff	None
XORWF　f, d, a	WREG和f進行「互斥或」運算	1	0001　10da	ffff　ffff	Z, N

CHAPTER

3

◗ 位元資料運算類型指令

位元資料運算類型指令內容如表 3-2 所示。大部分的 PIC18F 系列微處理器位元資料運算指令將會使用三個運算元：

- 資料暫存器（簡寫為 f）
- 定義資料暫存器的位元位置（簡寫為 b）
- 運算所擷取的記憶體（簡寫為 a）

表 3-2　PIC18 系列微處理器的位元資料運算類型指令

針對位元的暫存器操作指令BIT-ORIENTED FILE REGISTER OPERATIONS					
Mnemonic, Operands	Description	Cycles	16-Bit Instruction Word		Status Affected
			MSb	LSb	
BCF　　f, b, a	清除f的b位元為0	1	1001　bbba	ffff　ffff	None
BSF　　f, b, a	設定f的b位元為1	1	1000　bbba	ffff　ffff	None
BTFSC　f, b, a	檢查f的b位元，為0則跳過	1 (2 or 3)	1011　bbba	ffff　ffff	None
BTFSS　f, b, a	檢查f的b位元，為1則跳過	1 (2 or 3)	1010　bbba	ffff　ffff	None
BTG　　f, b, a	反轉f的b位元	1	0111　bbba	ffff　ffff	None

◗ 常數運算類型指令

常數運算類型指令內容如表 3-3 所示。常數運算指令將會使用一部分下列的運算元：

- 定義將被載入暫存器的常數（簡寫為 k）
- 常數將被載入的檔案選擇暫存器 FSR（簡寫為 f）
- 不需要任何運算元（簡寫為－）

CHAPTER 3

程式流程控制運算類型指令

程式流程控制運算類型指令內容如表 3-4 所示。控制運算指令將會使用一部分下列的運算元：

- 程式記憶體位址（簡寫為 n）
- 表列讀取或寫入（Table Read/Write）指令的模式（簡寫為 m）
- 不需要任何運算元（簡寫為－）

表 3-3　PIC18 系列微處理器的常數運算類型指令

常數操作指令LITERAL OPERATIONS					
Mnemonic, Operands	Description	Cycles	16-Bit Instruction Word		Status Affected
			MSb	LSb	
ADDLW　k	WREG與常數相加	1	0000　1111	kkkk　kkkk	C, DC, Z, OV, N
ANDLW　k	WREG和常數進行「AND」運算	1	0000　1011	kkkk　kkkk	Z, N
IORLW　k	WREG和常數進行「OR」運算	1	0000　1001	kkkk　kkkk	Z, N
LFSR　　f, k	將第二個引數常數（12位元）內容搬移到第一個引數 FSRx	2	1110　1110 1111　0000	00ff　kkkk kkkk　kkkk	None
MOVLB　k	常數內容搬移到 BSR<3:0>	1	0000　0001	0000　kkkk	None
MOVLW　k	常數內容搬移到 WREG	1	0000　1110	kkkk　kkkk	None
MULLW　k	WREG和常數相乘	1	0000　1101	kkkk　kkkk	None
RETLW　k	返回時將常數送入WREG	2	0000　1100	kkkk　kkkk	None
SUBLW　k	常數減去WREG	1	0000　1000	kkkk　kkkk	C, DC, Z, OV, N
XORLW　k	WREG和常數做「XOR」運算	1	0000　1010	kkkk　kkkk	Z, N

表 3-4　PIC18 系列微處理器的程式流程控制運算類型指令

程式流程控制操作CONTROL OPERATIONS						
Mnemonic, Operands	Description	Cycles	16-Bit Instruction Word			Status Affected
			MSb		LSb	
BC　　n	進位則切換程式位址	1 (2)	1110	0010	nnnn　nnnn	None
BN　　n	爲負則切換程式位址	1 (2)	1110	0110	nnnn　nnnn	None
BNC　　n	無進位則切換程式位址	1 (2)	1110	0011	nnnn　nnnn	None
BNN　　n	不爲負則切換程式位址	1 (2)	1110	0111	nnnn　nnnn	None
BNOV　　n	不溢位則切換程式位址	1 (2)	1110	0101	nnnn　nnnn	None
BNZ　　n	不爲零則切換程式位址	2	1110	0001	nnnn　nnnn	None
BOV　　n	溢位則切換程式位址	1 (2)	1110	0100	nnnn　nnnn	None
BRA　　n	無條件切換程式位址	1 (2)	1101	0nnn	nnnn　nnnn	None
BZ　　n	爲零則切換程式位址	1 (2)	1110	0000	nnnn　nnnn	None
CALL　　n, s	呼叫函式，第一個引數（位址）	2	1110	110s	kkkk　kkkk	None
	第二個引數（替代暫存器動作）		1111	kkkk	kkkk　kkkk	
CLRWDT　　—	清除監視（看門狗）計時器爲 0	1	0000	0000	0000　0100	$\overline{TO}, \overline{PD}$
DAW　　—	十進位調整 WREG	1	0000	0000	0000　0111	C
GOTO　　n	切換程式位址，第一個引數	2	1110	1111	kkkk　kkkk	None
	第二個引數		1111	kkkk	kkkk　kkkk	None
NOP　　—	無動作	1	0000	0000	0000　0000	None
NOP　　—	無動作	1	1111	xxxx	xxxx　xxxx	None
POP　　—	將返回堆疊頂部的內容推出（TOS）	1	0000	0000	0000　0110	None
PUSH　　—	將內容推入返回堆疊的頂部（TOS）	1	0000	0000	0000　0101	None
RCALL　　n	相對呼叫函式	2	1101	1nnn	nnnn　nnnn	None
RESET　　—	軟體系統重置	1	0000	0000	1111　1111	All
RETFIE　　s	中斷返回	2	0000	0000	0001　000s	GIE/GIEH, PEIE/GIEL

表 3-4 PIC18 系列微處理器的程式流程控制運算類型指令（續）

程式流程控制操作CONTROL OPERATIONS					
Mnemonic, Operands	Description	Cycles	16-Bit Instruction Word		Status Affected
			MSb	LSb	
RETLW k	返回時將常數存入 WREG	2	0000 1100	kkkk kkkk	None
RETURN s	從函式返回	2	0000 0000	0001 001s	None
SLEEP —	進入睡眠模式	1	0000 0000	0000 0011	$\overline{TO}$, $\overline{PD}$
資料記憶體 ↔ 程式記憶體操作指令 DATA MEMORY ↔ PROGRAM MEMORY					
TBLRD*	讀取表列資料	2	0000 0000	0000 1000	None
TBLRD*+	讀取表列資料，然後遞加1		0000 0000	0000 1001	None
TBLRD*-	讀取表列資料，然後遞減1		0000 0000	0000 1010	None
TBLRD+*	遞加1，然後讀取表列資料		0000 0000	0000 1011	None
TBLWT*	寫入表列資料	2 (5)	0000 0000	0000 1100	None
TBLWT*+	寫入表列資料，然後遞加1		0000 0000	0000 1101	None
TBLWT*-	寫入表列資料，然後遞減1		0000 0000	0000 1110	None
TBLWT+*	遞加1，然後寫入表列資料		0000 0000	0000 1111	None

除了少數的指令外，所有的指令都將只占據單一字元的長度。而這些少數的指令將占據兩個字元的長度，以便將所有需要運算的資料安置在這三十二個位元中；而且在第二個字元中，最高位址的四個位元將都會是1。如果因為程式錯誤而將第二個字元的部分視為單一字元的指令執行，這時候第二字元的指令將被解讀為 NOP。雙字元長度的指令將這兩個指令週期內執行完成。

除非指令執行流程的測試條件成立或者程式計數器的內容被修改，所有單一字元指令都將在單一個指令週期內被執行完成。在前述的特殊情況下，指令的執行將使用兩個指令週期，但是這個額外的指令週期中核心處理器將執行

NOP。

　　每一個指令週期將由四個震盪週期組成，所以如果使用 4MHz 的時序震盪來源，正常的指令執行時間將會是 1us。當指令執行流程的測試條件成立或者是使程式計數器被修改時，程式執行時間將會變成 2us。雙字元長的跳行指令（BRA），在跳行的條件成立時，將會使用 3us。

3.2　PIC18系列微處理器指令說明

　　所有的指令語法、運算元、運算動作、受影響的狀態暫存器位元、指令編碼、指令描述、所需程式記憶體字元長度、執行指令所需工作週期時間以及指令範例逐一詳細地表列說明如後。

　　在這裡要特別提醒讀者，由於 Microchip® 在 MPLAB X IDE V5.37 版本開始已不再支援 MPASM 組譯器而改用 XC8 編譯器下所安裝的 PIC-AS 組譯器。在 PIC-AS 組譯器的版本更新中，將原來組合語言指令中資料來源是否為擷取區塊（Access Bank）定義參數 a 的預設值，由過去預設為 a=1（以 BSR 定義的記憶體區塊）的說明刪除，所以過去撰寫的組合語言程式如果未寫明記憶體區塊設定的話，必須經過適當的檢查與更新後再使用。以目前的官方資料手冊定義，PIC18F4520 仍然保留預設為 a=1 的說明，但 PIC18F45K22 則已刪除。實際使用時，PIC-AS 對於 PIC18F45K22 組合語言程式中未註明資料來源參數 a 的預設值為 a=0（來源為擷取區塊），也未註明 PIC18F4520 的區塊預設值。在此建議使用者養成在指令中明確定義資料來源與儲存目標暫存器的習慣，以免因為版本的差異造成執行上不可預期的錯誤發生。

　　除此之外，由於新的 PIC18F45K22 跟硬體相關的特殊功能暫存器已經超過 128 個，即便所有與硬體相關的特殊功能暫存器（Special Function Register, SFR）都仍然規劃在記憶體區塊 0x0F 中，但已經與過往 SFR 全部屬於擷取區塊的觀念有明顯的變化，有部分 SFR 已經在記憶體區塊 0x0F 的上半部而不屬於快速擷取區塊。建議使用者在指令使用到硬體相關的 SFR 時，還是再一次確認指令所用的資料暫存器是否應該使用 a=0（來源為擷取區塊）或 a=1（以 BSR 定義的記憶體區塊）的來源設定，以免發生錯誤。

ADDLW	**WREG** 與常數相加
語法：	[*label*]　ADDLW k
運算元：	$0 \leq k \leq 255$
指令動作：	$(W) + k \rightarrow W$
影響旗標位元：	N, OV, C, DC, Z
組譯程式碼：	00001111kkkk kkkk
指令概要：	將 W 的內容與 8 位元常數 k 相加，結果存入 W。
指令長度：	1
執行週期數：	1

範例：

    ADDLW 0x15

指令執行前：

    W = 0x10

指令執行後：

    W = 0x25

ADDWF	**WREG** 與 **f** 相加
語法：	[*label*]ADDWF f [,d[,a]]
運算元：	$0 \leq f \leq 255$
	$d \in [0,1]$
	$a \in [0,1]$
指令動作：	$(W) + (f) \rightarrow dest$
影響旗標位元：	N, OV, C, DC, Z
組譯程式碼：	0010 01da ffff ffff
指令概要：	將 W 與暫存器 f 相加。如果 d 為 0，結果存入 W。如果 d 為 1，結果存回暫存器 f（預設情況）。如果 a 為 0，選擇擷取區塊。如果 a 為 1，則使用 BSR 暫存器。
指令長度：	1
執行週期數：	1

範例：

    ADDWF REG, 0, 0

指令執行前：

    W = 0x17

    REG = 0xC2

指令執行後：

    W = 0xD9

    REG = 0xC2

CHAPTER

3

ADDWFC	**WREG** 與 **f** 及 **C** 進位旗標相加
語法：	[*label*] ADDWFC f [,d [,a]]
運算元：	0 ≤ f ≤ 255 d∈[0,1] a∈[0,1]
指令動作：	(W) + (f) + (C) → dest
影響旗標位元：	N, OV, C, DC, Z
組譯程式碼：	0010 00da ffff ffff
指令概要：	將 W、C 進位旗標位元和資料暫存器 f 相加。如果 d 為 0，結果存入 W。如果 d 為 1，結果存入資料暫存器 f。如果 a 為 0，則選擇擷取區塊。如果 a 為 1，則使用 BSR 暫存器。
指令長度：	1
執行週期數：	1

範例：

```
ADDWFC REG, 0, 1
```

指令執行前：

```
Carry bit = 1
REG = 0x02
W = 0x4D
```

指令執行後：

```
Carry bit = 0
REG = 0x02
W = 0x50
```

ANDLW	**WREG** 與常數作 "**AND**" 運算
語法：	[*label*] ANDLW k
運算元：	0 ≤ k ≤ 255
指令動作：	(W) .AND. k → W
影響旗標位元：	N, Z
組譯程式碼：	0000 1011 kkkk kkkk
指令概要：	將 W 的內容和 8 位元常數 k 進行「且」運算。結果存入 W。
指令長度：	1
執行週期數：	1

範例：

```
ANDLW    0x5F
```

指令執行前：

```
W = 0xA3
```

指令執行後：

```
W = 0x03
```

ANDWF	WREG 和 f 進行 "AND" 運算

語法： [*label*] ANDWF
f [,d [,a]]

運算元： 0 ≤ f ≤ 255
d ∈[0,1]
a ∈[0,1]

指令動作： (W) .AND. (f) → dest

影響旗標位元：N, Z

組譯程式碼： 0001 01da ffff ffff

指令概要： 將 W 的內容和暫存器 f 進行「且」運算。如果 d 為 0，結果存入 W 暫存器。如果 d 為 1，結果存回暫存器 f（預設情況）。如果 a 為 0，選擇擷取區塊。如果 a 為 1，則使用 BSR。

指令長度： 1

執行週期數： 1

範例：
ANDWF REG, 0, 0

指令執行前：
W = 0x17
REG = 0xC2

指令執行後：
W = 0x02
REG = 0xC2

BC	進位則切換程式位址

語法： [*label*] BC n

運算元： -128 ≤ n ≤ 127

指令動作： if carry bit is '1'
(PC) + 2 + 2n → PC

影響旗標位元：None

組譯程式碼： 1110 0010 nnnn nnnn

指令概要： 如果 C 進位旗標位元為 1，程式跳行切換。2 的補數法數值「2n」與 PC 相加，結果存入 PC。因為 PC 要加 1 才能取得下一個指令，因此新的程式位址是 PC+2+2n。因此，該指令是一個雙週期指令。

指令長度： 1

執行週期數： 1(2)

範例：
HERE BC 5

指令執行前：
PC = address（HERE）

指令執行後：
If Carry = 1;
PC = address（HERE+12）
If Carry = 0;
PC = address（HERE+2）

CHAPTER 3

BCF　　　　　　　清除 **f** 的 **b** 位元爲 0

語法：　　　　　[*label*] BCF f,b[,a]

運算元：　　　　0 ≤ f ≤ 255

　　　　　　　　0 ≤ b ≤ 7

　　　　　　　　a ∈[0,1]

指令動作：　　　0 → f<b>

影響旗標位元：None

組譯程式碼：　　1001 bbba ffff ffff

指令概要：　　　將暫存器 f 的 bit b 清除
　　　　　　　　爲 0。如果 a 爲 0，則忽略
　　　　　　　　BSR 數值而選擇擷取區塊。
　　　　　　　　如果 a 爲 1，則會根據 BSR
　　　　　　　　的值選擇資料儲存區塊。

指令長度：　　　1

執行週期數：　　1

範例：

　　　BCF FLAG_REG, 7, 0

指令執行前：

　　　FLAG_REG = 0xC7

指令執行後：

　　　FLAG_REG = 0x47

BN　　　　　　　爲負則切換程式位址

語法：　　　　　[*label*] BN n

運算元：　　　　-128 ≤ n ≤ 127

指令動作：　　　if negative bit is '1'
　　　　　　　　(PC) + 2 + 2n → PC

影響旗標位元：None

組譯程式碼：　　1110 0110 nnnn nnnn

指令概要：　　　如果負數旗標位元爲 1，
　　　　　　　　程式跳行切換。2 的補數
　　　　　　　　法數值"2n"與 PC 相加，
　　　　　　　　結果存入 PC。因爲 PC 需
　　　　　　　　要加 1 才能取得下一個指
　　　　　　　　令，因此新的程式位址將
　　　　　　　　是 PC+2+2n。該指令是一
　　　　　　　　個雙週期指令。

指令長度：　　　1

執行週期數：　　1(2)

範例：

　　　HERE　　　BN Jump

指令執行前：

　　　PC = address (HERE)

指令執行後：

　　　If Negative = 1;

　　　PC = address (Jump)

　　　If Negative = 0;

　　　PC = address (HERE+2)

BNC	無進位則切換程式位址
語法：	[*label*] BNC n
運算元：	$-128 \le n \le 127$
指令動作：	if carry bit is '0'
	(PC) + 2 + 2n → PC
影響旗標位元：	None
組譯程式碼：	1110 0011 nnnn nnnn
指令概要：	如果 C 進位旗標位元為 0，程式跳行切換。2 的補數法數值 "2n" 與 PC 相加，結果存入 PC。由於 PC 需要加 1 才能取得下一個指令，所以新的程式位址是 PC+2+2n。這個指令是一個雙週期指令。
指令長度：	1
執行週期數：	1(2)
範例：	

```
      HERE      BNC  Jump
```

指令執行前：

```
      PC = address (HERE)
```

指令執行後：

```
      If Carry = 0;
      PC = address (Jump)
      If Carry = 1;
      PC = address (HERE+2)
```

BNN	不為負則切換程式位址
語法：	[*label*] BNN n
運算元：	$-128 \le n \le 127$
指令動作：	if negative bit is '0'
	(PC) + 2 + 2n → PC
影響旗標位元：	None
組譯程式碼：	1110 0111 nnnn nnnn
指令概要：	如果 N 負數旗標位元為 1，程式將跳行切換。2 的補數法數值「2n」與 PC 相加，結果存入 PC。由於 PC 需要加 1 才能取得下一個指令，所以新的程式位址是 PC+2+2n。這個指令是一個雙週期指令。
指令長度：	1
執行週期數：	1(2)
範例：	

```
      HERE      BNN  Jump
```

指令執行前：

```
      PC = address (HERE)
```

指令執行後：

```
      If Negative = 0;
      PC = address (Jump)
      If Negative = 1;
      PC = address (HERE+2)
```

CHAPTER

3

BNOV　　　不溢位則切換程式位址

語法：　　　　[*label*] BNOV n

運算元：　　　-128 ≤ n ≤ 127

指令動作：　　if overflow bit is '0'
　　　　　　　(PC) + 2 + 2n → PC

影響旗標位元：None

組譯程式碼：　1110 0101 nnnn nnnn

指令概要：　　如果溢位旗標位元為 0，程
　　　　　　　式將跳行切換。2 的補數
　　　　　　　法數值〝2n〞與 PC 相加，
　　　　　　　結果存入 PC。因為 PC 需
　　　　　　　要加 1 才能取得下一個指
　　　　　　　令，所以新的程式位址是
　　　　　　　PC+2+2n。這個指令是一
　　　　　　　個雙週期指令。

指令長度：　　1

執行週期數：　1(2)

範例：

　　　HERE　　　BNOV　Jump

指令執行前：

　　　PC = address (HERE)

指令執行後：

　　　If Overflow = 0;

　　　PC = address (Jump)

　　　If Overflow = 1;

　　　PC = address (HERE+2)

BNZ　　　不為零則切換程式位址

語法：　　　　[*label*] BNZ n

運算元：　　　-128 ≤ n ≤ 127

指令動作：　　if zero bit is '0'
　　　　　　　(PC) + 2 + 2n → PC

影響旗標位元：None

組譯程式碼：　1110 0001 nnnn nnnn

指令概要：　　如果零旗標位元 Z 為 0，
　　　　　　　程式將跳行切換。2 的補數
　　　　　　　法數值〝2n〞與 PC 相加，
　　　　　　　結果存入 PC。因為 PC 需
　　　　　　　要加 1 才能取得下一個指
　　　　　　　令，所以新的程式位址是
　　　　　　　PC+2+2n。這個指令是一
　　　　　　　個雙週期指令。

指令長度：　　1

執行週期數：　1(2)

範例：

　　　HERE　　　BNZ　Jump

指令執行前：

　　　PC = address (HERE)

指令執行後：

　　　If Zero = 0;

　　　PC = address (Jump)

　　　If Zero = 1;

　　　PC = address (HERE+2)

BOV　　　　　　　溢位則切換程式位址

語法：　　　　[*label*] BOV n

運算元：　　　-128 ≤ n ≤ 127

指令動作：　　if overflow bit is '1'
　　　　　　　(PC) + 2 + 2n → PC

影響旗標位元：None

組譯程式碼：　1110 0100 nnnn nnnn

指令概要：　　如果溢位旗標位元為 1，
　　　　　　　程式跳行切換。2 的補數
　　　　　　　法數值"2n"與 PC 相加，
　　　　　　　結果存入 PC。由於 PC 要
　　　　　　　加 1 才能取得下一個指
　　　　　　　令，所以新的程式位址是
　　　　　　　PC+2+2n。這個指令是一
　　　　　　　個雙週期指令。

指令長度：　　1

執行週期數：　1(2)

範例：
　　　HERE　　　BOV Jump

指令執行前：
　　　PC = address (HERE)

指令執行後：
　　　If Overflow = 1;
　　　PC = address (Jump)
　　　If Overflow = 0;
　　　PC = address (HERE+2)

BRA　　　　　　　無條件切換程式位址

語法：　　　　[*label*] BRA n

運算元：　　　-1024 ≤ n ≤ 1023

指令動作：　　(PC) + 2 + 2n → PC

影響旗標位元：None

組譯程式碼：　1101 0nnn nnnn nnnn

指令概要：　　將 2 的補數法數值「2n」
　　　　　　　與 PC 相加，結果存入 PC。
　　　　　　　因為 PC 需要加 1 才能取得
　　　　　　　下一條指令，所以新的程
　　　　　　　式位址是 PC+2+2n。該指
　　　　　　　令是一條雙週期指令。

指令長度：　　1

執行週期數：　2

範例：
　　　HERE　　　BRA Jump

指令執行前：
　　　PC = address (HERE)

指令執行後：
　　　PC = address (Jump)

CHAPTER

3

BSF	設定 **f** 的 **b** 位元爲 **1**	**BTFSC**	檢查 **f** 的 **b** 位元，爲 **0** 則跳過

BSF　　　設定 **f** 的 **b** 位元爲 **1**

語法：　　　　[*label*]BSFf,b[,a]

運算元：　　　0 ≤ f ≤ 255

　　　　　　　0 ≤ b ≤ 7

　　　　　　　a ∈[0,1]

指令動作：　　1 → f<b>

影響旗標位元：None

組譯程式碼：　1000 bbba ffff ffff

指令概要：　　將暫存器 f 的 bit b 置 1。如果 a 爲 0，則選擇擷取區塊，並忽略 BSR 的值。如果 a 爲 1，則根據 BSR 的值選擇存取資料儲存區塊。

指令長度：　　1

執行週期數：　1

範例：

　　　BSF　　FLAG_REG, 7, 1

指令執行前：

　　　FLAG_REG = 0x0A

指令執行後：

　　　FLAG_REG = 0x8A

BTFSC　　　檢查 **f** 的 **b** 位元，爲 **0** 則跳過

語法：　　　　[*label*] BTFSC f,b[,a]

運算元：　　　0 ≤ f ≤ 255

　　　　　　　0 ≤ b ≤ 7

　　　　　　　a ∈[0,1]

指令動作：　　skip if (f<b>) = 0

影響旗標位元：None

組譯程式碼：　1011 bbba ffff ffff

指令概要：　　如果暫存器 f 的 bit b 爲 0，則跳過下一個指令。如果 bit b 爲 1，則（在目前指令執行期間所取得的）下一個指令不再執行，改爲執行一個 NOP 指令，使該指令變成雙週期指令。如果 a 爲 0，則選擇擷取區塊，並忽略 BSR 的值。如果 a 爲 1，則根據 BSR 的值選擇存取資料儲存區塊。

指令長度：　　1

執行週期數：　1(2)

　　　　　　　註記：如果跳行且緊接著爲二字元長指令時，則需要三個執行週期。

範例：

　　　HERE　　　BTFSC　FLAG, 1, 0

　　　FALSE　　　　:

　　　TRUE　　　　:

指令執行前：

　　　PC = address (HERE)

指令執行後：

　　　If FLAG<1> = 0;

　　　PC = address (TRUE)

　　　If FLAG<1> = 1;

　　　PC = address (FALSE)

BTFSS　　　　　檢查 **f** 的 **b** 位元，爲 **1** 則
　　　　　　　　　跳過

語法：　　　　　[*label*] BTFSS f,b[,a]

運算元：　　　　0 ≤ f ≤ 255

　　　　　　　　0 ≤ b ≤ 7

　　　　　　　　a ∈[0,1]

指令動作：　　　skip if（f<b>）= 1

影響旗標位元：None

組譯程式碼：　　1010 bbba ffff ffff

指令概要：　　　如果暫存器 f 的 bit b 爲
　　　　　　　　1，則跳過下一個指令。如
　　　　　　　　果 bit b 爲 0，則（在目
　　　　　　　　前指令執行期間所取得的）
　　　　　　　　下一個指令不再執行，改
　　　　　　　　爲執行一個 NOP 指令，使
　　　　　　　　該指令變成雙週期指令。
　　　　　　　　如果 a 爲 0，則忽略 BSR 數
　　　　　　　　值而選擇擷取區塊。如果 a
　　　　　　　　爲 1，則根據 BSR 的值選
　　　　　　　　擇資料儲存區塊。

指令長度：　　　1

執行週期數：　　1(2)

　　　　　　　　註記：如果跳行且緊接著
　　　　　　　　爲二字元長指令時，則需
　　　　　　　　要三個執行週期。

範例：

```
HERE      BTFSS  FLAG, 1, 0
FALSE       :
TRUE        :
```

指令執行前：

```
PC = address (HERE)
```

指令執行後：

```
If FLAG<1> = 0;
PC = address (FALSE)
If FLAG<1> = 1;
PC = address (TRUE)
```

CHAPTER

3

CHAPTER 3

BTG　　　　　反轉 **f** 的 **b** 位元

語法：　　　　[*label*] BTG f,b[,a]

運算元：　　　0 ≤ f ≤ 255

　　　　　　　0 ≤ b ≤ 7

　　　　　　　a ∈[0,1]

指令動作：　　(f<b>) → f<b>

影響旗標位元：None

組譯程式碼：　0111 bbba ffff ffff

指令概要：　　對資料儲存位址單元 f 的
bit b 做反轉運算。如果 a
為 0，則忽略 BSR 數值而選
擇擷取區塊。如果 a 為 1，
則根據 BSR 的值選擇資料
儲存區塊。

指令長度：　　1

執行週期數：　1

範例：

　　BTG　PORTC, 4, 0

指令執行前：

　　PORTC = 0111 0101 [0x75]

指令執行後：

　　PORTC = 0110 0101 [0x65]

BZ　　　　　為零則切換程式位址

語法：　　　　[*label*] BZ n

運算元：　　　-128 ≤ n ≤ 127

指令動作：　　if Zero bit is '1'

　　　　　　　(PC) + 2 + 2n → PC

影響旗標位元：None

組譯程式碼：　1110 0000 nnnn nnnn

指令概要：　　如果零旗標位元 Z 為 1，
程式跳行切換。2 的補數
法數值「2n」與 PC 相加，
結果存入 PC。由於 PC 要
加 1 才能取得下一個指
令，所以新的程式位址是
PC+2+2n。這個指令是一
個雙週期指令。

指令長度：　　1

執行週期數：　1(2)

範例：

　　HERE　　BZ　Jump

指令執行前：

　　PC = address (HERE)

指令執行後：

　　If Zero = 1;

　　PC = address (Jump)

　　If Zero = 0;

　　PC = address (HERE+2)

CALL   呼叫函式

語法：   [*label*] CALL k [,s]

運算元：   0 ≤ k ≤ 1048575

                s ∈[0,1]

指令動作：   (PC) + 4 → TOS,

                k → PC<20:1>,

                if s = 1

                (W) → WS,

                (STATUS) → STATUSS,

                (BSR) → BSRS

指令執行前：

                PC = address（HERE）

指令執行後：

                PC = address（THERE）

                TOS = address（HERE + 4）

                WS = W

                BSRS = BSR

                STATUSS = STATUS

影響旗標位元：None

組譯程式碼：

                1st word（k<7:0>）

                    1110 110s $k_7$kkk

                    $kkkk_0$

                2nd word（k<19:8>）

                    1111 k_{19}kkk kkkk

                    $kkkk_8$

指令概要：   2 MB 儲存空間內的函式
                呼叫。首先，將返回位址
                （PC+ 4）推入返回堆疊。
                如果 s 為 1，則 W、STA-
                TUS 和 BSR 暫存器也會被
                推入對應的替代（Shadow）
                暫存器 WS、STATUSS 和
                BSRS。如果 s 為 0，不會
                產生更新（預設情況）。然
                後，將 20 位元數值 k 存入
                PC<20:1>。CALL 為雙週
                期指令。

指令長度：   2

執行週期數：   2

範例：

        HERE   CALL THERE,1

CHAPTER

3

CHAPTER 3

CLRF	暫存器 **f** 清除為零

語法：　　　　[*label*] CLRF f [,a]

運算元：　　　0 ≤ f ≤ 255

　　　　　　　a ∈[0,1]

指令動作：　　000h → f

　　　　　　　1 → Z

影響旗標位元：Z

組譯程式碼：　0110 101a ffff ffff

指令概要：　　指定暫存器的內容清除為
　　　　　　　0。如果 a 為 0，則忽略
　　　　　　　BSR 數值而選擇擷取區塊。
　　　　　　　如果 a 為 1，則會根據 BSR
　　　　　　　的值選擇資料儲存區塊。

指令長度：　　1

執行週期數：　1

範例：

　　　　CLRF　　FLAG_REG,1

指令執行前：

　　　　FLAG_REG = 0x5A

指令執行後：

　　　　FLAG_REG = 0x00

CLRWDT	清除監視（看門狗）計時器為 **0**

語法：　　　　[*label*] CLRWDT

運算元：　　　None

指令動作：　　000h → WDT,

　　　　　　　000h → WDT postscaler,

　　　　　　　1 → $\overline{TO}$,

　　　　　　　1 → $\overline{PD}$

影響旗標位元：$\overline{TO}$, $\overline{PD}$

組譯程式碼：　0000 0000 0000 0100

指令概要：　　CLRWDT 指令重定監視（看
　　　　　　　門狗）計時器。而且會重
　　　　　　　置 WDT 的後除頻器。狀態
　　　　　　　位 $\overline{TO}$ 和 $\overline{PD}$ 被置1。

指令長度：　　1

執行週期數：　1

範例：

　　　　CLRWDT

指令執行前：

　　　　WDT Counter = ?

指令執行後：

　　　　WDT Counter = 0x00

　　　　WDT Postscaler = 0

　　　　$\overline{TO}$ = 1

　　　　$\overline{PD}$ = 1

COMF	對 **f** 取補數	**CPFSEQ**	**f** 與 **WREG** 比較，等於則跳過
語法：	[*label*]COMFf[,d[,a]]	語法：	[*label*] CPFSEQ f [,a]
運算元：	0 ≤ f ≤ 255	運算元：	0 ≤ f ≤ 255
	d ∈[0,1]		a ∈[0,1]
	a ∈[0,1]	指令動作：	(f)–(W),
指令動作：	→ dest		skip if (f) = (W)
影響旗標位元：	N, Z		(unsigned comparison)
組譯程式碼：	0001 11da ffff ffff	影響旗標位元：	None

COMF — 對 **f** 取補數

語法： [*label*]COMFf[,d[,a]]

運算元： 0 ≤ f ≤ 255
d ∈[0,1]
a ∈[0,1]

指令動作： → dest

影響旗標位元：N, Z

組譯程式碼： 0001 11da ffff ffff

指令概要： 對暫存器 f 的內容做反轉運算。如果 d 為 0，結果存入 W 暫存器。如果 d 為 1，結果存回暫存器 f（預設情況）。如果 a 為 0，則忽略 BSR 數值而選擇擷取區塊。如果 a 為 1，則根據 BSR 的值選擇資料儲存區塊。

指令長度： 1

執行週期數： 1

範例：

    COMF   REG, 0, 0

指令執行前：

    REG = 0x13

指令執行後：

    REG = 0x13

    W = 0xEC

CPFSEQ — **f** 與 **WREG** 比較，等於則跳過

語法： [*label*] CPFSEQ f [,a]

運算元： 0 ≤ f ≤ 255
a ∈[0,1]

指令動作： (f)–(W),
skip if (f) = (W)
(unsigned comparison)

影響旗標位元：None

組譯程式碼： 0110 001a ffff ffff

指令概要： 執行無符號減法，比較資料暫存器 f 和 W 中的內容。如果 'f' = W，則不再執行取得的指令，轉而執行 NOP 指令，進而使該指令變成雙週期指令。如果 a 為 0，則忽略 BSR 數值而選擇擷取區塊。如果 a 為 1，則根據 BSR 的值選擇資料儲存區塊。

指令長度： 1

執行週期數： 1(2)

註記：如果跳行且緊接著為二字元長指令時，則需要三個執行週期。

範例：

    HERE   CPFSEQ   REG, 0

    NEQUAL   :

    EQUAL   :

指令執行前：

    PC Address = HERE

    W = ?

    REG = ?

指令執行後：

    If REG = W;

    PC = Address（EQUAL）

    If REG ≠ W;

    PC = Address（NEQUAL）

CPFSGT　　　　**f** 與 **WREG** 比較，大於則跳過

語法：　　　　[*label*] CPFSGT f [,a]

運算元：　　　　0 ≤ f ≤ 255

               a∈[0,1]

指令動作：　　　　(f)-(W),

               skip if (f) > (W)

               (unsigned comparison)

影響旗標位元：None

組譯程式碼：　0110 010a ffff ffff

指令概要：　　執行無符號減法，對資料暫存器 f 和 W 中的內容進行比較。如果 f 的內容大於 WREG 的內容，則不再執行取得的指令，轉而執行一個 NOP 指令，進而使該指令變成雙週期指令。如果 a 為 0，則忽略 BSR 數值而選擇擷取區塊。如果 a 為 1，則根據 BSR 的值選擇資料儲存區塊。

指令長度：　　1

執行週期數：　1(2)

    註記：如果跳行且緊接著為二字元長指令時，則需要三個執行週期。

範例：

    HERE　　CPFSGT　REG, 0

    NGREATER　　：

    GREATER　　：

指令執行前：

    PC = Address（HERE）

    W = ?

指令執行後：

CHAPTER

3

CPFSLT	**f** 與 **WREG** 比較，小於則跳過

If REG W;

PC = Address （GREATER）

If REG ≤ W;

PC = Address （NGREATER）

語法：　　　　[*label*] CPFSLT f [,a]

運算元：　　　0 ≤ f ≤ 255

　　　　　　　a∈[0,1]

指令動作：　　(f)-(W),

　　　　　　　skip if (f) < (W)

　　　　　　　(unsigned comparison)

影響旗標位元：None

組譯程式碼：　0110 000a ffff ffff

指令概要：　　執行無符號的減法，對資料暫存器 f 和 W 中的內容進行比較。如果 f 的內容小於 W 的內容，則不再執行取得的指令，轉而執行一個 NOP 指令，進而使該指令變成雙週期指令。如果 a 為 0，則選擇擷取區塊。如果 a 為 1，則使用 BSR。

指令長度：　　1

執行週期數：　1(2)

　　　　　　　註記：如果跳行且緊接著為二字元長指令時，則需要三個執行週期。

範例：

　　HERE　　　CPFSLT　REG, 1

　　NLESS　　　:

　　LESS:

指令執行前：

　　PC = Address（HERE）

　　W = ?

指令執行後：

　　If REG < W;

CHAPTER

3

PC = Address（LESS）

If REG ≥ W;

PC = Address（NLESS）

DAW　　　　　　　　十進位調整 **WREG**

語法：　　　　[*label*] DAW

運算元：　　　None

指令動作：　　If [W<3:0> >9] or
　　　　　　　[DC = 1] then
　　　　　　　　(W<3:0>)+6 →
　　　　　　　　W<3:0>;
　　　　　　　else
　　　　　　　　(W<3:0>) → W<3:
　　　　　　　　0>;
　　　　　　　If [W<7:4> >9] or [C
　　　　　　　= 1] then
　　　　　　　　(W<7:4>) + 6 →
　　　　　　　　W<7:4>;
　　　　　　　else
　　　　　　　　(W<7:4>) → W<7:
　　　　　　　　4>;

影響旗標位元：C

組譯程式碼：　0000 0000 0000 0111

指令概要：　　DAW 調整 W 內的 8 位元數
　　　　　　　值，這 8 位元數值為前面
　　　　　　　兩個變數（格式均為 BCD
　　　　　　　格式）的和，並產生正確
　　　　　　　的 BCD 格式的結果。

指令長度：　　1

執行週期數：　1

Example1:　DAW

指令執行前：
　　　　W = 0xA5
　　　　C = 0
　　　　DC = 0

指令執行後：
　　　　W = 0x05
　　　　C = 1

DC = 0

Example 2:

指令執行前：

    W = 0xCE

    C = 0

    DC = 0

指令執行後：

    W = 0x34

    C = 1

    DC = 0

DECF	**f 減 1**
語法：	[*label*] DECF f [,d [,a]]
運算元：	$0 \le f \le 255$
	d∈[0,1]
	a∈[0,1]
指令動作：	(f)-1 → dest
影響旗標位元：	C, DC, N, OV, Z
組譯程式碼：	0000 01da ffff ffff
指令概要：	暫存器 f 內容減 1。如果 d 為 0，結果存入 W 暫存器。如果 d 為 1，結果存回暫存器 f（預設情況）。如果 a 為 0，則忽略 BSR 數值而選擇擷取區塊。如果 a 為 1，則會根據 BSR 的值選擇資料儲存區塊。
指令長度：	1
執行週期數：	1
範例：	0

    DECF   CNT, 1, 0

指令執行前：

    CNT = 0x01

    Z = 0

指令執行後：

    CNT = 0x00

    Z = 1

CHAPTER

3

DECFSZ	**f** 減 1，為 0 則跳過

語法： [*label*] DECFSZ f [,d [,a]]

運算元： 0 ≤ f ≤ 255 　　　指令執行後：
　　　　 d∈[0,1]
　　　　 a∈[0,1] 　　　　　　　CNT = CNT - 1
指令動作： (f)-1 → dest, 　　　　If CNT = 0;
　　　　　skip if result = 0 　PC = Address (CONTINUE)
影響旗標位元：None 　　　　　　If CNT ≠ 0;
組譯程式碼： 0010 11da ffff ffff 　PC = Address (HERE+2)

指令概要： 暫存器 f 的內容減 1。如果 d 為 0，結果存入 W。如果 d 為 1，結果存回暫存器 "f"（預設情況）。如果結果為 0，則不再執行取得的下一個指令，轉而執行一個 NOP 指令，進而該指令變成雙週期指令。如果 a 為 0，則忽略 BSR 數值而選擇擷取區塊。如果 a 為 1，則按照 BSR 的值選擇資料儲存區塊。

指令長度： 1

執行週期數： 1(2)

　　　　　註記：如果跳行且緊接著為二字元長指令時，則需要三個執行週期。

範例：

```
HERE    DECFSZ   CNT, 1, 1
        GOTO     LOOP
CONTINUE
```

指令執行前：

```
PC = Address (HERE)
```

DCFSNZ	**f** 減 1，非 0 則跳過	
語法：	[*label*] DCFSNZ f [,d[,a]]	
運算元：	0 ≤ f ≤ 255	TEMP = TEMP - 1,
	d∈[0,1]	If TEMP = 0;
	a∈[0,1]	PC = Address (ZERO)
指令動作：	(f)-1 → dest,	If TEMP ≠ 0;
	skip if result ≠ 0	PC = Address (NZERO)
影響旗標位元：	None	
組譯程式碼：	0100 11da ffff ffff	
指令概要：	暫存器 f 的內容減 1。如果 d 為 0，結果存入 W。如果 d 為 1，結果存回暫存器 f（預設情況）。如果結果非 0，則不再執行取得的下一個指令，轉而執行一個 NOP 指令，進而該指令變成雙週期指令。如果 a 為 0，則忽略 BSR 數值而選擇擷取區塊。如果 a 為 1，則按照 BSR 的值選擇資料儲存區塊。	
指令長度：	1	
執行週期數：	1(2)	
	註記：如果跳行且緊接著為二字元長指令時，則需要三個執行週期。	
範例：		
	HERE DCFSNZ TEMP, 1, 0	
	ZERO :	
	NZERO :	
指令執行前：		
	TEMP = ?	
指令執行後：		

GOTO	切換程式位址

語法：　　　[*label*] GOTO k

運算元：　　0 ≤ k ≤ 1048575

指令動作：　k → PC<20:1>

影響旗標位元：None

組譯程式碼：

1st word (k<7:0>)

1110 110s $k_7$kkk

kkkk_0

2nd word(k<19:8>)

1111 k_{19}kkk kkkk

kkkk_8

指令概要：　GOTO 允許無條件地跳行切換到 2MB 儲存空間中的任何地方。將 20 位元數值「k」存入 PC<20:1>。GOTO 始終爲雙週期指令。

指令長度：　2

執行週期數：　2

範例：

GOTO　　THERE

指令執行後：

PC = Address (THERE)

INCF 　　f 加 1

語法：　　　[*label*] INCF f [,d [,a]]

運算元：　　0 ≤ f ≤ 255

d∈[0,1]

a∈[0,1]

指令動作：　(f) + 1 → dest

影響旗標位元：C, DC, N, OV, Z

組譯程式碼：　0010 10da ffff ffff

指令概要：　暫存器 f 的內容加 1。如果 d 爲 0，結果存入 W。如果 d 爲 1，結果存回到暫存器 f（預設情況）。如果 a 爲 0，則忽略 BSR 數值而選擇擷取區塊。如果 a 爲 1，則按照 BSR 數值選擇資料儲存區塊。

指令長度：　1

執行週期數：　1

範例：

INCF　　CNT, 1, 0

指令執行前：

CNT = 0xFF

Z = 0

C = ?

DC = ?

指令執行後：

CNT = 0x00

Z = 1

C = 1

DC = 1

INCFSZ   **f** 加 1，為 0 則跳過

語法：   [*label*] INCFSZ f [,d [,a]]

運算元：   0 ≤ f ≤ 255   If CNT = 0;

            d∈[0,1]   PC = Address (ZERO)

            a∈[0,1]   If CNT ≠ 0;

指令動作：   (f) + 1 → dest,   PC = Address (NZERO)

            skip if result = 0

影響旗標位元：None

組譯程式碼：   0011 11da ffff ffff

指令概要：   暫存器 f 的內容加 1。如果
            d 為 0，結果存入 W。如果
            d 為 1，結果存回暫存器 f
            （預設情況）。如果結果為
            0，則不再執行取得的下一
            個指令，轉而執行一個 NOP
            指令，進而該指令變成雙
            週期指令。如果 a 為 0，則
            忽略 BSR 數值而選擇擷取
            區塊。如果 a 為 1，則按照
            BSR 數值選擇資料儲存區塊。

指令長度：   1

執行週期數：   1(2)
            註記：如果跳行且緊接著
            為二字元長指令時，則需
            要三個執行期週期。

範例：
    HERE   INCFSZ CNT, 1, 0
    NZERO   :
    ZERO   :

指令執行前：
    PC = Address (HERE)

指令執行後：
    CNT = CNT + 1

INFSNZ　　　　　**f** 加 1，非 0 則跳過

語法：　　　　　[*label*] INFSNZ f [,d [,a]]

運算元：　　　　0 ≤ f ≤ 255　　　　　　　REG = REG + 1

　　　　　　　　d∈[0,1]　　　　　　　　If REG ≠ 0;

　　　　　　　　a∈[0,1]　　　　　　　　PC = Address (NZERO)

指令動作：　　　(f) + 1 → dest,　　　　If REG = 0;

　　　　　　　　skip if result ≠ 0　　PC = Address (ZERO)

影響旗標位元：None

組譯程式碼：　　0100 10da ffff ffff

指令概要：　　　暫存器 f 的內容加 1。如
　　　　　　　　果 d 為 0，結果存入 W。如
　　　　　　　　果 d 為 1，結果存回暫存器
　　　　　　　　f（預設情況）。如果結果不
　　　　　　　　為 0，則不再執行取得的下
　　　　　　　　一個指令，轉而執行一個
　　　　　　　　NOP 指令，進而該指令變成
　　　　　　　　雙週期指令。如果 a 為 0，
　　　　　　　　則忽略 BSR 數值而選擇擷
　　　　　　　　取區塊。如果 a 為 1，則按
　　　　　　　　照 BSR 數值選擇資料儲存
　　　　　　　　區塊。

指令長度：　　　1

執行週期數：　　1(2)

　　　　　　　　註記：如果跳行且緊接著
　　　　　　　　為二字元長指令時，則需
　　　　　　　　要三個執行週期。

範例：

　　　HERE　　　INFSNZ　REG, 1, 0

　　　ZERO　　　　：

　　　NZERO　　　：

指令執行前：

　　　PC = Address (HERE)

指令執行後：

IORLW   **WREG** 和常數進行「或」運算

語法：   [*label*] IORLW k

運算元：   0 ≤ k ≤ 255

指令動作：   (W).OR. k → W

影響旗標位元：N, Z

組譯程式碼：   0000 1001 kkkk kkkk

指令概要：   W 中的內容與 8 位元常數「k」進行「或」操作。結果存入 W。

指令長度：   1

執行週期數：   1

範例：

     IORLW 0x35

指令執行前：

     W = 0x9A

指令執行後：

     W = 0xBF

IORWF   **WREG** 和 **f** 進行「或」運算

語法：   [*label*] IORWF f [,d [,a]]

運算元：   0 ≤ f ≤ 255

               d∈[0,1]

               a∈[0,1]

指令動作：   (W).OR. (f) → dest

影響旗標位元：N, Z

組譯程式碼：   0001 00da ffff ffff

指令概要：   W 與 f 暫存器的內容進行「或」操作。如果 d 為 0，結果存入 W。如果 d 為 1，結果存回暫存器「f」（預設情況）。如果 a 為 0，則忽略 BSR 數值而選擇擷取區塊。如果 a 為 1，則按照 BSR 數值選擇資料儲存區塊。

指令長度：   1

執行週期數：   1

範例：

     IORWF RESULT, 0, 1

指令執行前：

     RESULT = 0x13

     W = 0x91

指令執行後：

     RESULT = 0x13

     W = 0x93

CHAPTER

3

LFSR	載入 **FSR**

語法：　　　　　[*label*] LFSR f,k

運算元：　　　　0 ≤ f ≤ 2

　　　　　　　　0 ≤ k ≤ 4095

指令動作：　　　k → FSRf

影響旗標位元：None

組譯程式碼：　　1110 1110 00ff k_{11}kkk

　　　　　　　　1111 0000 $k_7$kkk kkkk

指令概要：　　　12 位常數 k 存入 f 指向的
檔案選擇暫存器。

指令長度：　　　2

執行週期數：　　2

範例：

　　LFSR　2, 0x3AB

指令執行後：

　　FSR2H = 0x03

　　FSR2L = 0xAB

MOVF	傳送暫存器 **f** 的內容

語法：　　　　　[*label*] MOVF f [,d [,a]]

運算元：　　　　0 ≤ f ≤ 255

　　　　　　　　d∈[0,1]

　　　　　　　　a∈[0,1]

指令動作：　　　f → dest

影響旗標位元：N, Z

組譯程式碼：　　0101 00da ffff ffff

指令概要：　　　根據 d 的狀態，將暫存器
f 的內容存入目標暫存器。
如果 d 為 0，結果存入 W。
如果 d 為 1，結果存回暫存
器 f（預設情況）。f 可以是
256 位元組資料儲存區塊中
的任何暫存器。如果 a 為
0，則忽略 BSR 數值而選擇
擷取區塊。如果 a 為 1，則
按照 BSR 數值選擇資料儲
存區塊。

指令長度：　　　1

執行週期數：　　1

範例：

　　MOVF　REG, 0, 0

指令執行前：

　　REG = 0x22

　　W = 0xFF

指令執行後：

　　REG = 0x22

　　W = 0x22

MOVFF   傳送暫存器 **1** 的內容至暫
                            存器 **2**

語法：   [*label*] MOVFF f$_s$, f$_d$

運算元： $0 \leq f_s \leq 4095$

               $0 \leq f_d \leq 4095$

指令動作： $(f_s) \rightarrow f_d$

影響旗標位元：None

組譯程式碼：

               1st word (source)

                  1100 ffff ffff

               ffff

               2nd word (destin.)

                  1111 ffff ffff

               ffff

指令概要：   將來源暫存器 f$_s$ 的內容移
               到目標暫存器 f$_d$。來源 f$_s$
               可以是 4096 位元組資料空
               間（000h 到 FFFh）中的
               任何暫存器，目標 f$_d$ 也可
               以是 000h 到 FFFh 中的任
               何暫存器。來源或目標都
               可以是 W（這是個有用的特
               殊情況）。MOVFF 在將資料
               暫存器傳遞到外設暫存器
               （如通訊收發資料緩衝器
               或 I/O 腳位）時特別有用。
               MOVFF 指令中的目標暫存器
               不能是 PCL、TOSU、TOSH
               或 TOSL。註：在執行任何
               中斷時，不應該使用 MOVFF
               指令修改中斷設置。

指令長度：   2

執行週期數：   2 (3)

範例：

     MOVFF   REG1, REG2

指令執行前：

     REG1 = 0x33

     REG2 = 0x11

指令執行後：

     REG1 = 0x33,

     REG2 = 0x33

CHAPTER

3

MOVLB	常數內容搬移到 **BSR<3:0>**
語法：	[*label*] MOVLB k
運算元：	0 ≤ k ≤ 255
指令動作：	k → BSR
影響旗標位元：	None
組譯程式碼：	0000 0001 kkkk kkkk
指令概要：	將 8 位元常數 k 存入資料儲存區塊選擇暫存器（BSR）。
指令長度：	1
執行週期數：	1

範例：

　　MOVLB　5

指令執行前：

　　BSR register = 0x02

指令執行後：

　　BSR register = 0x05

MOVLW	常數內容搬移到 **WREG**
語法：	[*label*] MOVLW k
運算元：	0 ≤ k ≤ 255
指令動作：	k → W
影響旗標位元：	None
組譯程式碼：	0000 1110 kkkk kkkk
指令概要：	將 8 位元常數 k 存入資料儲存區塊選擇暫存器（BSR）。
指令長度：	1
執行週期數：	1

範例：

　　MOVLW　0x5A

指令執行後：

　　W = 0x5A

MOVWF　　　　**WREG** 的內容傳送到 **f**

語法：　　　　[*label*] MOVWF f [,a]

運算元：　　　　0 ≤ f ≤ 255

　　　　　　　　a∈[0,1]

指令動作：　　　(W) → f

影響旗標位元：None

組譯程式碼：　　0110 111a ffff ffff

指令概要：　　　將資料從 W 移到暫存器 f。
f 可以是 256 位元組資料儲存區塊中的任何暫存器。如果 a 為 0，則忽略 BSR 數值而選擇擷取區塊。如果 a 為 1，則按照 BSR 數值選擇資料儲存區塊。

指令長度：　　　1

執行週期數：　　1

範例：

　　　　MOVWF　REG, 0

指令執行前：

　　　　W = 0x4F

　　　　REG = 0xFF

指令執行後：

　　　　W = 0x4F

　　　　REG = 0x4F

MULLW　　　　**WREG** 和常數相乘

語法：　　　　[*label*] MULLW k

運算元：　　　　0 ≤ k ≤ 255

指令動作：　　　(W) × k → PRODH:PRODL

影響旗標位元：None

組譯程式碼：　　0000 1101 kkkk kkkk

指令概要：　　　W 的內容與 8 位元常數 k 執行無符號乘法運算。16 位乘積結果保存在 PRODH:PRODL 暫存器對中。PRODH 包含高位元組。W 的內容不變。所有狀態旗標位元都不受影響。請注意此操作不可能發生溢位或進位。結果有可能為 0，但不會被偵測到。

指令長度：　　　1

執行週期數：　　1

範例：

　　　　MULLW　0xC4

指令執行前：

　　　　W = 0xE2

　　　　PRODH = ?

　　　　PRODL = ?

指令執行後：

　　　　W = 0xE2

　　　　PRODH = 0xAD

　　　　PRODL = 0x08

CHAPTER

3

CHAPTER

3

MULWF	**WREG** 和 **f** 相乘	
語法：	[*label*] MULWF f [,a]	
運算元：	0 ≤ f ≤ 255	REG = 0xB5
	a∈[0,1]	PRODH = 0x8A
指令動作：	(W) × (f) → PRODH:	PRODL = 0x94
	PRODL	
影響旗標位元：	None	
組譯程式碼：	0000 001a ffff ffff	
指令概要：	將 W 和暫存器檔暫存器 f 中的內容執行無符號乘法運算。運算的 16 位結果保存在 PRODH:PRODL 暫存器對中。PRODH 包含高位元組。W 與 f 的內容都不變。所有狀態旗標位元都不受影響。請注意此操作不可能發生溢位或進位。結果有可能為 0，但不會被偵測到。如果 a 為 0，則忽略 BSR 數值而選擇擷取區塊。如果 a 為 1，則按照 BSR 數值選擇資料儲存區塊。	
指令長度：	1	
執行週期數：	1	

範例：

```
    MULWF  REG, 1
```

指令執行前：

```
    W = 0xC4
    REG = 0xB5
    PRODH = ?
    PRODL = ?
```

指令執行後：

```
    W = 0xC4
```

NEGF   對 **f** 求 2 的補數負數

語法：   [*label*] NEGF f [,a]

運算元：   0 ≤ f ≤ 255

                a∈[0,1]

指令動作：   (f) + 1 → f

影響旗標位元：N, OV, C, DC, Z

組譯程式碼：   0110 110a ffff ffff

指令概要：   用 2 的補數法數值對暫存
                器 f 求補數。結果保存在
                資料暫存器 f 中。如果 a
                為 0，則忽略 BSR 數值而選
                擇擷取區塊。如果 a 為 1，
                則按照 BSR 的值選擇資料
                儲存區塊。

指令長度：   1

執行週期數：   1

範例：

        NEGF   REG, 1

指令執行前：

        REG = 0011 1010 [0x3A]

指令執行後：

        REG = 1100 0110 [0xC6]

NOP   無動作

語法：   [*label*] NOP

運算元：   None

指令動作：   No operation

影響旗標位元：None

組譯程式碼：   0000 0000 0000 0000

                1111 xxxx xxxx xxxx

指令概要：   無動作。

指令長度：   1

執行週期數：   1

CHAPTER

3

POP 將返回堆疊頂部的內容推出

語法：	[*label*] POP
運算元：	None
指令動作：	(TOS) → bit bucket
影響旗標位元：	None
組譯程式碼：	0000 0000 0000 0110
指令概要：	從返回堆疊取出 TOS 值並拋棄。前一個推入返回堆疊的值隨後成為 TOS 值。此指令可以讓使用者正確管理返回堆疊以組成軟體堆疊。
指令長度：	1
執行週期數：	1

範例：

```
    POP
    GOTO    NEW
```

指令執行前：

    TOS = 0031A2h

    Stack (1 level down) = 014332h

指令執行後：

    TOS = 014332h

    PC = NEW

PUSH 將內容推入返回堆疊的頂部

語法：	[*label*] PUSH
運算元：	None
指令動作：	(PC+2) → TOS
影響旗標位元：	None
組譯程式碼：	0000 0000 0000 0101
指令概要：	PC+2 被推入返回堆疊的頂部。原先的 TOS 值推入堆疊的下一層。此指令允許通過修改 TOS 來實現軟體堆疊，然後將其推入返回堆疊。
指令長度：	1
執行週期數：	1

範例：

```
    PUSH
```

指令執行前：

    TOS = 00345Ah

    PC = 000124h

指令執行後：

    PC = 000126h

    TOS = 000126h

    Stack (1 level down) = 00345Ah

RCALL　相對呼叫函式

語法：　　　[*label*] RCALL n

運算元：　　−1024 ≤ n ≤ 1023

指令動作：　(PC) + 2 → TOS,
　　　　　　(PC) + 2 + 2n → PC

影響旗標位元：None

組譯程式碼：1101 1nnn nnnn nnnn

指令概要：　從目前位址跳轉（最多 1K
　　　　　　範圍）來呼叫函式。首先，
　　　　　　返回位址（PC+2）被推入
　　　　　　堆疊。然後，將 PC 加上 2
　　　　　　的補數法數值"2n"。因為
　　　　　　PC 要先遞增才能取得下一
　　　　　　個指令，因此新位址將為
　　　　　　PC+2+2n。這是一個雙週
　　　　　　期的指令。

指令長度：　1

執行週期數：2

範例：
　　　HERE　　RCALL　　Jump

指令執行前：
　　　PC = Address (HERE)

指令執行後：
　　　PC = Address (Jump)
　　　TOS = Address (HERE+2)

RESET　軟體系統重置

語法：　　　[*label*] RESET

運算元：　　None

指令動作：　將所有受 MCLR 重置影響的
　　　　　　暫存器或旗標重置。

影響旗標位元：All

組譯程式碼：0000 0000 1111 1111

指令概要：　此指令可用於在軟體中執
　　　　　　行 MCLR 重置。

指令長度：　1

執行週期數：1

範例：
　　　RESET

指令執行後：
　　　Registers = Reset Value
　　　Flags* = Reset Value

CHAPTER

3

RETFIE   中斷返回

語法：   [*label*] RETFIE [s]

運算元：   s∈[0,1]   BSR = BSRS

指令動作：   (TOS) → PC,   STATUS = STATUSS

              1 → GIE/GIEH or PEIE/   GIE/GIEH, PEIE/GIEL = 1

              GIEL,

              if s = 1

              (WS) → W,

              (STATUSS) → STATUS,

              (BSRS) → BSR,

              PCLATU, PCLATH are

              unchanged.

影響旗標位元：GIE/GIEH, PEIE/GIEL.

組譯程式碼： 0000 0000 0001 000s

指令概要：   從中斷返回。執行 POP 操作，將堆疊頂端（Top-of-Stack, TOS）位址內容存入 PC。通過將高 / 低優先順序全域中斷設定為 "1"，可以開啟中斷。如果 s 為 1，將替代（Shadow）暫存器 WS、STATUSS 和 BSRS 的內容存入對應的暫存器 W、STATUS 和 BSR。如果 s 為 0，則不會更新這些暫存器（預設情況）。

指令長度：   1

執行週期數： 2

範例：

    RETFIE 1

After Interrupt

    PC = TOS

    W = WS

CHAPTER

3

RETLW   返回時將常數存入 **WREG**

語法：   [*label*] RETLW k

運算元：   0 ≤ k ≤ 255

指令動作：   k → W,

   (TOS) → PC,

   PCLATU, PCLATH are

   unchanged

影響旗標位元：None

組譯程式碼：   0000 1100 kkkk kkkk

指令概要：   將 8 位常數 k 存入 W。將
   堆疊頂端暫存器內容（返
   回位址）存入程式計數器。
   高位元組位址栓鎖暫存器
   （PCLATH）保持不變。

指令長度：   1

執行週期數：   2

範例：

```
    CALL    TABLE ; W contains table
                  ; offset value
                  ; W now has
                  ; table value
        :
TABLE
    ADDWF PCL   ; W = offset
    RETLW k0    ; Begin table
    RETLW k1    ;
        :
        :
    RETLW kn    ; End of table
```

指令執行前：

   W = 0x07

指令執行後：

   W = value of kn

RETURN   從函式返回

語法：   [*label*] RETURN [s]

運算元：   s∈[0,1]

指令動作：   (TOS) → PC,

   if s = 1

   (WS) → W,

   (STATUSS) → STATUS,

   (BSRS) → BSR,

   PCLATU, PCLATH are

   unchanged

影響旗標位元：None

組譯程式碼：   0000 0000 0001 001s

指令概要：   從函式返回。推出堆疊中
   的數據，並將堆疊頂端
   （TOS）暫存器內容存入程
   式計數器。如果 s 為 1，將
   影子暫存器 W̄S、STATUSS
   和 B̄S̄R̄S 的內容被存入對應
   的暫存器 W、STATUS 和
   BSR。如果 s 為 0，則不會
   更新這些暫存器（預設情
   況）。

指令長度：   1

執行週期數：   2

範例：

```
        RETURN
After Interrupt
    PC = TOS
```

RLCF	含 **C** 進位旗標位元迴圈左移 **f**

語法：　　　　[*label*] RLCF f [,d [,a]]

運算元：　　　0 ≤ f ≤ 255

　　　　　　　d∈[0,1]

　　　　　　　a∈[0,1]

指令動作：　　(f<n>) → dest<n+1>,

　　　　　　　(f<7>) → C,

　　　　　　　(C) → dest<0>

影響旗標位元：C, N, Z

組譯程式碼：　0011 01da ffff ffff

指令概要：　　暫存器「f」的內容帶 C 進位旗標位元旗標迴圈左移 1 位。如果 d 為 0，結果存入 W。如果 d 為 1，結果存回到 f 暫存器（預設情況）。如果 a 為 0，則忽略 BSR 數值而選擇擷取區塊。如果 a 為 1，則按照 BSR 數值選擇資料儲存區塊。

指令長度：　　1

執行週期數：　1

範例：

　　RLCF　REG, 0, 0

指令執行前：

　　REG = 1110 0110

　　C = 0

指令執行後：

　　REG = 1110 0110

　　W = 1100 1100

　　C = 1

　　C register f

RLNCF	迴圈左移 **f**（無 **C** 進位旗標位元）

語法：　　　　[*label*] RLNCF f [,d [,a]]

運算元：　　　0 ≤ f ≤ 255

　　　　　　　d∈[0,1]

　　　　　　　a∈[0,1]

指令動作：　　(f<n>) → dest<n+1>,

　　　　　　　(f<7>) → dest<0>

影響旗標位元：N, Z

組譯程式碼：　0100 01da ffff ffff

指令概要：　　暫存器 f 的內容迴圈左移 1 位。如果 d 為 0，結果存入 W。如果 d 為 1，結果存回到 f 暫存器（預設情況）。如果 a 為 0，則忽略 BSR 數值而選擇擷取區塊。如果 a 為 1，則按照 BSR 數值選擇資料儲存區塊。

指令長度：　　1

執行週期數：　1

範例：

　　RLNCF　REG, 1, 0

指令執行前：

　　REG = 1010 1011

指令執行後：

　　REG = 0101 0111

RRCF   含 **C** 進位旗標位元迴圈右移 **f**

語法：   [*label*] RRCF f [,d [,a]]

運算元： $0 \le f \le 255$

               d∈[0,1]

               a∈[0,1]

指令動作：   (f<n>) → dest<n-1>,

               (f<0>) → C,

               (C) → dest<7>

影響旗標位元：C, N, Z

組譯程式碼：   0011 00da ffff ffff

指令概要：   暫存器 f 的內容帶 C 進位旗標位元旗標迴圈右移 1 位。如果 d 為 0，結果存入 W。如果 d 為 1，結果存回到暫存器 f（預設情況）。如果 a 為 0，則忽略 BSR 數值而選擇擷取區塊。如果 a 為 1，則按照 BSR 數值選擇資料儲存區塊。

指令長度：   1

執行週期數：   1

範例：

     RRCF   REG, 0, 0

指令執行前：

     REG = 1110 0110

     C = 0

指令執行後：

     REG = 1110 0110

     W = 0111 0011

     C = 0

RRNCF   迴圈右移 **f**（無 **C** 進位旗標位元）

語法：   [*label*] RRNCF f [,d [,a]]

運算元： $0 \le f \le 255$

               d∈[0,1]

               a∈[0,1]

指令動作：   (f<n>) → dest<n-1>,

               (f<0>) → dest<7>

影響旗標位元：N, Z

組譯程式碼：   0100 00da ffff ffff

指令概要：   暫存器 f 的內容迴圈右移 1 位。如果 d 為 0，結果存入 W。如果 d 為 1，結果存回到暫存器 f（預設情況）。如果 a 為 0，則忽略 BSR 數值而選擇擷取區塊。如果 a 為 1，則按照 BSR 數值選擇資料儲存區塊。

指令長度：   1

執行週期數：   1

Example 1:

     RRNCF   REG, 1, 0

指令執行前：

     REG = 1101 0111

指令執行後：

     REG = 1110 1011

Example 2:

     RRNCF   REG, 0, 0

指令執行前：

     W = ?

     REG = 1101 0111

指令執行後：

CHAPTER

3

CHAPTER

3

W = 1110 1011

REG = 1101 0111

SETF　　　　設定 **f** 暫存器所有位元為 **1**

語法：　　　　[*label*] SETF f [,a]

運算元：　　　0 ≤ f ≤ 255

　　　　　　　a∈[0,1]

指令動作：　　FFh → f

影響旗標位元：None

組譯程式碼：　0110 100a ffff ffff

指令概要：　　將指定暫存器的內容設為 FFh. 如果 a 為 0，則忽略 BSR 數值而選擇擷取區塊。 如果 a 為 1，則按照 BSR 的值選擇資料儲存區塊。

指令長度：　　1

執行週期數：　1

範例：

　　　　SETF　REG,1

指令執行前：

　　　　REG = 0x5A

指令執行後：

　　　　REG = 0xFF

SLEEP 進入睡眠模式

語法： [*label*] SLEEP

運算元： None
指令動作： 00h → WDT,
0 → WDT postscaler,
1 → $\overline{TO}$,
0 → $\overline{PD}$

影響旗標位元： $\overline{TO}$, $\overline{PD}$
組譯程式碼： 0000 0000 0000 0011
指令概要： 掉電狀態位元（$\overline{PD}$）清除
為 0。超時狀態位（$\overline{TO}$）
置 1。監視（看門狗）計時
器及其後除頻器清除為 0。
處理器進入睡眠模式，震
盪器停止。

指令長度： 1
執行週期數： 1
範例：
SLEEP
指令執行前：
$\overline{TO}$ = ?
$\overline{PD}$ = ?
指令執行後：
$\overline{TO}$ = 1[†]
$\overline{PD}$ = 0
[†] 如果監視計時器（WDT）觸發喚醒，則此
位元將會清除為 0。

SUBFWB **WREG** 減去 **f** 和借位旗標位
元

語法： [*label*] SUBFWB f [,d
[,a]]

運算元： 0 ≤ f ≤ 255
d∈[0,1]
a∈[0,1]
指令動作： (W) - (f) - ($\overline{C}$) → dest
影響旗標位元： N, OV, C, DC, Z
組譯程式碼： 0101 01da ffff ffff
指令概要： W 減去 f 暫存器和 C 進位旗
標位元旗標（借位位元）
（採用 2 的補數法數值方
法）。如果 d 為 0，結果存
入 W。如果 d 為 1，結果存
入 f 暫存器（預設情況）。
如果 a=0，則忽略 BSR 值
而選擇擷取區塊。如果
a=1，則按照 BSR 數值選擇
資料儲存區塊（預設情況）。

指令長度： 1
執行週期數： 1
Example 1:
SUBFWB REG, 1, 0
指令執行前：
REG = 3
W = 2
C = 1
指令執行後：
REG = 0xFF
W = 2
C = 0
Z = 0

```
      N = 1 ; result is negative
```

Example 2:

```
      SUBFWB    REG, 0, 0
```

指令執行前：

```
      REG = 2
      W = 5
      C = 1
```

指令執行後：

```
      REG = 2
      W = 3
      C = 1
      Z = 0
      N = 0 ; result is positive
```

SUBLW　　常數減去 **WREG**

語法：　　　　[*label*] SUBLW k

運算元：　　　$0 \leq k \leq 255$

指令動作：　　k - (W) $\rightarrow$ W

影響旗標位元：N, OV, C, DC, Z

組譯程式碼：　0000 1000 kkkk kkkk

指令概要：　　8 位元常數 k 減去 W 暫存器
　　　　　　　的內容。結果存入 W。

指令長度：　　1

執行週期數：　1

Example 1:

```
      SUBLW  0x02
```

指令執行前：

```
      W = 1
      C = ?
```

指令執行後：

```
      W = 1
      C = 1 ; result is positive
      Z = 0
      N = 0
```

Example 2:

```
      SUBLW  0x02
```

指令執行前：

```
      W = 2
      C = ?
```

指令執行後：

```
      W = 0
      C = 1 ; result is zero
      Z = 1
      N = 0
```

Example 3:

```
      SUBLW  0x02
```

指令執行前：

```
      W = 3
```

C = ?

指令執行後：

    W = FF ; (2's complement)

    C = 0 ; result is negative

    Z = 0

    N = 1

SUBWF　　　　**f** 減去 **WREG**

語法：　　　　[*label*] SUBWF f [,d [,a]]

運算元：　　　　0 ≤ f ≤ 255

               d∈[0,1]

               a∈[0,1]

指令動作：　　　(f) - (W) → dest

影響旗標位元：N, OV, C, DC, Z

組譯程式碼：　　0101 11da ffff ffff

指令概要：　　　暫存器 f 的內容減去 W（採用 2 的補數法）。如果 d 為 0，結果存入 W。如果 d 為 1，結果存回 f 暫存器（預設情況）。如果 a 為 0，則忽略 BSR 數值而選擇擷取區塊。如果 a 為 1，則按照 BSR 數值選擇資料儲存區塊。

指令長度：　　　1

執行週期數：　　1

Example 1:

    SUBWF REG, 1, 0

指令執行前：

    REG = 3

    W = 2

    C = ?

指令執行後：

    REG = 1

    W = 2

    C = 1 ; result is positive

    Z = 0

    N = 0

Example 2:

    SUBWF REG, 0, 0

CHAPTER

3

指令執行前：

　　REG = 2

　　W = 2

　　C = ?

指令執行後：

　　REG = 2

　　W = 0

　　C = 1 ; result is zero

　　Z = 1

　　N = 0

SUBWFB　　　　**f** 減去 **WREG** 和借位旗標位元

語法：　　　　[*label*] SUBWFB f [,d [,a]]

運算元：　　　0 ≤ f ≤ 255

　　　　　　　d∈[0,1]

　　　　　　　a∈[0,1]

指令動作：　　(f) - (W) - ($\overline{C}$) → dest

影響旗標位元：N, OV, C, DC, Z

組譯程式碼：　0101 10da ffff ffff

指令概要：　　f 暫存器的內容減去 W 暫存器內容和 C 進位旗標位元旗標（借位）（採用 2 的補數法）。如果 d 為 0，結果存入 W。如果 d 為 1，結果存回 f 暫存器（預設情況）。如果 a 為 0，則忽略 BSR 數值而選擇擷取區塊。如果 a 為 1，則按照 BSR 數值選擇資料儲存區塊。

指令長度：　　1

執行週期數：　1

Example 1:

　　SUBWFB REG, 1, 0

指令執行前：

　　REG = 0x19 (0001 1001)

　　W = 0x0D (0000 1101)

　　C = 1

指令執行後：

　　REG = 0x0C (0000 1011)

　　W = 0x0D (0000 1101)

　　C = 1

Z = 0

N = 0 ; result is positive

Example 2:

    SUBWFB REG, 0, 0

指令執行前：

    REG = 0x1B (0001 1011)

    W = 0x1A (0001 1010)

    C = 0

指令執行後：

    REG = 0x1B (0001 1011)

    W = 0x00

    C = 1

    Z = 1 ; result is zero

    N = 0

SWAPF　　　　　**f** 半位元組交換

語法：　　　　　[*label*] SWAPF f [,d

　　　　　　　　[,a]]

運算元：　　　　0 ≤ f ≤ 255

　　　　　　　　d∈[0,1]

　　　　　　　　a∈[0,1]

指令動作：　　　(f<3:0>) →dest<7:4>,

　　　　　　　　(f<7:4>) →dest<3:0>

影響旗標位元：None

組譯程式碼：　　0011 10da ffff ffff

指令概要：　　　互換 f 暫存器的高 4 位元
和低 4 位元。如果 d 為 0，
結果存入 W。如果 d 為 1，
結果存入 f 暫存器（預設
情況）。如果 a 為 0，則忽
略 BSR 數值而選擇擷取區
塊。如果 a 為 1，則按照
BSR 數值選擇資料儲存區
塊。

指令長度：　　　1

執行週期數：　　1

範例：

    SWAPF REG, 1, 0

指令執行前：

    REG = 0x53

指令執行後：

    REG = 0x35

CHAPTER 3

TBLRD 讀取表列資料

語法： [*label*] TBLRD (*; *
+; *-; +*)

運算元： None

指令動作： if TBLRD *,
 (Prog Mem (TBLPTR))
 → TABLAT;
 TBLPTR - No Change;
if TBLRD *+,
 (Prog Mem (TBLPTR))
 → TABLAT;
 (TBLPTR)+1 → TBLP-
 TR;
if TBLRD *-,
 (Prog Mem (TBLPTR))
 → TABLAT;
 (TBLPTR)-1 → TBLP-
 TR;
if TBLRD +*,
 (TBLPTR)+1 → TBLP-
 TR;
 (Prog Mem (TBLPTR))
 → TABLAT;

影響旗標位元：None

組譯程式碼： 000 00000 0000 10nn
nn   =0 *
   =1 *+
   =2 *-
   =3 +*

指令概要： 本指令用於讀取程式記憶
體（PM）的內容。使用表
列指標（TBLPTR）對程式
記憶體進行定址。TBLPTR
（一個 21 位的指標）指向

程式記憶體的每個位元組。
TBLPTR 定址範圍為 2MB。
TBLPTR[0] = 0： 程式記憶體字的最低有效
   位元組
TBLPTR[0] = 1： 程式記憶體字的最高有效
   位元組
TBLRD 指令可以如下修改 TBLPTR 的值：
- 不變
- 後遞增
- 後遞減
- 前遞增

指令長度： 1

執行週期數： 2

Example1:
 TBLRD *+ ;
指令執行前：
 TABLAT = 0x55
 TBLPTR = 0x00A356
 MEMORY(0x00A356) = 0x34
指令執行後：
 TABLAT = 0x34
 TBLPTR = 0x00A357

Example2:
 TBLRD +* ;
指令執行前：
 TABLAT = 0xAA
 TBLPTR = 0x01A357
 MEMORY(0x01A357) = 0x12
 MEMORY(0x01A358) = 0x34
指令執行後：
 TABLAT = 0x34
 TBLPTR = 0x01A358

TBLWT 寫入表列資料

語法： [*label*] TBLWT (*; *+; *-; +*)

運算元： None

指令動作：
```
if TBLWT*,
   (TABLAT) → Holding
   Register;
   TBLPTR-No Change;
if TBLWT*+,
   (TABLAT) → Holding
   Register;
   (TBLPTR)+1 → TBLP-
   TR;
if TBLWT*-,
   (TABLAT) → Holding
   Register;
   (TBLPTR)-1 → TBLP-
   TR;
if TBLWT+*,
   (TBLPTR)+1 → TBLP-
   TR;
   (TABLAT) → Holding
   Register;
```

影響旗標位元：None

組譯程式碼： 0000 0000 0000 11nn

```
         nn = 0  *
            = 1  *+
            = 2  *-
            = 3  +*
```

指令概要： 本指令使用 TBLPTR 的三個 LSb 來決定要將 TABLAT 資料寫入八個保持暫存器中的哪一個。八個保持暫存器用於對程式記憶體

（PM）的內容安排。有關寫入快閃記憶體的資訊，參見相關資料手冊。TBLPTR（一個 21 位元指標）指向程式記憶體的每個位元組。TBLPTR 定址範圍為 2MB。TBLPTR 的 LSb 決定要使用程式暫存器的哪個位元組。

TBLPTR[0] = 0： 程式記憶體字的最低有效位元組

TBLPTR[0] = 1： 程式記憶體字的最高有效位元組

TBLWT 指令可以如下修改 TBLPTR 的值：
- 不變
- 後遞增
- 後遞減
- 前遞增

指令長度： 1

執行週期數： 2

Example1:
```
    TBLWT *+;
```
指令執行前：
```
    TABLAT = 0x55
    TBLPTR = 0x00A356
    HOLDING REGISTER
    (0x00A356) = 0xFF
```
指令執行後：s(table write completion)
```
    TABLAT = 0x55
    TBLPTR = 0x00A357
    HOLDING REGISTER
    (0x00A356) = 0x55
```

CHAPTER 3

Example 2:

    TBLWT +*;

指令執行前：

    TABLAT = 0x34

    TBLPTR = 0x01389A

    HOLDING REGISTER

    (0x01389A) = 0xFF

    HOLDING REGISTER

    (0x01389B) = 0xFF

指令執行後：　(table write comple-
tion)

    TABLAT = 0x34

    TBLPTR = 0x01389B

    HOLDING REGISTER

    (0x01389A) = 0xFF

    HOLDING REGISTER

    (0x01389B) = 0x34

TSTFSZ　　測試 **f**，為 0 時跳過

語法：　　　[*label*] TSTFSZ f [,a]

運算元：　　0 ≤ f ≤ 255

           a∈[0,1]

指令動作：　skip if f = 0

影響旗標位元：None

組譯程式碼：0110 011a ffff ffff

指令概要：　如果 f 為 0，將不執行在目前指令執行時所取得的下一行指令，轉而執行一行 NOP 指令，進而使該指令變成雙週期指令。如果 a 為 0，則忽略 BSR 數值而選擇擷取區塊。如果 a 為 1，則按照 BSR 數值選擇資料儲存區塊（預設情況）。

指令長度：　1

執行週期數：1(2)

           註記：如果跳行且緊接著為二字元長指令時，則需要三個執行週期。

範例：

    HERE　　TS TFSZ　CNT, 1

    NZERO　　　:

    ZERO　　　　:

指令執行前：

    PC = Address (HERE)

指令執行後：

    If CNT = 0x00,

    PC = Address (ZERO)

    If CNT ≠ 0x00,

    PC = Address (NZERO)

CHAPTER

3

XORLW	**WREG** 和常數做「**XOR**」運算	**XORWF**	**WREG** 和 **f** 進行「互斥或」運算

XORLW	**WREG** 和常數做「**XOR**」運算
語法：	[*label*] XORLW k
運算元：	0 ≤ k ≤ 255
指令動作：	(W).XOR. k → W
影響旗標位元：	N, Z
組譯程式碼：	0000 1010 kkkk kkkk
指令概要：	W的內容與 8 位元常數 k 進行「互斥或」操作。結果存入 W。
指令長度：	1
執行週期數：	1

範例：

  XORLW　0xAF

指令執行前：

  W = 0xB5

指令執行後：

  W = 0x1A

XORWF	**WREG** 和 **f** 進行「互斥或」運算
語法：	[*label*] XORWF f [,d [,a]]
運算元：	0 ≤ f ≤ 255
	d∈[0,1]
	a∈[0,1]
指令動作：	(W).XOR. (f) → dest
影響旗標位元：	N, Z
組譯程式碼：	0001 10da ffff ffff
指令概要：	將 W 的內容與暫存器 f 的內容進行「互斥或」操作。如果 d 為 0，結果存入 W。如果 d 為 1，結果存回 f 暫存器（預設情況）。如果 a 為 0，則忽略 BSR 數值而選擇擷取區塊。如果 a 為 1，則按照 BSR 數值選擇資料儲存區塊（預設情況）。
指令長度：	1
執行週期數：	1

範例：

  XORWF　REG, 1, 0

指令執行前：

  REG = 0xAF

  W = 0xB5

指令執行後：

  REG = 0x1A

  W = 0xB5

3.3　常用的虛擬指令

虛擬指令（Directive）是出現在程式碼中的組譯器（Assembler）命令，但是通常都不會直接被轉譯成微處理器的程式碼。它們是被用來控制組譯器的動作，包括處理器的輸入、輸出，以及資料位置的安排。

許多虛擬指令有數個名稱與格式，主要是因爲要保持與早期或者較低階控制器之間的相容性。由於整個發展歷史非常的久遠，虛擬指令也非常地衆多。但是如果讀者了解一般常見以及常用的虛擬指令相關的格式與使用方法，將會對程式撰寫有相當大的幫助。

接下來就讓我們介紹一些常用的虛擬指令。

◎banksel——產生區塊選擇程式碼

■語法

　　banksel *label*

■指令概要

　　banksel 是一個組譯器與聯結器所使用的虛擬指令，它是用來產生適當的程式碼將資料記憶區塊切換到標籤 *label* 定義變數所在的記憶區塊。每次執行只能夠針對一個變數，而且這個變數必須事先被定義過。

　　對於 PIC18 系列微控制器，這個虛擬指令將會產生一個 movlb 指令來完成切換記憶區塊的動作。

■範例

```
banksel Var1     ; 選擇正確的 Var1 所在區塊
movwf Var1       ; 寫入 Var1
```

code——開始一個目標檔的程式區塊

■語法

[*label*] code [*ROM_address*]

■指令概要

code 虛擬指令宣告了一個程式指令區塊的開始。如果標籤沒有被定義的話，則區塊的名稱將會被定義為 .code。程式區塊的起始位址將會被初始化在所定義的位址，如果沒有定義的話，則將由聯結器自行定義區塊的位址。

■範例

```
RESET  code  0x01FE
       goto  START
```

config——設定處理器硬體設定位元（PIC18微控制器）

■語法

config *setting=value* [, *setting=value*]

■指令概要

config 虛擬指令用來宣告一連串的微控制器硬體設定位元定義。緊接著指令的是與設定微控制器系統相關的設定內容。對於不同的微控制器，可選擇的設定內容與方式必須要參考相關的資料手冊 [*PIC18 Configuration Settings Addendum*（DS51537）]。

在同一行可以一次宣告多個不同的設定，但是彼此之間必須以逗點分開。同一個設定位元組上的設定位元不一定要在同一行上設定完成。

在使用 config 指令之前，程式碼必須要藉由虛擬指令 list 或者 MPLAB IDE X 下的選項 *Configure>Select Device* 宣告使用 PIC18 微控制器。

在較早的版本中所使用的虛擬指令為 __config。

CHAPTER 3

　　當使用 config 虛擬指令執行微控制器的設定宣告時，相關的設定將隨著組譯器的編譯而產生一個相對應的設定程式碼。當程式碼需要移轉到其他應用程式使用時，這樣的宣告方式可以確定程式碼相關的設定不會有所偏差。

　　使用這個虛擬指令時，必須要將相關的宣告放置在程式開始的位置，並且要將相對應微控制器的包含檔納入程式碼中；如果沒有納入包含檔，則編譯過程中將會發生錯誤的訊息。而且，同一個硬體相關的設定功能，只能夠宣告一次。較新版本的 MPLAB IDE X 已經將包含檔納入的虛擬指令自動由專案定義，如果使用者程式有重複定義將會在編譯時出現警告，但不會影響編譯結果。

■範例

```
#include <xc.h>      ;Include standard header file
                     ;for the selected device.
;code protect disabled
     CONFIG    CP0=OFF
;Oscillator switch enabled, RC oscillator with OSC2 as I/O pin.
     CONFIG    OSCS=ON, OSC=LP
;Brown-OutReset enabled, BOR Voltage is 2.5v
     CONFIG    BOR=ON, BORV=25
;Watch Dog Timer enable, Watch Dog Timer PostScaler count - 1:128
     CONFIG    WDT=ON, WDTPS=128
;CCP2 pin Mux enabled
     CONFIG    CCP2MUX=ON
;Stack over/underflow Reset enabled
     CONFIG    STVR=ON
```

◉ db──宣告以位元組為單位的資料庫或常數表

■語法

　　[label] db *expr*[,*expr*,...,*expr*]

■指令概要

　　利用 db 虛擬指令在程式記憶體中宣告並保留 8 位元的數值。指令可以重複多個 8 位元的資料，並且可以用不同的方式，例如 ASCII 字元符號、數字或者字串的方式定義。如果所定義的內涵為奇數個位元組時，編譯成 PIC18 微控制器程式碼時將會自動補上一個 0 的位元組。

■範例

程式碼：db 't', 'e', 's', 't', '\n'
程式記憶體內容：ASCII: 0x6574 0x7473 0x000a

#define──定義文字符號替代標籤

■語法

#define *name* [*string*]

■指令概要

　　#define 虛擬指令定義了一個文字符號替代標籤。在定義宣告完成後，只要在程式碼中 name 標籤出現的地方，將會以定義中所宣告的 string 字串符號取代。

　　使用時必須要注意所定義的標籤並沒有和內建的指令相衝突，或者有重複定義的現象。而且利用 #define 所定義的標籤是無法在 MPLAB IDE X 開發環境下當作一個變數來觀察它的變化，例如 Watch 視窗。

■範例

```
#define  length          20
#define  control         0x19,7
#define  position(X,Y,Z)  (Y-(2 * Z +X))
       :
       :
```

CHAPTER

3

```
test_label    dw        position(1, length, 512)
bsf    control                            ; set bit 7 in f19
```

◉ equ —— 定義組譯器的常數

■ 語法

label equ *expr*

■ 指令概要

在單一的組合語言程式檔中，equ 經常被用來指定一個記憶體位址給變數。但是在多檔案組成的專案中，避免使用此種定義方式。可以利用 res 虛擬指令與資料

■ 範例

```
four equ 4   ;指定數值 4 給 four 所代表的符號。
ABC equ 0x20；指定數值 0x20 給 ABC 所代表的符號。
 …
MOVF ABC, W ；此時 ABC 代表一個變數記憶體位址為 0x20。
MOVLW ABC   ；此時 ABC 代表一個常數數值為 0x20。
```

◉ extern —— 宣告外部定義的符號

■ 語法

extern *label* [, *label*...]

■ 指令概要

使用 extern 虛擬指令用來定義一些在現有程式碼檔案中使用到的符號名稱，但是他們相關的定義內容卻是在其他的檔案或模組中所建立而且被宣告為全域符號的符號。

在程式碼使用到相關符號之前，必須要先完成 extern 的宣告之後才能夠使用。

■範例

```
extern Fcn_name
    :
call   Fcn_name
```

◙ global──輸出一個符號供全域使用

■語法

global *label* [, *label*...]

■指令概要

global 虛擬指令會將在目前檔案中的符號名稱宣告成為可供其他程式檔或者模組可使用的全域符號名稱。

當應用程式的專案使用多於一個檔案的程式所組成時，如果檔案彼此之間有互相共用的函式或者變數內容時，就必須要使用 global 及 extern 虛擬指令作為彼此之間共同使用的宣告定義。

當某一個程式檔利用 extern 宣告外部變數符號時，必須要在另外一個檔案中使用 global 將所對應的變數符號作宣告定義，以便供其他檔案使用。

■範例

```
     global   Var1, Var2
     global   AddThree
     udata
Var1  res 1
Var2  res 1
     code
AddThree:
```

```
        addlw    3
        return
```

📎 #include──將其他程式原始碼檔案內容納入

■ 語法

　建議的語法

　　#include *include_file*

　　#include "*include_file*"

　　#include <*include_file*>

　支援的語法

　　include *include_file*

　　include "*include_file*"

　　include <*include_file*>

　指令概要

　　這個虛擬指令會將所定義的包含檔內容納入到程式檔中，並將其內容視為程式碼的一部分。指令的效果就像是把納入檔的內容全部複製再插入到檔案中一樣。

　　檔案搜尋的路徑為：

　　・目前的工作資料夾

　　・程式碼檔案資料夾

　　・PIC-AS 組譯器執行檔資料夾

■ 範例

```
#include  p18f4520.inc
                                        ;standard include file
#include  "c:\Program Files\mydefs.inc"
                                        ;user defines
```

▌macro──宣告巨集指令定義

■語法

label macro [*arg, ..., arg*]

■指令概要

巨集指令是用來使一個指令程式的集合，可以利用單一巨集指令呼叫的方式將指令集合插入程式中。巨集指令必須先經過定義完成之後，才能夠在程式中使用。

■範例

```
;Define macro Read
Read macro device,     buffer,       count
          movlw        device
          movw         fram_20
          movlw        buffer        ;buffer address
          movw         fram_21
          movlw        count         ;byte count
          call         sys_21        ;subroutine call
endm
  :
;Use macro Read
          Read 0x0, 0x55, 0x05
```

▌org──設定程式起始位址

■語法

[*label*] org *expr*

CHAPTER

3

■指令概要

　　將程式起始位址設定在 expr 所定義的地方。如果沒有定義的話，起始位址將被預設為從 0 的地方開始。

　　對於 PIC18 系列微控制器而言，只能夠使用偶數的位址作為定義的內容。

■範例

```
int_1 org 0x20
   ; Vector 20 code goes here
int_2 org int_1+0x10
   ; Vector 30 code goes here
```

◗ res —— 保留記憶體空間

■語法

　　[*label*] res *mem_units*

■指令概要

　　保留所宣告的記憶體空間數給標籤變數並將記憶體位址由現在的位址遞加。

■範例

```
buffer    res    64    ; 保留六十四個位址作為 buffer 資料儲存的
                          位置。
```

◗ udata —— 開始一個目標檔未初始化的資料記憶區塊

■語法

　　[*label*] udata [*RAM_address*]

■指令概要

　　這個虛擬指令宣告了一個未初始化資料記憶區塊的開始。如果標籤未被定義的話，則這個區塊的名稱將會被命名為 .udata。在同一個程式檔中不能夠有兩個以上的同名區塊定義。

■範例

```
        udata
Var1        res 1
Double      res 2
```

3.4　如何撰寫微處理器的組合語言程式

　　使用組合語言撰寫微處理器的程式常常被視為一個困難的工作，主要是因為組合語言是一種接近機器運算的低階語言工具，不像一般人所說的言語對白或數學工具。像 C 程式語言的高階程式語言工具，撰寫方式就比較接近日常語言的表達方式；因而對於一般人學習程式設計時，藉由高階程式語言比較容易快速完成所需要的設計工作。事實上，微處理器供應廠商為了推廣市場，多數也會自行研發或者藉由合作廠商提供使用者組合語言以外的撰寫工具。例如 Microchip 就針對 PIC18 系列的微控制器提供了 C18、XC8 編譯器的設計工具。但是在微處理器的學習過程中，初學者與資深工程師卻是最需要學習組合語言撰寫的階層。初學者必須藉由學習組合語言的撰寫來累積對硬體資源的學習與管理；資深工程師則是需要藉由組合語言對硬體資源的直接管理與設定，完成精簡的程式撰寫與高效率的硬體操作與管理。有趣的是，使用 C 程式語言撰寫微處理器程式的反而多半是對硬體資源一知半解或不需要了解甚深的中階工程師。簡而言之，使用高階程式語言工具撰寫微處理器程式，相對於使用組合語言而言，是會使用到較多硬體資源（如記憶體）與較長的程式。而且由於使用高階程式語言工具必須要透過編譯器（Compiler）的轉譯，使用者在多數情況下是無法掌控程式的細節，只能確保程式流程控制、邏輯，與運算的正確性，因而犧牲了使用組合語言撰寫的程式精簡與有效直接掌控的優點。

　　爲了讓初學者能夠瞭解基礎組合語言程式撰寫的技巧,接下來的章節讓我們以一個 C 語言程式範例來說明一個組合語言的撰寫架構。然後再以對應的方式,說明如何以組合語言完成高階程式語言中的運算敘述與程式流程控制。

範例 3-1

```
//  sample_c_code           , C語言範例程式
#include <xc.h>             // 納入外部包含檔的內容

char ABC;                   // 宣告變數

void main (void)            // 函式 main 的宣告
{                           // 函式 main 的起點
                            // 初始設定
    LATD = 0x00;            // 將 LATD 的數值設定爲 0

    TRISD = 0x00;           // 將 TRISD 的數值設定爲 0
    TRISB = 0xFF;           // 將 TRISB 的數值設定爲 0xFF
                            // 程式運算
    while (1)               // 無窮迴圈的起點
    {
        ABC = PORTB;        // 將變數 ABC 的數值指定爲 PORTB 的數值
        LATD = ABC * 2;     // 將 LATD 指定爲 ABC 的兩倍
    }                       // 無窮迴圈的終點
}                           // 函式 main 的終點
```

　　這個檔案表現了一個 C 語言程式檔的基本內容,包括:變數宣告、主程式函式 main() 宣告、初始設定,及程式運算敘述。除此之外,程式的開始並納入了一個表頭檔的內容 <xc.h>。在我們將上述 C 語言程式改寫成組合語言程式之前,先讓我們來了解程式中各個部分所代表的意義。

　　首先,所有的程式設計都需要使用到變數;C 語言中的變數宣告對於微處理器的執行,究竟代表什麼意義呢?所謂的變數,就是一種資料,而且是一種

可以讀取出來經過處理然後改變的資料。既然如此，資料就必須要有一個存放的位置以便處理器讀寫的時候可以儲存的空間，這就是我們所謂的資料記憶體。所以 C 語言中的變數宣告就是要在微處理器的資料記憶體中保留一個資料儲存的空間，而這個空間的位置就用所宣告的符號來表示；而符號前面所謂的資料型別所代表的就是這個資料所需要的記憶體空間大小。例如，在前面的範例中，

```
char ABC;                          // 宣告變數
```

就是要保留一個八位元的記憶體空間，而這個記憶體空間的位址就用 ABC 這個的符號來表示。在一般 C 程式語言的教科書中，通常會解釋 char 這個資料型別是指後面所宣告的符號代表字元符號的變數；這樣的解釋，有助於程式撰寫者對於各種資料變數的管理，但實際上透過各種 C 語言編譯器的翻譯，對微處理器而言 char 變數型別宣告就是保留一個八位元的記憶體空間。所幸的是，C 語言程式撰寫者並不需要對微處理器有深入的了解，靠著 C 語言編譯器的各項複雜而嚴密的規則，幫助撰寫者完成記憶體位址的安排。

其次，所有的 C 語言程式都需要有一個主程式函式 main()，甚至於還可以撰寫其他更多的函式供執行時使用。當函式被呼叫使用時，微處理器就會跳躍至函式程式所在的記憶體位址，執行這個函式的內容。在 C 語言程式中，main() 就是代表程式記憶體位址的符號；對於微處理器而言，這個符號就代表著一個程式記憶體位址。如果在呼叫函式時需要傳遞一些資料提供函式運算，便可以將資料放置在括號內傳遞；當然，運算的結果也可以利用同樣的方式傳遞回來。

如果所需要傳遞回來的資料是單一筆數值，便可以在函式宣告的前面加上資料型別。例如，在範例 3-1 中，

```
void main (void)                   // 函式 main 的宣告
```

代表的就是一個函式 main 的宣告。由於是主程式，故沒有需要傳出或回傳任何一個資料，所以括號內與 main 前面都使用 void 表示。而之後所使用的

{} 括號就代表 main 這個函式所要執行的範圍；這在微處理器程式中就必須要有相對應的起始位置的定義符號。

在 C 語言程式中，對於需要微處理器執行的動作就以各項的程式敘述（State-ment）撰寫，包括了運算敘述與程式流程控制敘述兩種。例如，在範例 3-1 中

```
LATD = 0x00;                    // 將 LATD 的數值設定為 0
TRISD = 0x00;                   // 將 TRISD 的數值設定為 0


TRISB = 0xFF;                   // 將 TRISB 的數值設定為 0xFF
```

就是屬於運算敘述。

而緊接其後的

```
          while (1)             // 無窮迴圈的起點
```

就是程式流程控制敘述。

運算敘述又可分為指定運算、數學運算與邏輯運算；在範例 3-1 中所使用的 = 與 + 就是運算敘述中的指定運算子與數學運算子。例如

```
ABC = PORTB;                    // 將變數 ABC 的數值指定為 PORTB 的數值
LATD = ABC + 2;                 // 將 LATD 指定為 ABC 加 2 的結果
```

由於 while 程式流程控制敘述只要在括號內的邏輯敘述成立時便會持續執行後續 {} 括號的內容，所以在範例中因為括號內固定為 1，也就是邏輯為真，故 {} 括號的內容會永久的反覆執行。

對於微處理器而言，任何的 C 程式語言運算敘述中的數學運算與邏輯運算都要被轉換成程式指令。例如，乘法運算要用 MULFW，指定運算要用 MOVF 之類的指令。但是因為微處理器硬體設計的限制，一般的指令只能處理一個或兩個運算元，而且如果是兩個運算元的指令，其中一個必須是

WREG 這個工作暫存器記憶體資料。因此,即便是 LATD = ABC + 2; 如此簡單的數學運算,對微處理器而言,便需要拆解成

```
WREG  =  PORTB;              // 將變數 WREG 的數值指定為 PORTB 的數值
ABC  =  WREG;               // 將變數 ABC 的數值指定為 WREG 的數值
WREG  =  WREG + 2;           // 變數 WREG 的數值加 2 並回存 WREG
LATD  =  WREG ;             // 變數 LATD 的數值指定為 WREG 的數值
```

才能完成。

最後,在程式的最前面有一行與 C 語言無關的敘述,

```
#include <xc.h>    // 納入外部包含檔的內容
```

這是相當與虛擬指令的一個敘述,是告訴 C 語言編譯器將 xc.h 檔案的內容納入為程式的一部分。為什麼要納入這個檔案的內容呢?細心的讀者應該發現到範例 3-1 程式中用到的變數 PORTB 與 LATD 並未經過變數宣告的程序就被使用了:本來這是錯誤的動作,但是因為有了前述的納入檔案虛擬指令動作,使得 PORTB 與 LATD 的使用變成合法。這是因為在 xc.h 中已經依照專案設定的內容將與 PIC18f4520 所有相關的硬體暫存器記憶體名稱與位址作好了宣告,所以只要納入這個檔案,便可以不需宣告直接使用相關變數名稱。這些檔案是廠商為了方便使用者所提供的工具,當然讀者也可以自行撰寫所需要的其他定義與宣告。

高階語言程式經由程式編譯器的轉換,經過許多使用者未知的規定與方法,將程式轉換成微處理器所認知的組合語言程式。使用者雖然可以節省撰寫的時間,但卻常在無形中增加程式的複雜性,以致程式長度的失控或執行效率的降低。這些問題都可以藉由對微處理器硬體的瞭解與組合語言的熟練而獲得改善。

在了解高階語言程式對微處理器程式的意義與概念後,接下來只要能夠將想要撰寫的程式細心拆解為組合語言可以處理的指令,便可以完成組合語言指令程式的設計。例如使用前述說明的過程,範例 3-1 程式便可以拆解成範例 3-2

的 C 語言程式。

範例 3-2

```
// assembly_ready_c_code ，接近組合語言的 C 語言範例程式
#include <xc.h>           // 納入外部包含檔的內容

char ABC;                 // 宣告變數

void main (void)          // 函式 main 的宣告
{                         // 函式 main 的起點
                          // 初始設定
    LATD = 0x00;          // 將 LATD 的數值設定為 0
    TRISD = 0x00;         // 將 TRISD 的數值設定為 0
    TRISB = 0xFF;         // 將 TRISB 的數值設定為 0xFF


                          // 程式運算
    while (1)             // 無窮迴圈的起點
    {
        ABC = PORTB;      // 將變數 ABC 的數值指定為 PORTB 的數值
        WREG = PORTB;     // 將變數 WREG 的數值指定為 PORTB 的數值
        ABC = WREG;       // 將變數 ABC 的數值指定為 WREG 的數值
        WREG = WREG + 2;  // 變數 WREG 的數值加 2 並回存 WREG
        LATD = WREG ;     // 變數 LATD 的數值指定為 WREG 的數值
    }                     // 無窮迴圈的終點
}                         // 函式 main 的終點
```

　　為了讓讀者先有一些概念，讓我們先完成範例 3-2 相對應的組合語言程式後，再說明改寫的過程。

範例 3-3

```
#include <xc.inc>                 ; 納入專案包含檔的內容


                                  ; 宣告變數
ABC   equ   0x8a                  ; 定義變數 ABC 記憶體位址
                                  ; 程式記憶體宣告
PSECT mycode,abs,class=CODE,space=SPACE_CODE,reloc=2
    org 0x00                      ; 定義程式記憶體儲存位置
    GOTO main


    GOTO 0x20                     ; 定義程式記憶體儲存位置
; 函式 main 的起點
main                              ; 標籤，相當於 main 函式起點
; 初始設定
    BANKSEL LATD                  ; 選擇 LATD 所在的記憶體區塊
    CLRF LATD, a                  ; 將 LATD 的數值設定為 0
    CLRF TRISD, a                 ; 將 TRISD 的數值設定為 0


    SETF TRISB                    ; 將 TRISB 的數值設定為 0xFF


; 程式運算
while_label:                      ; 標籤，相當於 while 迴圈起點
    MOVFF PORTB, ABC              ; 將變數 ABC 的數值指定為 PORTB 的數值
    MOVF PORTB, W, a              ; 將變數 WREG 的數值指定為 PORTB 的數值
    MOVWF ABC, a                  ; 將變數 A 的數值指定為 WREG 的數值
    ADDLW 2                       ; 變數 WREG 的數值加 2 並回存 WREG
    MOVWF LATD, a                 ; 變數 LATD 的數值指定為 WREG 的數值
    BRA while_label               ; 利用 BRA 指令形成永久迴圈


    end                           ; 程式結束
```

CHAPTER

3

　　讀者如果比較範例 3-2 與範例 3-3，參照組合語言指令說明，應該不難理解範例 3-3 中組合語言程式的撰寫。值得說明的是，範例 3-3 中使用 equ 與 org 虛擬指令來定義變數 ABC 資料記憶體位址與程式記憶體的起始位址；這些設定在高階語言程式中都是不需要撰寫也看不到的部份，都是由編譯器的設定與規則爲使用者自動完成的。

　　當使用者具備了組合語言指令撰寫的概念後，當需要撰寫程式時，首先須將所需要的變數與函式做初步的資料與程式記憶體位址規劃宣告；然後，對於所需要撰寫的運算敘述只需要將其分解爲組合語言指令中所具備對應的一元或二元運算指令即可逐步完成程式的撰寫。例如，要撰寫相當於 C 程式語言中的 C=A+B 敘述，組合語言中就必須使用

```
MOVF   A, W, b              ; 把 A 的資料搬到 WREG
ADDWF  B, W, b              ; WREG+B 存到 WREG
MOVWF  C, b                 ; 將 WREG 的資料搬移至 C
```

至於較爲困難的程式流程控制敘述，在 C 程式語言中包括

```
if (邏輯敘述) 運算敘述 ; [else    運算敘述 ;]
while (邏輯敘述) 運算敘述 ;
do 運算敘述 ; while (邏輯敘述)
for (數學運算敘述 1；邏輯敘述；數學運算敘述 2)       運算敘述 ;
switch (邏輯敘述) {case: 運算敘述 ;        ...[default: 運算敘述 ;]}
return    運算敘述 ;
goto label;
label: 運算敘述 ;
break;
continue;
```

　　以下就針對幾個較爲常用的程式流程控制敘述提出基本的組合語言指令撰寫範例作爲參考，讀者可以自行根據程式需要變化完成以滿足所需要的功能。

範例 3-4

相當於 C 程式語言 if...else... 敘述的組合語言程式

C 語言：

```
if(A>0)  C=A+B;
else C=A-B;
```

組合語言：

```
    BANKSEL A
    MOVLW .0
    CPFSGT A,b
    GOTO ABC
    ...;  還記得 C=A+B 怎麼寫嗎？
    GOTO XYZ
ABC:
    ...;  會寫 C=A-B 嗎？
XYZ:
    ...;繼續程式
```

範例 3-5

相當於 C 程式語言的 while()... 敘述的組合語言程式

C 語言：

```
    while (A>0)  A--;
```

組合語言：

```
XYZ:
    BANKSEL A
    MOVLW 0
    CPFSGT A,b
```

```
    BRA ABC
    DECF A,F,b          ; 如果要做 C=A-B 會寫嗎?
    GOTO XYZ
ABC:
    ...; 繼續程式
```

範例 3-6

　　相當於 C 程式語言的 for(...; ... ;...) 敘述的組合語言程式

C 語言:

```
    for(i=0;i<10;i++)  A++;
```

組合語言:

```
    BANKSEL I
    CLRF I,b;
XYZ:
    MOVLW 10
    CPFSLT I,b
    GOTO ABC
    INCF A,F,b                     ; 如果要做 A=A+10 會寫嗎?
    INCF I,F,b
    GOTO XYZ
ABC:
    ...; 繼續程式
```

　　希望讀者在瞭解組合語言的基本撰寫方式之後,可以多加練習增進撰寫能力。當使用者習慣將多元運算的數學或邏輯式拆解成組合語言的一元或二完運算指令後,對於撰寫組合語言程式就不會感到困難。爾後就會隨著經驗累積與複雜函式撰寫技巧的精進,自然而然就會駕輕就熟。重要的是,在關鍵的程式控制與時間掌控上,使用組合語言將對應用程式有直接的控制與調整的能力,可以使所開發的程式更有效率而且精準。

CHAPTER 4

資料記憶體架構

4.1 資料記憶體組成架構

　　資料記憶體是以靜態隨機讀寫記憶體（Static RAM）的方式建立。每個資料記憶體的暫存器都有一個 12 位元的編碼位址，可以允許高達 4096 個位元組的資料記憶體編碼。PIC18F4520 的資料記憶體組成如圖 4-1 所示。

圖 4-1　PIC18F4520 的資料記憶體組成架構圖

　　整個資料記憶體空間被切割為多達十六個區塊（BANK），每一個區塊將包含 256 個位元組，如圖 4-2 所示。區塊選擇暫存器（Bank Select Register）的最低四個位元（BSR<0:3>）定義了哪一個區塊的記憶體將會被讀寫。區塊選擇暫存器的較高四個位元並沒有被使用。

圖 4-2　PIC18F4520 的資料記憶體區塊與擷取區塊

　　資料記憶體空間包含了特殊功能暫存器（Special Function Register, SFR）及一般目的暫存器（General Purpose Register, GPR）。特殊功能暫存器被使用來控制或者顯示控制器與周邊功能的狀態；而一般目的暫存器則是使用來作為應用程式的資料儲存。特殊功能暫存器的位址是由 BANK 15 的最後一個位址開始，並且向較低位址延伸；特殊功能暫存器所未使用到的其他位址都可以被當作一般目的暫存器使用。一般目的暫存器的位址是由 BANK 0 的第一個位址開始並且向較高位址延伸；如果嘗試著去讀取一個沒有實際記憶體建置的位址，將會得到一個 0 的結果。

　　整個資料記憶體空間都可以直接或者間接地被讀寫。資料記憶體的直接定址方式可能需要使用區塊選擇暫存器，如圖 4-3 所示；而間接定址的方式則需要使用檔案選擇暫存器（File Select Register, FSR）以及相對應的間接檔案運算元（INDFn）。每一個檔案選擇暫存器記錄了一個 12 位元長的位址資料，可以在不更改記憶體區塊的情況下定義資料記憶體空間內的任何一個位址。

圖 4-3　使用區塊選擇暫存器的資料記憶體直接定址方式

　　PIC18 微處理器的指令集與架構允許指令更換記憶體區塊。區塊更換的動作可以藉由間接定址或者是使用 MOVFF 指令來完成。MOVFF 指令是一個雙字元長度且需要兩個指令週期才能完成的運算指令，它將會將一個暫存器中的數值搬移到另外一個暫存器。

4.2　資料記憶體的擷取區塊

　　由於使用記憶體時，在擷取資料前必須將使用一個指令將區塊選擇暫存器（BSR）設定為對應值之後才能進行資料讀寫或處理的指令；因為需要執行區塊設定指令而增加執行時間。為降低執行時間，在微處理器的設計上，加入了擷取區塊的設計可以較快速地進行資料擷取。

　　不論目前區塊選擇暫存器（BSR）的設定為何，為了要確保常用的資料暫存器可以在一個指令工作週期內被讀寫，PIC18 系列暫存器建立了一個虛擬的擷取區塊（Access Bank）。擷取區塊是由 Bank 0 及 Bank 15 的一個段落所組成。擷取區塊是一個結構上的改良，對於利用 C 語言程式所撰寫的程式最佳化是非常有幫助的。利用 C 編譯器撰寫程式的技巧也可以被應用在組合語言所撰寫的程式中。

擷取區塊的資料記憶單位可以被用作為：

■ 計算過程中數值的暫存區。

■ 函式中的區域變數。

■ 快速內容儲存或者變數切換。

■ 常用變數的儲存。

■ 快速地讀寫或控制特殊功能暫存器（不需要做區塊的切換）。

擷取區塊是由 BANK 15 的最高 128 位元組以及 BANK 0 的最低 128 位元組所組成。這兩個區段將會分別被稱做為高／低擷取記憶體（Access RAM High 及 Access RAM Low）。工作指令字元中的一個位元將會被用來定義所將執行的運算將會使用擷取區塊中或者是區塊選擇暫存器所定義區塊中的記憶體資料。當這個字元被設定為 0 時（a=0），指令運算將會使用擷取區塊，如圖 4-4 所示。而低擷取記憶體的最後一個位址將會接續到高擷取記憶體的第一個位址，高擷取記憶體映射到特殊功能暫存器，所以這些暫存器可以直接被讀寫而不需要使用指令做區塊的切換。這對於應用程式檢查狀態旗標或者是修改控制位元是非常地有用。

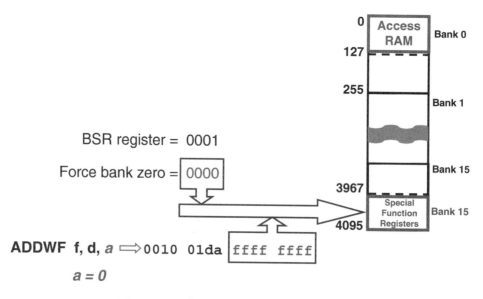

圖 4-4　運算指令使用擷取區塊暫存器

特殊功能暫存器位址定義

表 4-1　PIC18F4520 微控制器特殊功能暫存器位址定義

Address	Name	Address	Name	Address	Name	Address	Name
FFFh	TOSU	FDFh	INDF2	FBFh	CCPR1H	F9Fh	IPR1
FFEh	TOSH	FDEh	POSTINC2	FBEh	CCPR1L	F9Eh	PIR1
FFDh	TOSL	FDDh	POSTDEC2	FBDh	CCP1CON	F9Dh	PIE1
FFCh	STKPTR	FDCh	PREINC2	FBCh	CCPR2H	F9Ch	—
FFBh	PCLATU	FDBh	PLUSW2	FBBh	CCPR2L	F9Bh	OSCTUNE
FFAh	PCLATH	FDAh	FSR2H	FBAh	CCP2CON	F9Ah	—
FF9h	PCL	FD9h	FSR2L	FB9h	—	F99h	—
FF8h	TBLPTRU	FD8h	STATUS	FB8h	BAUDCON	F98h	—
FF7h	TBLPTRH	FD7h	TMR0H	FB7h	PWM1CON	F97h	—
FF6h	TBLPTRL	FD6h	TMR0L	FB6h	ECCP1AS	F96h	TRISE
FF5h	TABLAT	FD5h	T0CON	FB5h	ECCP1AS	F95h	TRISD
FF4h	PRODH	FD4h	—	FB4h	CMCON	F94h	TRISC
FF3h	PRODL	FD3h	OSCCON	FB3h	TMR3H	F93h	TRISB
FF2h	INTCON	FD2h	LVDCON	FB2h	TMR3L	F92h	TRISA
FF1h	INTCON2	FD1h	WDTCON	FB1h	T3CON	F91h	—
FF0h	INTCON3	FD0h	RCON	FB0h	SPBRGH	F90h	—
FEFh	INDF0	FCFh	TMR1H	FAFh	SPBRG	F8Fh	—
FEEh	POSTINC0	FCEh	TMR1L	FAEh	RCREG	F8Eh	—
FEDh	POSTDEC0	FCDh	T1CON	FADh	TXREG	F8Dh	LATE
FECh	PREINC0	FCCh	TMR2	FACh	TXSTA	F8Ch	LATD
FEBh	PLUSW0	FCBh	PR2	FABh	RCSTA	F8Bh	LATC
FEAh	FSR0H	FCAh	T2CON	FAAh	—	F8Ah	LATB
FE9h	FSR0L	FC9h	SSPBUF	FA9h	EEADR	F89h	LATA
FE8h	WREG	FC8h	SSPADD	FA8h	EEDATA	F88h	—
FE7h	INDF1	FC7h	SSPSTAT	FA7h	EECON2	F87h	—
FE6h	POSTINC1	FC6h	SSPCON1	FA6h	EECON1	F86h	—
FE5h	POSTDEC1	FC5h	SSPCON2	FA5h	—	F85h	—
FE4h	PREINC1	FC4h	ADRESH	FA4h	—	F84h	PORTE
FE3h	PLUSW1	FC3h	ADRESL	FA3h	—	F83h	PORTD
FE2h	FSR1H	FC2h	ADCON0	FA2h	IPR2	F82h	PORTC
FE1h	FSR1L	FC1h	ADCON1	FA1h	PIR2	F81h	PORTB
FE0h	BSR	FC0h	ADCON2	FA0h	PIE2	F80h	PORTA

CHAPTER

4

CHAPTER

4

表 4-2(1)　PIC18F4520 微控制器特殊功能暫存器位元內容定義

File Name	Bit 7	Bit 6	Bit 5	Bit 4	Bit 3	Bit 2	Bit 1	Bit 0	Value on POR, BOR
TOSU	—	—	—	Top-of-Stack upper Byte (TOS<20:16>)					- - -0　0000
TOSH	Top-of-Stack High Byte (TOS<15:8>)								0000　0000
TOSL	Top-of-Stack Low Byte (TOS<7:0>)								0000　0000
STKPTR	STKFUL	STKUNF	—	Return Stack Pointer					00-0　0000
PCLATU	—	—	—	Holding Register for PC<20:16>					- - -0　0000
PCLATH	Holding Register for PC<15:8>								0000　0000
PCL	PC Low Byte (PC<7:0>)								0000　0000
TBLPTRU	—	—	bit21	Program Memory Table Pointer Upper Byte (TBLPTR<20:16>)					- -00　0000
TBLPTRH	Program Memory Table Pointer High Byte (TBLPTR<15:8>)								0000　0000
TBLPTRL	Program Memory Table Pointer Low Byte (TBLPTR<7:0>)								0000　0000
TABLAT	Program Memory Table Latch								0000　0000
PRODH	Product Register High Byte								xxxx　xxxx
PRODL	Product Register Low Byte								xxxx　xxxx
INTCON	GIE/GIEH	PEIE/GIEL	TMR0IE	INT0IE	RBIE	TMR0IF	INT0IF	RBIF	0000　000x
INTCON2	$\overline{RBPU}$	INTEDG0	INTEDG1	INTEDG2	—	TMR0IP	—	RBIP	1111　-1-1
INTCON3	INT2IP	INT1IP	—	INT2IE	INT1IE	—	INT2IF	INT1IF	11-0　0-00
INDF0	Uses contents of FSR0 to address data memory - value of FSR0 not changed (not a physical register)								n/a
POSTINC0	Uses contents of FSR0 to address data memory - value of FSR0 post-incremented (not a physical register)								n/a
POSTDEC0	Uses contents of FSR0 to address data memory - value of FSR0 post-decremented (not a physical register)								n/a
PREINC0	Uses contents of FSR0 to address data memory - value of FSR0 pre-incremented (not a physical register)								n/a
PLUSW0	Uses contents of FSR0 to address data memory - value of FSR0 (not a physical register). Offset by value in WREG.								n/a
FSR0H	—	—	—	—	Indirect Data Memory Address Pointer 0 High Byte				----　0000
FSR0L	Indirect Data Memory Address Pointer 0 Low Byte								xxxx　xxxx
WREG	Working Register								xxxx　xxxx
INDF1	Uses contents of FSR1 to address data memory - value of FSR1 not changed (not a physical register)								n/a
POSTINC1	Uses contents of FSR1 to address data memory - value of FSR1 post-incremented (not a physical register)								n/a
POSTDEC1	Uses contents of FSR1 to address data memory - value of FSR1 post-decremented (not a physical register)								n/a
PREINC1	Uses contents of FSR1 to address data memory - value of FSR1 pre-incremented (not a physical register)								n/a
PLUSW1	Uses contents of FSR1 to address data memory - value of FSR1 (not a physical register). Offset by value in WREG.								n/a
FSR1H	—	—	—	—	Indirect Data Memory Address Pointer 1 High Byte				----　0000
FSR1L	Indirect Data Memory Address Pointer 1 Low Byte								xxxx　xxxx
BSR	—	—	—	—	Bank Select Register				----　0000

表 4-2(2) PIC18F4520 微控制器特殊功能暫存器位元內容定義（續）

File Name	Bit 7	Bit 6	Bit 5	Bit 4	Bit 3	Bit 2	Bit 1	Bit 0	Value on POR, BOR	
INDF2	Uses contents of FSR2 to address data memory - value of FSR2 not changed (not a physical register)								n/a	
POSTINC2	Uses contents of FSR2 to address data memory - value of FSR2 post-incremented (not a physical register)								n/a	
POSTDEC2	Uses contents of FSR2 to address data memory - value of FSR2 post-decremented (not a physical register)								n/a	
PREINC2	Uses contents of FSR2 to address data memory - value of FSR2 pre-incremented (not a physical register)								n/a	
PLUSW2	Uses contents of FSR2 to address data memory - value of FSR2 (not a physical register). Offset by value in WREG.								n/a	
FSR2H	—	—	—	—	Indirect Data Memory Address Pointer 2 High Byte				----	0000
FSR2L	Indirect Data Memory Address Pointer 2 Low Byte								xxxx	xxxx
STATUS	—	—	—	N	OV	Z	DC	C	---x	xxxx
TMR0H	Timer0 Register High Byte								0000	0000
TMR0L	Timer0 Register Low Byte								xxxx	xxxx
T0CON	TMR0ON	T08BIT	T0CS	T0SE	PSA	T0PS2	T0PS1	T0PS0	1111	1111
OSCCON	IDLEN	IRCF2	IRCF1	IRCF0	OSTS	IOFS	SCS1	SCS0	- - - -	- - -0
LVDCON	VDIRMAG	—	IRVST	LVDEN	LVDL3	LVDL2	LVDL1	LVDL0	0-00	0101
WDTCON	—	—	—	—	—	—	—	SWDTE	- - - -	- - -0
RCON	$\overline{\text{IPEN}}$	SBOREN	—	$\overline{\text{RI}}$	$\overline{\text{TO}}$	$\overline{\text{PD}}$	$\overline{\text{POR}}$	$\overline{\text{BOR}}$	0q-1	11qq
TMR1H	Timer1 Register High Byte								xxxx	xxxx
TMR1L	Timer1 Register Low Byte								xxxx	xxxx
T1CON	RD16	T1RUN	T1CKPS1	T1CKPS0	T1OSCEN	$\overline{\text{T1SYNC}}$	TMR1CS	TMR1ON	0000	0000
TMR2	Timer2 Register								0000	0000
PR2	Timer2 Period Register								1111	1111
T2CON	—	TOUTPS3	TOUTPS2	TOUTPS1	TOUTPS0	TMR2ON	T2CKPS1	T2CKPS0	-000	0000
SSPBUF	SSP Receive Buffer/Transmit Register								xxxx	xxxx
SSPADD	SSP Address Register in I2C Slave mode. SSP Baud Rate Reload Register in I2C Master mode.								0000	0000
SSPSTAT	SMP	CKE	D/A	P	S	R/W	UA	BF	0000	0000
SSPCON1	WCOL	SSPOV	SSPEN	CKP	SSPM3	SSPM2	SSPM1	SSPM0	0000	0000
SSPCON2	GCEN	ACKSTAT	ACKDT	ACKEN	RCEN	PEN	RSEN	SEN	0000	0000
ADRESH	A/D Result Register High Byte								xxxx	xxxx
ADRESL	A/D Result Register Low Byte								xxxx	xxxx
ADCON0	—	—	CHS3	CHS2	CHS1	CHS0	GO/$\overline{\text{DONE}}$	ADON	0000	00-0
ADCON1	—	—	VCFG1	VCFG0	PCFG3	PCFG2	PCFG1	PCFG0	00 - -	0000
ADCON2	ADFM	—	ACQT2	ACQT1	ACQT0	ADCS2	ADCS1	ADCS0	0-00	0000

CHAPTER

4

表 4-2(3)　PIC18F4520 微控制器特殊功能暫存器位元內容定義（續）

File Name	Bit 7	Bit 6	Bit 5	Bit 4	Bit 3	Bit 2	Bit 1	Bit 0	Value on POR, BOR	
CCPR1H	Capture/Compare/PWM Register1 High Byte								xxxx	xxxx
CCPR1L	Capture/Compare/PWM Register1 Low Byte								xxxx	xxxx
CCP1CON	P1M1	P1M0	DC1B1	DC1B0	CCP1M3	CCP1M2	CCP1M1	CCP1M0	- -00	0000
CCPR2H	Capture/Compare/PWM Register2 High Byte								xxxx	xxxx
CCPR2L	Capture/Compare/PWM Register2 Low Byte								xxxx	xxxx
CCP2CON	—	—	DC2B1	DC2B0	CCP2M3	CCP2M2	CCP2M1	CCP2M0	--00	0000
BAUDCON	ABDOVF	RCIDL	—	SCKP	BRG16	—	WUE	ABDEN	01-0	0-00
PWM1CON	PRSEN	PDC6	PDC5	PDC4	PDC3	PDC2	PDC1	PDC0	0000	0000
ECCP1AS	ECCPASE	ECCPAS2	ECCPAS1	ECCPAS0	PSSAC1	PSSAC0	PSSBD1	PSSBD0	0000	0000
CVRCON	CVREN	CVROE	CVRR	CVRSS	CVR3	CVR2	CVR1	CVR0	0000	0000
CMCON	C2OUT	C1OUT	C2INV	C1INV	CIS	CM2	CM1	CM0	0000	0111
TMR3H	Timer3 Register High Byte								xxxx	xxxx
TMR3L	Timer3 Register Low Byte								xxxx	xxxx
T3CON	RD16	T3CCP2	T3CKPS1	T3CKPS0	T3CCP1	$\overline{\text{T3SYNC}}$	TMR3CS	TMR3ON	0000	0000
SPBRGH	EUSART Baud Rate Generator Register High Byte								0000	0000
SPBRG	EUSART Baud Rate Generator Register Low Byte								0000	0000
RCREG	EUSART1 Receive Register								0000	0000
TXREG	EUSART1 Transmit Register								0000	0000
TXSTA	CSRC	TX9	TXEN	SYNC	SENDB	BRGH	TRMT	TX9D	0000	0010
RCSTA	SPEN	RX9	SREN	CREN	ADDEN	FERR	OERR	RX9D	0000	000x
EEADR	Data EEPROM Address Register								0000	0000
EEDATA	Data EEPROM Data Register								0000	0000
EECON2	Data EEPROM Control Register 2 (not a physical register）								----	----
EECON1	EEPGD	CFGS	—	FREE	WRERR	WREN	WR	RD	xx-0	x000
IPR2	OSCFIP	CMIP	—	EEIP	BCLIP	LVDIP	TMR3IP	CCP2IP	11-1	1111
PIR2	OSCFIF	CMIF	—	EEIF	BCLIF	LVDIF	TMR3IF	CCP2IF	00-0	0000

表 4-2(4)　PIC18F4520 微控制器特殊功能暫存器位元內容定義（續）

File Name	Bit 7	Bit 6	Bit 5	Bit 4	Bit 3	Bit 2	Bit 1	Bit 0	Value on POR, BOR
PIE2	OSCFIE	CMIE	—	EEIE	BCLIE	LVDIE	TMR3IE	CCP2IE	00-0 0000
IPR1	PSPIP	ADIP	RCIP	TXIP	SSPIP	CCP1IP	TMR2IP	TMR1IP	1111 1111
PIR1	PSPIF	ADIF	RCIF	TXIF	SSPIF	CCP1IF	TMR2IF	TMR1IF	0000 0000
PIE1	PSPIE	ADIE	RCIE	TXIE	SSPIE	CCP1IE	TMR2IE	TMR1IE	0000 0000
OSCTUNE	INTSRC	PLLEN	—	TUN4	TUN3	TUN2	TUN1	TUN0	0q-0 0000
TRISE	IBF	OBF	IBOV	PSPMODE	Data Direction bits for PORTE				0000 -111
TRISD	Data Direction Control Register for PORTD								1111 1111
TRISC	Data Direction Control Register for PORTC								1111 1111
TRISB	Data Direction Control Register for PORTB								1111 1111
TRISA	TRISA7	TRISA6	Data Direction Control Register for PORTA						1111 1111
LATE	—	—	—	—	Read PORTE Data Latch, Write PORTE Data Latch				---- -xxx
LATD	Read PORTD Data Latch, Write PORTD Data Latch								xxxx xxxx
LATC	Read PORTC Data Latch, Write PORTC Data Latch								xxxx xxxx
LATB	Read PORTB Data Latch, Write PORTB Data Latch								xxxx xxxx
LATA	Read PORTA Data Latch, Write PORTA Data Latch								-xxx xxxx
PORTE	Read PORTE pins, Write PORTE Data Latch								---- xxxx
PORTD	Read PORTD pins, Write PORTD Data Latch								xxxx xxxx
PORTC	Read PORTC pins, Write PORTC Data Latch								xxxx xxxx
PORTB	Read PORTB pins, Write PORTB Data Latch								xxxx xxxx
PORTA	Read PORTA pins, Write PORTA Data Latch								xx0x 0000

Legend: x = unknown, u = unchanged, - = unimplemented, q = value depends on condition

CHAPTER

4

4.3　資料記憶體直接定址法

圖 4-5　使用區塊選擇暫存器直接指定資料記憶體位址

　　由於 PIC18 系列微控制器擁有一個很大的一般目的暫存器記憶體空間，因此需要使用一個記憶體區塊架構。整個資料記憶體被切割為十六個區塊，當需要使用直接定址方式時，區塊選擇暫存器必須要設定為想要使用的記憶體區塊。

　　區塊選擇暫存器中的 BSR<3:0> 記錄著十二位元長的隨機讀寫記憶體位址中最高 4 位元，如圖 4-5 所示。BSR<7:4> 這四個位元沒有特別的作用，讀取的結果將會是 0。應用程式可以使用指令集中提供專用的 MOVLB 指令來完成區塊選擇的動作，如圖 4-6 所示。

　　在使用記憶體較少的微控制器型號時，如果目前所設定的區塊並沒有實際的硬體建置，任何讀取記憶體資料的結果將會得到 0，而所有的寫入動作將會被忽略。狀態暫存器（STATUS）中的相關位元將會被設定或者清除以便顯示相關指令執行結果的變化。

　　每一個資料記憶體區塊都擁有 256 個位元組的（0x00 ～ 0xFF），而且所有的資料記憶體都是以靜態隨機讀寫記憶體（Static RAM）的方式建置。

圖 4-6 使用區塊選擇暫存器與指令直接指定資料記憶體位址

當使用 MOVFF 指令的時候，由於所選擇的記憶體完整的位址位元已經包含在指令字元中，因此區塊選擇暫存器的內容將會被忽略，如圖 4-7 所示。

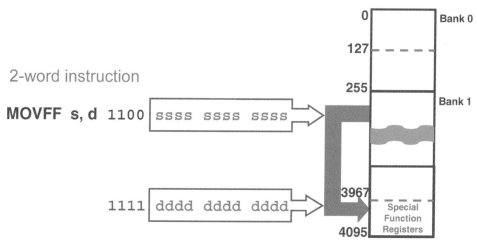

圖 4-7 使用 MOVFF 指令直接指定資料記憶體位址

4.4　資料記憶體間接定址法

　　間接定址是一種設定資料記憶體位址的模式，在這個模式下資料記憶體的位址在指令中並不是固定的。這時候必須要使用檔案選擇暫存器（FSRn）作為一個指標來設定資料讀取或者寫入的記憶體位址，檔案選擇暫存器 FSRn 包含了一個 12 位元長的位址。由於使用的是一個動態記憶體的暫存器，因此指標的內容將可以由應用程式修改。

　　間接定址得以實現是因為使用了一個 INDFn 間接定址暫存器。任何一個使用 INDFn 暫存器的指令實際上將讀寫由檔案選擇暫存器（FSRn）所設定的資料記憶體。間接的讀取間接定址暫存器（FSRn=0 時）將會讀到 0 的數值。間接寫入 INDFn 暫存器則將不會產生任何作用。

　　間接定址暫存器 INDFn 並不是一個實際的暫存器，將位址指向 INDFn 暫存器實際上將位址設定到 FSRn 暫存器中所設定位址的記憶體。（還記得 FSRn 是一個指標嗎？）這就是我們所謂的間接定址模式。

　　下面的範例顯示了一個基本的間接定址模式使用方式，可以利用最少的指令清除區塊 BANK 1 中記憶體的內容。

```
          LFSR      FSR0 ,0x100  ;
NEXT:     CLRF      POSTINC0     ; 清除 INDF 暫存器並將指標遞加 1
          BTFSS     FSR0H, 1     ; 完成 Bank1 重置工作？
          GOTO      NEXT         ;NO, 清除下一個
CONTINUE                         ;YES, 繼續
```

　　檔案選擇暫存器 FSRn 總共有三組。為了要能夠設定全部資料記憶體空間（4096 個位元組）的位址，在這些暫存器都有 12 位元的長度。因此，為了要儲存 12 個位元的定址資料，將需要兩個 8 位元的暫存器。這些間接定址的檔案選擇暫存器包括：

　　FSR0：由 FSR0L 及 FSR0H 組成
　　FSR1：由 FSR1L 及 FSR1H 組成

FSR2：由 FSR2L 及 FSR2H 組成

除此之外，還有三個與間接定址相關的暫存器 INDF0、INDF1 與 INDF2，這些都不是具有實體的暫存器。對這些暫存器讀寫的動作將會開啓間接定址模式，進而使用所相對應 FSR 暫存器所設定位址的資料記憶體。當某一個指令將一個數值寫入到 INDF0 的時候，實際上這個數值將被寫入到 FSR0 暫存器所設定位址的資料記憶體；而讀取 INDF1 暫存器的動作，實際上將讀取由暫存器 FSR1 所設定位址的記憶體資料。在指令中任何一個定義暫存器位址的地方都可以使用 INDFn 暫存器。

當利用間接定址法透過 FSRn 來讀取 INDF0、INDF1 與 INDF2 暫存器的內容時，將會得到爲 0 的數值。同樣的，當間接的寫入數值到 INDF0、INDF1 與 INDF2 暫存器時，這個動作相當於 NOP 指令，狀態（STATUS）位元將不會受到任何影響。

在離開資料暫存器的介紹之前，我們要介紹兩個與核心處理器運作相關的暫存器，狀態暫存器 STATUS 與重置控制暫存器 RCON。其他的特殊功能暫存器將會留到介紹周邊硬體功能時一一地說明。

4.5 狀態暫存器與重置控制暫存器

狀態暫存器

狀態（STATUS）暫存器記錄了數學邏輯運算單元（ALU，Arithmetic Logic Unit）的運算狀態，其位元定義如表 4-3 所示。狀態暫存器可以像其他一般的暫存器一樣作爲運算指令的目標暫存器，這時候運算指令改變相關運算狀態位元 Z、DC、C、OV 或 N 的功能將會被暫時關閉。這些狀態位元的數值將視核心處理器的狀態而定，因此當指令以狀態暫存器爲目標暫存器時，其結果可能會與一般正常狀態不同。例如，CLRF STATUS 指令將會把狀態暫存器的最高三個位元清除爲零而且把 Z 位元設定爲 1；但是對於其他的四個位元將不會受到改變。

因此，在這裡建議使用者只能利用下列指令：

BCF、BSF、SWAPF、MOVFF 及 MOVWF

來修改狀態暫存器的內容，因為上述指令並不會影響到相關狀態位元 Z、DC、C、OV 或 N 的數值。

◎ STATUS狀態暫存器定義

表 4-3　STATUS 狀態暫存器位元定義

U-0	U-0	U-0	R/W-x	R/W-x	R/W-x	R/W-x	R/W-x
—	—	—	N	OV	Z	DC	C

bit 7　　　　　　　　　　　　　　　　　　　　　　　　　bit 0

bit 7-5 **Unimplemented:** Read as '0'

bit 4 **N:** Negative bit
2 的補數法運算符號位元。顯示計算結果是否為負數。
1 = 結果為負數。
0 = 結果為正數。

bit 3 **OV:** Overflow bit
2 的補數法運算溢位位元。顯示 7 位元的數值大小是否有溢位產生而改變符號位元的內容。
1 = 發生溢位。
0 = 無溢位發生。

bit 2 **Z:** Zero bit
1 = 數學或邏輯運算結果為 0。
0 = 數學或邏輯運算結果不為 0。

bit 1 **DC:** Digit carry/borrow bit
For ADDWF, ADDLW, SUBLW, and SUBWF instructions
1 = 低 4 位元運算發生進位。
0 = 低 4 位元運算未發生進位。
註：作借位（borrow）使用時，位元極性相反。

bit 0   **C/$\overline{\text{BW}}$:** Carry/borrow bit

For ADDWF, ADDLW, SUBLW, and SUBWF instructions

1 = 8 位元運算發生進位。

0 = 8 位元運算未發生進位。

註：作借位使用時，位元極性相反。

符號定義：

R = 可讀取位元   W =可寫入位元   U = 未建置使用位元，讀取值為 '0'

- n = 電源重置數值   '1'= 位元設定為 '1'   '0'= 位元清除為 '0'   x = 位元狀態未知

本書後續暫存器位元定義與此表相同

重置控制暫存器

　　重置控制（RESET Control, RCON）暫存器包含了用來辨識不同來源所產生重置現象的旗標位元，其位元定義如表 4-4 所示。這些旗標包括了 $\overline{\text{TO}}$ 、$\overline{\text{PD}}$ 、$\overline{\text{POR}}$ 、$\overline{\text{BOR}}$ 以及 $\overline{\text{RI}}$ 旗標位元。這個暫存器是可以被讀取與寫入的。

RCON重置控制暫存器定義

表 4-4   RCON 重置控制暫存器位元定義

R/W-0	R/W-1	U-0	R/W-1	R-1	R-1	R/W-0	R/W-0
IPEN	SBOREN	—	$\overline{\text{RI}}$	$\overline{\text{TO}}$	$\overline{\text{PD}}$	$\overline{\text{POR}}$	$\overline{\text{BOR}}$

bit 7   bit 0

bit 7   **IPEN:** Interrupt Priority Enable bit

1 = 開啟中斷優先順序功能。

0 = 關閉中斷優先順序功能。（PIC16 以下系列相容模式）

bit 6   **SBOREN:** Software BOR Enable bit

If BOREN1:BOREN0 = 01:

1 = 開啟電壓異常重置。

0 = 關閉電壓異常重置。

```
                If BOREN1:BOREN0 = 00, 10 or 11:

                Bit is disabled and read as '0'.
```

bit 5 **Unimplemented:** Read as '0'

bit 4 $\overline{\text{RI}}$: RESET Instruction Flag bit

1 = 重置指令未被執行。

0 = 重置指令被執行而引起系統重置。清除後必須要以軟體設定為 1。

bit 3 $\overline{\text{TO}}$: Watchdog Time-out Flag bit

1 = 電源啟動或執行 CLRWDT 與 SLEEP 指令後，自動設定為 1。

0 = 監視計時器溢位發生。

bit 2 $\overline{\text{PD}}$: Power-down Detection Flag bit

1 = 電源啟動或執行 CLRWDT 指令後，自動設定為 1。

0 = 執行 SLEEP 指令後，自動設定為 0。

bit 1 $\overline{\text{POR}}$: Power-on Reset Status bit

1 = 未發生電源開啟重置。

0 = 發生電源開啟重置。清除後必須要以軟體設定為 1。

bit 0 $\overline{\text{BOR}}$: Brown-out Reset Status bit

1 = 未發生電壓異常重置。

0 = 發生電壓異常重置。清除後必須要以軟體設定為 1。

CHAPTER 5

PIC 微控制器實驗板

要學習 PIC 微控制器的使用，讀者必須要選用一個適當的實驗板。Microchip 提供了許多種不同的 PICDEM 實驗板，包括 PICDEM 2 Plus、PICDEM 4，以及 Mechatronics 等等各種不同需求的實驗板。如果讀者對於上述實驗板有興趣的話，可以透過代理商或與原廠連絡購買；雖然原廠的實驗板價格稍高，但是一般皆附有完整的使用說明與範例程式供使用者參考。即使是沒有這些原廠的電路板在手邊，讀者也可以下載範例程式作爲參考與練習。本書過去也配合 Microchip APP025 提供許多範例練習供讀者作爲學習的輔助工具，隨著經濟與生產模式的變化，本書將以 APP025 mini 實驗板爲工具提供新的範例作爲各個功能練習與學習的基礎，希望可以讓讀者更有效的學習。

5.1 PIC微控制器實驗板元件配置與電路規劃

爲了加強讀者的學習效果，並配合本書的範例程式與練習說明，我們將使用配合本書所設計的 PIC 微控制器實驗板 APP025 mini。這個實驗板的功能針對本書所有的範例程式與說明內容配合設計，並使用一般坊間可以取得的電子零件爲規劃的基礎。希望藉由硬體的規劃以及本書範例程式的軟體說明，使讀者可以獲得最大的學習效果。

PIC 微控制器實驗板 APP025 mini 的完成圖與元件配置圖如圖 5-1 及圖 5-2 所示：

CHAPTER

5

圖 5-1　APP025 mini 微控制器實驗板的完成圖

圖 5-2 APP025 mini 微控制器實驗板的元件配置圖

APP025 mini 微控制器實驗板的設計規劃使用 Microchip PIC16/18 40Pin DIP 規格的微處理器，由於 Microchip PIC 系列微處理器的高度相容性，因此這個實驗板可以廣泛地應用在許多不同型號的 Microchip 微處理器實驗測試。PIC 微控制器實驗板的規劃與設計是以本書所介紹的 PIC18F4520 微處理器為核心，並針對了 PIC 微控制器的相關周邊功能作適當的硬體安排，藉由適當的輸入或輸出訊號的觸發與顯示，加強讀者的學習與周邊功能的使用。

APP025 mini 微控制器實驗板所能進行的功能包括數位按鍵的訊號輸入、LCD 液晶顯示器的資訊顯示、LED 發光二極體的控制、類比訊號的感測、CCP 模組訊號驅動的蜂鳴器與 LED 、RS-232 傳輸介面驅動電路以及 IC 與 SPI 訊號驅動外部元件功能；同時並設置了訊號的外接插座作為擴充使用的介面，包括了線上除錯器 ICD 介面、CCP 訊號輸出介面，以及一個完整的 40 接腳擴充介面連接至 PIC 微控制器；當然，實驗板上也配置了必備的石英震盪器作為時脈輸入，並附有重置開關。APP025 mini 微控制器實驗板的設計也考慮到未來擴充使用時的需求，配置了數個功能切換電阻電路，讓使用者可以自由地切換實驗板上的訊號控制或者是外部訊號的輸出入，能夠更彈性的使用實驗板而發揮 PIC 微控制器最大的功能。除此之外，APP025 mini 微控制器實驗板上也配置有 USB 插座，因此使用者可以利用電腦的 USB 電源而無須額外添購電源供應器；將來亦可以使用跳線的方式使用具備 USB 功能的 PIC18 系列微處理器。同時 APP025 mini 也可以使用 Microchip J 其他系列的微處理器，例如 PIC18F45K22、PIC18F4xQxx 微控制器。完整的 APP025 mini 微控制器實驗板電路圖如圖 5-3 所示。

圖 5-3 APP025 mini 微控制器實驗板電路圖

　　爲了增加使用者的了解，接下來將逐一地介紹 APP020 mini 微控制器實驗板的電路組成。

▊電源供應

圖 5-4　PIC 微控制器實驗板電源供應電路圖

　　APP020 mini 微控制器實驗板可選擇使用 USB（CON_USB）插座或其他電源（CON2A）所提供的 5 伏特電源或外部 9 伏特直流電源（CON2），配有 AMS1117-5.0 穩壓晶片藉以提供電路元件 5 伏特的直流電壓。因此，APP020 mini 微控制器實驗板上的電路元件只能使用 5 伏特直流電源。APP020 mini 微控制器實驗板並提供 JP4 短路器作爲電源開閉的選擇，或利用 JP4（開路的情況下），串聯電表測量電路元件所消耗的總電流量。

5.2　PIC微控制器實驗板各部電路說明

▌電源顯示與重置電路

圖 5-5　APP020 mini 微控制器實驗板電源顯示與重置電路圖

APP020 mini 微控制器實驗板上有一個發光二極體 LPWR 作為電源顯示之用，同時並使用按鍵 MCLR 作為 PIC 微控制器電源重置的開關。當按下按鍵 MCLR 時，將會使重置腳位成為低電位，而達到控制器重置的功能。

▌數位按鍵開關與LED訊號輸出入

PIC 微控制器實驗板上提供兩個數位按鍵開關，SW1 與 SW2，可以模擬 RB0/INT0 及 RA4/T0CKI 的觸發訊號輸入；同時也提供了八個發光二極體，LED0~LED7，作為 PORTD 數位訊號輸出的顯示。SW1 與 SW2 數位按鍵開關是以低電位觸發的方式所設計的，也就是 Active-Low，因此它們都接有提升電位的電阻，也有硬體濾波電路可以去除按鍵彈跳多重觸發訊號。因此，當按鍵開關按下時，相對應的腳位將會接收到低電位的訊號；放開時則會收到高電位的訊號。發光二極體的驅動電路則可以藉由 JP1 短路器選擇使用與否。在預設狀況下，當連接發光二極體 LEDx 的 RDx 腳位輸出高電位訊號時，則相對應的發光二極體將會發亮；相反地，當輸出低電位的訊號時，則發光二極體將不會有所顯示。實驗範例將利用這些數位按鍵開關與發光二極體進行基本的數位訊號產生與偵測。PORTD 同時也作為液晶顯示器的資料匯流排。為了避免訊號干擾，在 JS1 上可以去除 R41 或 R42 將 SW1 與 SW2 的功能阻隔，以便使用者另行外加測試元件。如果需要使用 CAN Bus 通訊而改用 PIC18F4xK80 系列微控制器時，則因為 RA4 需作為 Vcap 連接腳位，故須改用 RB5 作為 SW2 的連接腳位，因此必須將 R40 與 R30 利用 0 電阻短路連接，並解焊 R41。

圖 5-6　APP020 mini 微控制器實驗板數位按鍵開關與 LED 訊號輸出入電路圖

類比訊號轉換電路

Analog Circuit

圖 5-7   APP020 mini 微控制器實驗板類比訊號轉換電路圖

　　APP020 mini 微控制器實驗板簡化了類比電路，只提供一種類比訊號感測的電路模式：連續電壓訊號式的可變電阻 VR1。VR1 變化的電壓訊號連接到 PIC 微控制器的類比訊號轉換腳位 RA0/AN0 腳位，因而可以使用內建的 10 位元類比數位訊號轉換器來量測所對應的電壓訊號變化。為了增加使用的功能，APP020 mini 微控制器實驗板並提供 JS1 的 R43 作為實驗板類比訊號的選擇與阻隔。如果需要練習更多的類比訊號量測，可以使用 CON1 擴充埠；例如，將 RB0 連接至 RA1，便可以使用 SW1 按鍵改變腳位電壓（按下去為高電壓，未按下則為低電壓）。同樣的也可以將 RA4（或 RB2）連結到 RA2，也可以產生因為 SW2 按鍵動作產生電壓變化的效果。

RS-232串列傳輸介面

圖 5-8　APP020 mini 微控制器實驗板 RS-232 串列傳輸介面電路圖

　　APP020 mini 微控制器實驗板配置有兩組標準的 RS-232 串列訊號傳輸介面（CON8/CON9）以及所需的電位驅動晶片（U2，MAX3232），以進行 PIC 微控制器 UART 傳輸介面（RC6/RC7 與 RD6/RD7，作爲 TX1/RX1 與 TX2/RX2）的使用練習。APP020 mini 微控制器實驗板並提供 JS3 的 R63～R66 作爲 PIC 微控制器與實驗板 UART 相關硬體訊號的阻隔。CON8 提供 DB9 連接埠，但也保留使用 Molex 或 Dupont 接頭所需的三孔電路；CON9 則由使用者視需求選擇 UART2 連接埠硬體。

LCD液晶顯示器連接介面

　　APP020 mini 微控制器實驗板配置有一個可顯示二行各十六個符號的液晶顯示器介面 CON_LCD，而相關的驅動訊號將連接到 PIC 微控制器上的十個輸出入腳位（PORTD 與 PORTE），使用者可以選擇使用四個或八個資料位元

傳輸（PORTD）及三個控制位元傳輸匯流排（PORTE）即可控制 LCD 的顯示
功能。

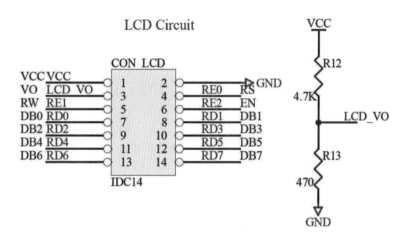

圖 5-9　APP020 mini 微控制器實驗板 LCD 液晶顯示器連接介面電路圖

CCP模組訊號驅動周邊

圖 5-10　APP020 mini 微控制器實驗板 CCP 模組訊號驅動蜂鳴器與 LED 電路圖

　　為了提供讀者學習使用 PIC 微控制器所提供的 CCP 模組訊號產生的功能，PIC 微控制器實驗板提供了一組蜂鳴器與 LPWM 燈號作為聲光效果的輸出。CCP 模組訊號產生器將可以產生單一的脈衝訊號或者連續的 PWM 波寬調變訊號於 RC2 腳位，以驅動 LPWM 或者藉由功率放大電路驅動壓電材料的蜂鳴器。APP020 mini 微控制器實驗板並提供一個訊外接埠（CON6），可以直接驅動低功率的直流馬達。在外接其他裝置時，可以把 JS1 的 R44 解焊而將蜂鳴器與 LPWM 相關的 PWM 硬體與 PIC 微控制器斷開。

▌微處理器時脈輸入震盪器

圖 5-11　APP020 mini 微控制器實驗板時脈輸入震盪器電路圖

　　APP020 mini 微控制器實驗板使用一個 10 MHz 的石英震盪器（X1）作為 PIC 微控制器的外部時脈輸入來源。而由於 PIC18F 微處理器內建有 4 倍鎖相迴路（Phase Lock Loop, PLL），因此處理器最高可以 10MIPS 的速度執行指令。除此之外，實驗板上並配置有一個 32768Hz 的低頻震盪器（X2）作為計時器

TIMER1 的外部時序來源，可以作為精確計時的訊號源。如果應用改用內部時脈來源，可以將 X1、X2 及相關的電容移除，便能適當的使用相關的 RA6/7 與 RC0/1 腳位。

▌MSSP訊號介面與相關外部元件

圖 5-12　APP020 mini 微控制器實驗板 MSSP 訊號介面與相關外部元件電路圖

■I²C 訊號介面與相關外部元件

APP020 mini 微控制器實驗板為方便讀者學習 I²C 通訊協定的使用，配置有溫度感測器 MCP9800-A5（U5）作為通訊的目標。由於 I²C 通訊協定是以元件位址為基礎，因此建置時需注意 MCP9800 的位址選擇。而 LED8 則可以作為 MCP9800 溫度警示訊號輸出的顯示。I²C 訊號與外部元件並可以利用 JS3 的 R50/R51 解焊與否來選擇連接或斷開。

■SPI 訊號介面與相關外部元件

APP020 mini 微控制器實驗板為方便讀者學習 SPI 通訊協定的使用，配置有外部數位轉類比電壓轉換器（Digital/Analog Converter, DAC）MCP4921（U4）作為通訊的目標。MCP4921 所轉換的類比電壓並可以藉由 P3 測試點輸出或者量測電壓值。SPI 訊號與外部元件並可以利用 JS3 的 R50 ～ R53 解焊與否來選擇連接或斷開。

　　由於 I²C 與 SPI 共用 MSSP 的腳位，即便在 APP020 mini 實驗板上兩者相關硬體可以存在而不會互相干擾，一般應用並不建議兩者在 PIC18F 的電路板上並存；而且因為共用 MSSP 腳位的關係，任一時間 SPI 與 I²C 兩者只能有一個周邊功能被使用。為簡化讀者的學習，實驗板並未將 MCP9800 與 MCP4921 實際建置，只是預留電路供需要時使用。讀者可以使用 CON7 外接 MCP9800 與 MCP4921 模組以降低電路的衝突。如果需要的話，可以將 JS2 的 R50 ～ R53 電阻解焊以隔離實驗板上 SPI 與 I²C 的相關電路元件。

　　在使用其他外接 SPI 元件時，如果要使用 / SS 腳位而又要避免與 MCP4921 衝突時，可以將 R31 電阻解焊以避免干擾。

▌CAN Bus訊號介面與相關電路

　　由於車輛電子的需求日益增加，APP020 mini 實驗板新增加了 CAN Bus 通訊電路與相關元件的設計供使用者學習。雖然 CAN Bus 功能在 PIC18F 系列屬於高階功能，本書所使用的 PIC18F4520 並未配置，但讀者在完成基礎功能的學習與程式撰寫的技巧後，只要更換核心微控制器並對電路板做些微的調整後便可以使用。CAN Bus 現行規格以 2.0B 為大宗，但已經發布 CAN FD 的規格，因此 APP020 mini 實驗板設計可以使用 MCP2551（2.0B）或 ATA6561（CAN FD）介面 IC。硬體腳位則依高度相容於 PIC18F4520 的 PIC18F45K80 或較早一代的 PIC18F4585 規劃，使用 RB2/RB3 腳位對應 CANTX/CANRX 功能；如果使用 ATA6561 時，則還有 RB4 對應 Standby 的功能。使用 CAN Bus 通訊介面時，實驗板提供 CON4 與 CON5 兩個連接埠與外部通訊網路連接使用。當需要提供CAN Bus特有的120 Ω終端電阻時，可以使用 JP1 短路夾即可。

　　需要特別注意的是，如果使用具備 CAN Bus 功能的較新 PIC18F 系列微控制器時，如 PIC18F45K80，RA4 腳位需要連接一個電容以穩定核心電路，導致影響 SW2 按鍵的使用；因此實驗板提供替代的 RB5 腳位作為 SW2 按鍵的觸發腳位。綜合上述的電路設計考量，需要使用 CAN Bus 時必須要對實驗板進行下列的調整：

腳位	短路或斷開電阻	功能說明
RA4/RB5選擇	R40/R41（JS1）短路（0Ω）	選擇SW2按鍵連接腳位
RB2	R62（JS3）短路	CANTX
RB3	R61（JS3）短路	CANRX
RB4	R60（JS3）	使用MCP2551斷開。使用ATA6551時，不需Standby時斷開，需要時短路。
RA4	R30斷開	微控制器需要連接Vcap時

　　APP020 mini 微控制器實驗板與 CAN Bus 訊號介面與相關外部元件電路圖如圖 5-13 所示。

圖 5-13　APP020 mini 微控制器實驗板 CAN Bus 訊號介面與相關外部元件電路圖

微處理器ICD程式除錯與燒錄介面

圖 5-14　微處理器 PICkit 程式除錯與燒錄介面電路圖

APP020 mini 微控制器實驗板提供 ICD 程式除錯與燒錄介面 CON10 以方便使用者以 PICKit5 燒錄器作為程式燒錄與除錯的工具。

切換開關與跳接器使用

為了使用的方便性，APP020 mini 微控制器實驗板電路提供了三個切換電路將預設功能的方式利用 0 Ω 電阻短路便可以使用，有必要調整時，只要以電阻或導線短路即可以調整功能，降低切換使用的困擾，也可以加強使用者對電路的了解。少數常用的切換功能則仍提供以短路夾進行調整，方便調整使用。它們的功能描述如下：

JS1：一般周邊短路選擇

　　1：蜂鳴器與 LPWM 燈號短路選擇（R44）

　　2：類比訊號元件 VR1 短路選擇（R43）

　　3：數位訊號按鍵開關 SW1 短路選擇（R42）

　　4：數位訊號按鍵開關 SW2 短路選擇（R40/R41 分別對應 RA4/RB5）

JS2：MSSP（SPI/I2C）短路選擇

　　1：SCK/SCL 短路選擇（R50）

　　2：SDI/SDA 短路選擇（R51）

　　3：SDO 短路選擇（R52）

　　4：/SS 短路選擇（R53）

JS3：CAN Bus 與 UART 短路選擇

    1：CAN_Standby 短路選擇（R60）

    2：CANRX 短路選擇（R61）

    3：CANTX 短路選擇（R62）

    4：U1RX 短路選擇（R63）

    5：U1TX 短路選擇（R64）

    6：U2RX 短路選擇（R65）

    7：U2TX 短路選擇（R66）

JP1：LED 致能選擇短路夾 5V 直流電源來源選擇（EXT 與 USB）

JP2：CAN Bus 終端電阻致能選擇短路夾 5

JP3：蜂鳴器致能選擇短路夾

JP4：5V 直流電源致能選擇短路夾

實驗板所提供的外部元件連接介面表列如下：

CON1：PIC 微控制器 40-Pin 訊號連接埠

CON2：外部電源（小於 12V，建議 9 V）連接埠

CON2A：外部電源（限定 5 V）連接埠

CON3（CON_USB）：USB 電源連接埠

CON4/5：CAN Bus 連接埠

CON6：PWM 訊號連接埠

CON7：MSSP（SPI/I2C）訊號外接埠

CON8/9：UART1/UART2 訊號外接埠

CON10：PICKit5 線上燒錄與除錯器連接埠

CON11（CON_LCD）：LCD 訊號連接埠

CHAPTER

5

CHAPTER 6

數位輸出入埠

　　數位輸出入是微處理器的基本功能。藉由數位輸出可以將微處理器內部的資料或訊號傳遞到外部的元件，或者是藉由輸出腳位驅動觸發外部元件的動作。而藉由數位輸入的功能可以將外部元件的訊號或狀態擷取到微處理器的內部暫存器，並加以作適當的運算處理以達成使用者應用程式的目的。

　　基本上，所有微處理器的工作都是以數位訊號的方式來處理，包括其他功能的周邊硬體也是以數位訊號的方式完成；所不同的是，一些較常用或者是運作較為複雜的功能已經由微處理器製造商直接以硬體電路完成，而針對一些比較特別或者是不常用的數位訊號輸出入則必須由使用者自行依照規格撰寫相對應的程式來進行。這些常見的數位輸出入訊號應用包括：燈號顯示、按鍵偵測、馬達驅動、外部元件開啟狀態等等。

　　對於學習微處理器應用的使用者而言，數位輸出入埠的使用是非常重要的基本技能，除了針對上述的簡單應用之外，原則上所有的數位訊號系統皆可以用這些數位輸出入的功能完成。因此，如果能夠學習良好的數位輸出入應用技巧，在面對特殊元件或者是較為複雜的系統整合時，才能夠發揮微處理器的強大功能。

6.1　數位輸出入埠的架構

　　PIC18 系列微控制器所有的腳位，除了電源（V_{DD}、V_{SS}）、主要重置（$\overline{MCLR}$）及石英震盪器時脈輸入（OSC1/CLKIN）之外，全部都以多工處理的方式作為數位輸出入埠與周邊功能的使用。因此，每一個 PIC 微控制器都有為數眾多的腳位可以規劃作為數位訊號的輸出或輸入使用。訊號輸入埠分別使用 Schmitt Trigger/TTL/CMOS 輸入架構，因此在使用上會有不同的輸入特性。每一個 PIC 微控制器的輸出入埠都會被劃分為數個群組，而一般的微處理器都會採用所謂的檔案暫存器系統管理（File Register System），所以每一個群組都有相對應的暫存器作為相關的控制與資料讀寫用途。應用時，必須要先將適當的控制暫存器做好所需要的設定，然後針對相對應的暫存器作必要的讀取或者寫入的動作，如此便可以完成所設計的數位輸出或者輸入的工作。

例如，PIC18F4520 微控制器的數位輸出入埠總共被區分為五個群組，分別為：

- PORTA
- PORTB
- PORTC
- PORTD
- PORTE

各個群組的使用方式稍後將會做詳細的說明。這些數位輸出入埠的結構示意圖如圖 6-1 所示。每一組輸出入埠都有三個暫存器作為相關動作的控制與資料存取，他們分別是：

圖 6-1　PIC18 微控制器輸出入腳位架構示意圖

TRIS 暫存器（資料方向暫存器）

PORT 暫存器（讀取腳位電位值）

LAT 暫存器（輸出栓鎖暫存器）

輸出栓鎖暫存器 LAT 對於在同一個指令中執行讀取－修改－寫入動作時非常的有幫助。

　　由 PIC 微控制器輸出入腳位架構示意圖可以看到，當方向控制位元 TRIS 被設定爲 1 的時候，TRIS Latch 將會輸出 1，這將使 Data Latch 的輸出被關閉而無法傳輸到輸出入腳位；但是輸出入腳位上面的訊號則可以透過輸入緩衝器而儲存在輸入的 PORT 資料暫存器中。因此，應用程式可以透過 PORT 暫存器而讀取到輸出入腳位上的訊號狀態。

　　相反地，當方向控制位元 TRIS 被設定爲 0 時，則 Data Latch 暫存器的輸出可以被傳輸到輸出入腳位，因此核心處理器可以藉由資料匯流排傳輸資料到 Data Latch 暫存器，進而將資料傳送到輸出入腳位而完成輸出訊號狀態的改變。

6.2　多工使用的輸出入埠

　　所有輸出入埠腳位都有三個暫存器直接地和這些腳位的操作聯結。資料方向暫存器（TRISx）決定特定腳位是一個輸入（Input）或者是一個輸出（Output）。當相對應的資料方向位元是「1」的話，這個腳位被設定爲一個輸入。所有輸出入埠腳位在重置（Reset）後都會被預設定義爲輸入。這時候如果從輸出入埠暫存器（PORTx）讀取資料，將會讀取到所鎖定的輸入值。要將數據寫入到栓鎖，只要將數值寫入到相對應的栓鎖暫存器即可。一般而言，在操作時如果要讀取這個輸出入埠的腳位狀態，則讀取輸出入埠暫存器（PORTx）；若是要將一個數值從這個輸出入埠輸出，則將數值寫入栓鎖暫存器 LATx 中。

　　要注意的是，一般都是由 PORTx 暫存器讀取輸入值而由 LATx 暫存器寫入輸出值；但是當程式寫入一個數值到 PORTx 暫存器時，同時也會更改 LATx 暫存器的內容進而影響到輸出。不過在此建議養成正確的使用習慣，由 PORTx 暫存器讀取輸入值而由 LATx 暫存器寫入輸出值；在某些特殊情況下，正確的使用可以加快數位資料的讀寫或擷取。

　　通常每個輸出入埠的腳位都會與其他的周邊功能分享。這時候，在硬體上會建立多工器作爲這個腳位輸出或者輸入時資料流向的控制。當一個周邊功能被啓動而且這個周邊功能正實際驅動所連接的腳位時，這個腳位作爲一般數位輸出的功能將會被關閉。所有腳位的相關功能，請參見表 2-2。

值得注意的是，如果某一個數位輸出入埠是與類比訊號轉換模組作多工使用時，由於腳位的電源啓動預設狀態是設定作爲類比訊號轉換模組使用，因此如果要將這個特定的腳位作爲數位輸出入埠使用的話，必須要先將類比腳位設定暫存器 ADCONx 中相對的位元作適當的設定。以 PIC18F4520 微控制器爲例，所有的 PORTA 腳位都可以多工作爲類比訊號輸入模組使用，因此如果要使用所有 PORTA 的類比腳位作爲一般的數位輸出入埠使用時，必須先將設定暫存器 ADCON1 設定爲 xxxx1111b（較高的 4 位元無關），才可以正常地作爲數位輸出入使用。

數位輸出入埠相關暫存器

所有與 PORTA 、PORTB 、PORTC 、PORTD 及 PORTE 輸出入埠相關的暫存器如表 6-1 所示。

表 6-1(1)　數位輸出入埠 PORTA 相關的暫存器

Name	Bit 7	Bit 6	Bit 5	Bit 4	Bit 3	Bit 2	Bit 1	Bit 0
PORTA	RA7	RA6	RA5	RA4	RA3	RA2	RA1	RA0
LATA	LATA7	LATA6	PORTA Data Latch Register (Read and Write to Data Latch)					
TRISA	TRISA7	TRISA6	PORTA Data Direction Control Register					
ADCON1	—	—	VCFG1	VCFG0	PCFG3	PCFG2	PCFG1	PCFG0
CMCON	C2OUT	C1OUT	C2INV	C1INV	CIS	CM2	CM1	CM0
CVRCON	CVREN	CVROE	CVRR	CVRSS	CVR3	CVR2	CVR1	CVR0

Legend: x = unknown, u = unchanged, - = unimplemented locations read as '0'. Shaded cells are not used by PORTA.

表 6-1(2)　數位輸出入埠 PORTB 相關的暫存器

Name	Bit 7	Bit 6	Bit 5	Bit 4	Bit 3	Bit 2	Bit 1	Bit 0
PORTB	RB7	RB6	RB5	RB4	RB3	RB2	RB1	RB0
LATB	PORTB Data Latch Register (Read and Write to Data Latch)							
TRISB	PORTB Data Direction Control Register							
INTCON	GIE/GIEH	PEIE/GIEL	TMR0IE	INT0IE	RBIE	TMR0IF	INT0IF	RBIF
INTCON2	RBPU	INTEDG0	INTEDG1	INTEDG2	—	TMR0IP	—	RBIP
INTCON3	INT2IP	INT1IP	—	INT2IE	INT1IE	—	INT2IF	INT1IF
ADCON1	—	—	VCFG1	VCFG0	PCFG3	PCFG2	PCFG1	PCFG0

表 6-1(3)　數位輸出入埠 PORTC 相關的暫存器

Name	Bit 7	Bit 6	Bit 5	Bit 4	Bit 3	Bit 2	Bit 1	Bit 0
PORTC	RC7	RC6	RC5	RC4	RC3	RC2	RC1	RC0
LATC	PORTC Data Latch Register (Read and Write to Data Latch)							
TRISC	PORTC Data Direction Control Register							

表 6-1(4)　數位輸出入埠 PORTD 相關的暫存器

Name	Bit 7	Bit 6	Bit 5	Bit 4	Bit 3	Bit 2	Bit 1	Bit 0
PORTD	RD7	RD6	RD5	RD4	RD3	RD2	RD1	RD0
LATD	PORTD Data Latch Register (Read and Write to Data Latch)							
TRISD	PORTD Data Direction Control Register							
TRISE	IBF	OBF	IBOV	PSPMODE	—	TRISE2	TRISE1	TRISE0
CCP1CON	P1M1	P1M0	DC1B1	DC1B0	CCP1M3	CCP1M2	CCP1M1	CCP1M0

表 6-1(5)　數位輸出入埠 PORTE 相關的暫存器

Name	Bit 7	Bit 6	Bit 5	Bit 4	Bit 3	Bit 2	Bit 1	Bit 0
PORTE	—	—	—	—	RE3	RE2	RE1	RE0
LATE	—	—	—	—	—	LATE Data Output Register		
TRISE	IBF	OBF	IBOV	PS-PMODE	—	TRISE2	TRISE1	TRISE0
ADCON1	—	—	VCFG1	VCFG0	PCFG3	PCFG2	PCFG1	PCFG0

　　讓我們以一個數位輸出入埠群組的相關暫存器 PORTD 、TRISD 及 LATD 的使用範例來說明數位輸出入埠的相關運作。

6.3　數位輸出

　　根據前一章實驗板的說明，如果要將某一個發光二極體 LED 點亮，則必須將所對應的數位輸出腳位設定為高電壓。而且要將一個腳位設定為數位輸出，必須先將相對應的資料方向控制暫存器 TRIS 的位元設定為 0。讓我們以下面的程式來做一個說明。

　　由於這是本書的第一個範例，讓我們從最基礎的方法開始引導讀者學習利用組合語言撰寫程式。

範例

將 PIC18F4520 的數位輸出入埠 PORTD 上 RD0 腳位的 LED 發光二極體點亮。

```
; 將微處理器相暫存器與其他符號的定義檔包含到程式檔中
    #include <xc.inc>

PSECT mycode,abs,class=CODE,space=SPACE_CODE,reloc=2
    org  0x00                 ; 虛擬指令 org 宣告程式開始的位置

    movlw  00000000B          ; 將常數 0 放置到工作暫存器 WREG
    movwf  0xF95, f, a        ; 將 WREG 的內容放置到位址 0xF95 的記憶體
                              ;  0xF95 就是 TRISD，這使 PORTD 設定為輸出
    clrf   0xF8C, a           ; 將 LATD 設定 0
    bsf    0xF8C, 0, a        ; 將 LATD 的 0 位元設定為 1 開啟 LED0
    goto   0                  ; 強制回到程式位址 0，形成 1 個迴圈

    end                       ; 虛擬指令宣告程式結束
```

     在第一個程式中，我們使用 movlw 及 movwf 組合語言指令將 TRISD 資料方向控制暫存器（位址 0xF95）設定成所要的預設值；由於所設定的是 00000000B，因此所有的 PORTD 所對應的八個腳位全部被設定為輸出腳位。然後再利用位元設定指令 bsf 將 LATD 暫存器（位址 0xF8C）的第 0 個位元設定為 1，因此在所對應的 RD0 腳位便會輸出高電壓使發光二極體點亮。然後再利用強制跳換指令 goto 時程式交換到第 0 行，也就是 movlw 指令所在地方，微控制器便會一再重複上述的動作。

     這個範例程式的寫法當然不是一個有效率的程式撰寫，我們的目的只是要讓讀者了解最原始的組合語言撰寫方式。這裡的程式撰寫有幾個可以改善的地方：

     指令的應用：可以利用 clrf 指令來取代 movlw 與 movwf 的指令，直接將 TRISD 的內容全部清除為 0。

     迴圈的效率：goto 0 所造成的程式迴圈會一直重複 TRISD 與 PORTD 的設定動作；但事實上微處理器的暫存器或者輸出入腳位的狀態一旦設定之後，便不需要再反覆地執行來維持它的狀態。因此，在這裡可以將 goto 0 改成 goto 8（也就是指令 goto 自己所在的程式記憶體位址），反覆地執行 goto 的動作就可以維持發光二極體的點亮狀態；或者乾脆直接執行 SLEEP 指令讓處理器進入睡眠狀態。

     暫存器的定義方式：在範例中使用 0xF95 與 0xF8C 定義 TRISD 與 LATD 暫存器的記憶體位址，這些位址的數值可以藉由資料手冊上的暫存器相關資料的取得，如表 4-1。但是每一個微處理器都有上百個不同的暫存器，要逐一地查表或者記得它們的位址是非常困難的一件事。因此在撰寫程式時，可以直接使用暫存器的名稱，但是必須要先將這些名稱的位址數值作適當的定義，才能使組譯器了解名稱所代表的意義。這些微處理器相關的暫存器與其他符號的定義都可以藉由虛擬指令 #include 包含到所撰寫的程式檔案中。

     如果把上述的缺點改正，可以將第一個範例程式修改如下：

```
; my second assembly code


;將微處理器相暫存器與其他符號的定義檔包含到程式檔中
```

```
    #include <xc.inc>

PSECT mycode,abs,class=CODE,space=SPACE_CODE,reloc=2
; 一定要改成絕對位址 <abs> 定義的 PSECT 宣告，才能將程式定義在重置向量或中斷向量
; my second assembly code
    org    0x00        ; 虛擬指令 org 宣告程式開始的位置
    clrf   TRISD, a    ; 將 PORTD 設定爲輸出暫存器清除爲以，使 PORTD 設定爲輸出
    clrf   LATD, a     ; 將 LATD 設定
    bsf    LATD, 0     ; 將 LATD 的 0 位元設定爲 1 關閉 LED0
Loop:
    goto   Loop        ; 強制回到標籤 Loop 所在的程式位址，形成 1 個迴圈

    end                ; 虛擬指令宣告程式結束
```

　　如果讀者把這兩個範例程式做一個比較，相信大家都同意第二個範例程式不但簡單有效率，而且也容易讓使用者了解程式的內容。藉由上面的範例，讀者可以了解要撰寫一個有效率而且容易維護的微控制器組合語言程式，不只要了解每一個指令的功能與用途，同時也要知道每一個相關暫存器的使用方法與狀態設定的結果才能夠有效運用微處理器的功能。最後，也必須要具備有效率的程式撰寫技巧，才能夠寫出一個完整而有效率的微控制器組合語言程式。

　　接下來，就讓我們一同學習較爲複雜的微控制器組合語言程式。希望藉由觀摩本書的範例程式，能夠提供讀者有效率的組合語言程式撰寫與學習的途徑，初步地培養組合語言程式撰寫的能力與技巧。

範例 6-1

使用 PIC18F4520 的數位輸出入埠 PORTD 上的 LED 發光二極體，每間隔 100ms 將 LED 的發光數值遞加 1。

在這個範例程式中，首先我們看到了下面兩行虛擬指令：

```
#include <xc.inc>;將微處理器相暫存器與其他符號的定義檔包含到程式檔中
;
VAL_US        equ        147      ; 1ms 延遲數值。
VAL_MS        equ        100
count         equ        0x20     ; 定義儲存延遲所需數值暫存器
count_ms      equ        0x21     ; 定義儲存 1ms 延遲所需數值暫存器
;
;**************************************
;         程式開始
;**************************************
PSECT mycode,abs,class=CODE,space=SPACE_CODE,reloc=2
; 一定要改成絕對位址 <abs> 定義的 PSECT 宣告，才能將程式定義在重置向量或中斷向量
          org  0x00               ; 重置向量
Initial:
          banksel TRISD           ; 利用虛擬指令設定 BSR 為 TRISD 所在的 BANK 0xF
          clrf    TRISD, b        ; 設定 PORTD 為輸出
          clrf    LATD, a         ; 清除 LATD
;
;************ 主程式 ********************
;
start:
          incf    LATD, f, a      ; 遞加 PORTD
          call    delay_100ms     ; 呼叫延遲函式
          goto    start           ; 迴圈
```

CHAPTER

6

```
;
;-------- 100 ms 延遲函式 ----------
delay_100ms:
        movlw       VAL_MS
        movwf       count_ms, f, a
loop_ms:
        call        delay_1ms
        decfsz      count_ms, f, a
        goto        loop_ms
        return
;
;-------- 1 ms 延遲函式 -----------
delay_1ms:
        movlw       VAL_US
        movwf       count, f, a
dec_loop:
        call     D_short      ; 2 Ins +(12 Ins)
        decfsz   count, f, a  ; 1 Ins
        goto     dec_loop     ; 2 Ins, Total=(12+5)*VAL_US Ins
        return
;
;--------  5uS 延遲函式 -----------
D_short:
        call    D_ret    ; 4 Ins
        call    D_ret    ; 4 Ins
        nop              ; 1 Ins
        nop              ; 1 Ins
D_ret:
        return           ; 2 Ins, Total=12 Ins =8us (10Mhz)
;
        end
```

第一行宣告了納入 <xc.inc> 這個檔案，透過專案的設定選擇將使用
PIC18F4520 微處理器，MPLAB 開發軟體會將 PIC18F4520 相關的所有名稱定
義的檔案 p18f4520.inc 納入到這個範例程式中；因此使用者可以直接以各個暫
存器的名稱撰寫程式，而不需要使用複雜難記的位址數值。

```
VAL_US          equ         147; 1ms 延遲數值。
VAL_MS          equ         100
count           equ         0x20; 定義儲存延遲所需數值暫存器位址
count_ms        equ         0x21; 定義儲存 1ms 延遲所需數值暫存器位址
```

上述的 4 行指令，利用了虛擬指令 equ 定義了四個符號來代替應用程式需
要用到的數值，這些數字可能是常數或暫存器的位址。例如，前面兩行定義的
VAL_US 與 VAL_MS 定義了兩個常數，而後面兩行所定義的 count 與 count_
ms 所代表的則是暫存器的位址。

```
        org   0x00              ; reset vector
Initial:
        banksel  TRISD          ; 利用虛擬指令將記憶體選擇區塊暫存器設為 0xF
        clrf     TRISD, b       ; 設定 PORTD 為輸出
        clrf     LATD, a        ; 清除 LATD 為 0X00 使 LED 關閉
```

而在程式的一開始，也利用了虛擬指令 org 0x00，將程式安置在重置向量
的位置，以便開啓電源時可以馬上開始執行相關的應用程式。緊接著是數行初
始化的指令，首先將工作暫存器，以及程式計數器的較高位元組初始化為 0；
並將所需要用到的數位輸出入埠 PORTD 明確的定義及訊號進出的方向，並
初始化清除 LATD 為 0。而在這些指令中，我們看到了利用虛擬指令 BANK-
SEL 簡化了記憶體區塊選擇的動作，而不需要使用設定 BSR 區塊選擇暫存器
的撰寫方式；實際上在程式經過組譯之後，這幾行虛擬指令 BANKSEL 將會
自動地被替代為設定 BSR 暫存器的組合語言指令。使用者可以檢查 DISAS-
SEMBLY 視窗中的程式對應就可以發現到這個結果。在這裡，我們利用 clrf

TRISD, b 的指令將輸出入埠 PORTD 設定為數位輸出的功能，並且使用 clrf LATD, a 將初始值設定為 0。依照規定當作為輸出使用時，必須要使用 LATD 而非 PORTD；雖然使用 PORTD 仍然可以達到相同的目的，但建議讀者養成好的撰寫習慣。

```
;*********** 主程式 *********************
;
start:
        incf    LATD,f,a      ; 遞減 LATD 使 LED 燈號遞加
        call    delay_100ms   ; 呼叫延遲函式
        goto    start         ; 迴圈
```

在緊接著的主程式中，我們使用了一個強制跳行的 GOTO 指令來達成一個迴圈的目的。在這個迴圈的開始，程式先將 LATD 的數值遞加 1 並將結果回存到 LATD 暫存器進而使得對應的 LED 燈號顯示遞加 1；而在第二個指令則呼叫了一個可以延遲 100ms 的函式，因此在這裡程式計數器的內容將轉換到標籤 delay_100ms 所在的程式記憶體位址。由於 MPLAB 組譯器會自動地將這個標籤所代表的程式記憶體位址數值與 delay_100ms 標籤做一個替換，使用者在程式撰寫的過程中不需要去計算實際的位址為何。當函式 delay_100ms 執行完畢而返回到上述的主程式時，將會由堆疊暫存器中取出呼叫函式時所推入的程式記憶體位址，因此接下來將執行 goto start 而又再度回到主程式的第一行將 LATD 遞加 1。所以整個程式將會每隔 100 毫秒就會改變 PORTD 的輸出結果，使用者可以在實驗板上看到 LED 發光二極體將會呈現二進位的數值改變。

```
;-------- 100 ms 延遲函式 ----------
delay_100ms:
        movlw   VAL_MS
        movwf   count_ms, f, a
loop_ms:
```

```
        call      delay_1ms
        decfsz    count_ms, f, a
        goto      loop_ms
        return
```

　　而在函式 delay_100ms 的部分，首先將 VAL_MS 所代表的常數，也就是十進位的 100 載入到 count_ms 所代表的記憶體位址暫存器中。因此，接下來的 loop_ms 迴圈將會執行 100 次；而每一次的執行將藉由呼叫函式 delay_1ms 而延遲 1ms，而達到延遲 100ms 的目的。

```
;-------- 1 ms 延遲函式 -----------
delay_1ms:
        movlw     VAL_US
        movwf     count, f, a
dec_loop:
        call      D_short        ; 2 Ins +(12 Ins)
        decfsz    count, f, a    ; 1 Ins
        goto      dec_loop       ; 2 Ins, Total=(12+5)*VAL_US
        Ins return
;
```

　　在函式 delay_1ms 也運用了類似的程式架構，總共將執行 147 次的 dec_loop 迴圈；每一次的 dec_loop 迴圈則將藉由呼叫 D_short 以及迴圈中的其他指令消耗十七個指令執行週期。當微處理器使用的外部時序來源為 10MHz 時，每一個指令週期為 0.4us；因此每一次的 dec_loop 迴圈約可以使用 6.8us 的時間長度而滿足設計的需求。由於 dec_loop 迴圈本身需要五個指令週期的時間，因此在 D_short 函式中必須要使用十二個指令週期的時間。所以我們可以在函式中發現除了必要的指令此外，使用了 NOP 指令來消耗多餘的時間以滿足我們的目的。

```
;--------   5uS 延遲函式 -----------
D_short:   call    D_ret              ; 4 Ins
           call    D_ret              ; 4 Ins
           nop                        ; 1 Ins
           nop                        ; 1 Ins
D_ret:     return                     ; 2 Ins, Total=12 Ins =4.8us
                                        (10Mhz)
;
```

　　另外我們可以注意到在每一個函式的結束都使用了 return 指令，以便函式結束時能夠有堆疊暫存器中推出適當的位址而能夠返回到呼叫程式的位址。而整個程式的最後則必須使用 END 虛擬指令來宣告程式的結束。

　　在前一個範例中利用了簡單的遞加指令來完成 LED 發光二極體的變化，並且利用簡單的指令執行時間與計算完成了精確的時間延遲。從範例中我們學習到如何使用呼叫函式或返回（CALL、RERURN）、條件式判斷跳行（DECF-SZ）與強制跳行（GOTO）的動作，以及使用設定暫存器 TRISD 與 LATD 資料暫存器來完成特定腳位的數位訊號輸出變化。雖然這個範例不是一個很有效率的應用程式，但是我們可以看到 PIC 微控制器程式撰寫的容易與輸出入訊號的製作方便。接下來讓我們使用另外一個製作霹靂燈的範例，以不同的指令撰寫方式學習較為複雜的輸出訊號控制。

范例 6-2

利用 PORTD 的發光二極體製作向左循環閃動的霹靂燈，並加長燈號閃爍的時間間隔。

```
#include <xc.inc>           ; 將微處理器相暫存器與其他符號的定義檔包含到程式檔中
;;
VAL_500US    equ    250               ; 0.5ms 延遲數值。
VAL_10MS     equ    20                ; 10mS 延遲數值。
```

```
VAL_200MS    equ      20              ;  200mS 延遲數值。
;
count_us     equ      0x20            ;  定義儲存 1us 延遲所需數值暫存器
count_10ms   equ      0x21            ;  定義儲存 10ms 延遲所需數值暫存器
count_200ms  equ      0x22            ;  定義儲存 200ms 延遲所需數值暫存器
;
;*****************************************
;          程式開始                    *
;*****************************************
PSECT mycode,abs,class=CODE,space=SPACE_CODE,reloc=2
;  一定要改成絕對位址 <abs> 定義的 PSECT 宣告，才能將程式定義在重置向量或中斷向量
         org     0x00    ;  重置向量
;
;*********** 主程式 *********************
;
start:
         banksel        TRISD
         clrf           TRISD, a       ;  設定 PORTD 為輸出
         clrf           LATD, a
;
LED_Shift:                             ;  移動燈號
         movlw          00000001B      ;  設定輸出值
         movwf          LATD, a
         call           delay_200ms    ;  時間延遲
         movlw          00000010B
         movwf          LATD, a
         call           delay_200ms
         movlw          00000100B
         movwf          LATD, a
         call           delay_200ms
         movlw          00001000B
```

CHAPTER

6

```
        movwf           LATD, a
        call            delay_200ms
        movlw           00010000B
        movwf           LATD, a
        call            delay_200ms
        movlw           00100000B
        movwf           LATD, a
        call            delay_200ms
        movlw           01000000B
        movwf           LATD, a
        call            delay_200ms
        movlw           10000000B
        movwf           LATD, a
        call            delay_200ms

        goto            LED_Shift       ; 迴圈


;
;-------- 200 md delay routine --------
;
delay_200ms:
        movlw           VAL_200MS
        movwf           count_200ms, a
loop_20ms:
        call            delay_10ms
        decfsz          count_200ms, f, a
        goto            loop_20ms
        return
;
;-------- 10 ms delay routine ----------
```

```
;
delay_10ms:
        movlw           VAL_10MS
        movwf           count_10ms,a
loop_ms:
        call            delay_500us
        decfsz          count_10ms,f,a
        goto            loop_ms
        return
;
;-------- 0.5 ms delay routine -----------
;
delay_500us:
        movlw           VAL_500US
        movwf           count_us,a
dec_loop:
        nop             ; 5 Ins * 0.4us = 2us @ 10Mhz
        nop
        decfsz          count_us,f,a
        goto            dec_loop
        return
;
        end
```

　　在這個範例程式中，利用不同的暫存器數值設定使用與前一個範例相同的函式達成了不同的延遲時間；當需要加長時延遲時間的時候，可以增加函式呼叫的層次，但是不要忘記 PIC18F 系列微控制器與呼叫函式相關的堆疊暫存器最多只有三十一個層次，而且每一個暫存器設定的迴圈次數數值不可以超過 8 位元最大的數值，也就是十進位的 255。接下來就讓我們討論一下範例程式是如何讓發光二極體的燈號向左移動。

CHAPTER

6

```
LED_Shift                              ; 移動燈號
        movlw      00000001B    ; 設定輸出值
        movwf      LATD, a
        call       delay_200ms  ; 時間延遲
        movlw      00000010B
        movwf      LATD, a
        call       delay_200ms
        movlw      00000100B
        movwf      LATD, a
        call       delay_200ms
        :
        :
        :
        call       delay_200ms
        movlw      10000000B
        movwf      LATD, a
        call       delay_200ms

        goto       LED_Shift      ; 迴圈
```

　　在這個範例程式中，使用了最簡單的方式來完成燈號的移動。程式中使用 movlw 與 movwf 指令將所需要產生的燈號顯示數值移入到 LATD，然後呼叫延遲 200ms 的函式；不斷地反覆這樣的動作，移動燈號 8 次之後在利用強制跳行 GOTO 指令產生一個無窮盡的循環，便可以產生不斷向高位元移動的霹靂燈。現在，讀者可以自己嘗試撰寫一個向低位元燈號移動的程式，或者是燈號上下移動的應用程式。

　　上述的撰寫方式雖然可以達到應用程式的目的，但是我們發現當燈號移動的範圍或者變化越大的時候，程式將會變得非常地冗長。有沒有其他的方法可以完成同樣的燈號變化動作的呢？

　　運用不同的微處理器指令是可以使我們的程式更為簡潔，而且在程式執行

上可以更有效率並減少相關設定指令所需要的時間。這樣的結果不但可以減少
應用程式所需要的程式記憶體空間，更可以提高程式時間控制的精準性。讓我
們參考下面替代上述永久迴圈 GOTO LED_SHIFT 的寫法。

```
start:
        banksel   TRISD        ; 設定 PORTD 為輸出
        clrf      TRISD, a
        banksel   LATD
        movlw     00000001B
        movwf     LATD, a
        call      delay_200ms
;
LED_Shift:
        RLNCF     LATD, F, a   ; 使用旋轉指令使燈號移動
        call      delay_200ms
;
        goto      LED_Shift
```

在這裡我們看到使用不同的指令 RLNCF LATD, F, a 同樣可以完成燈號移
動的動作，當燈號到達最高位元時自動重設由最低位元燈號重複開始。把這
樣的程式撰寫不但縮短了程式的長度，而且可以藉由條件式跳行的指令更清楚
而明確地控制微處理器的動作。讀者是不是可以想出其他不同的程式撰寫方式
呢？

練習

將上述的範例程式改寫成為能夠用發光二極體完成燈號左右移動的霹靂
燈。

6.4 數位輸入

在前面的範例中，我們學習到單純使用微控制器腳位輸出不同的訊號，藉以達成應用程式的目的；但是現實世界的應用程式並不是只需要單方向的數位輸出訊號而已，大多數的應用條件下也需要擷取外部的訊號輸入藉以調整內部微處理機程式執行的內容。要如何得到輸入的訊號呢？首先當然必須在微控制器所連接的硬體上產生不同的訊號電壓變化，藉以表達不同訊號的狀態。讓我們以下列的範例 6-3 說明如何完成訊號輸入的程式撰寫。

範例 6-3

建立一個霹靂燈顯示的應用程式，並利用連接到 RA4 的按鍵 SW3 決定燈號移動的方向。當按鍵放開時，燈號將往高位元方向移動；當按鍵按下時，燈號將往低位元方向移動。

```
#include <xc.inc>          ; 將微處理器相暫存器與其他符號的定義檔包含到程式
檔中
;
SHIFT_VAL    equ   00000001B      ; 設定 LED 初始值
;
VAL_500US    equ   250            ; 0.5ms 延遲數值。
VAL_10MS     equ   20             ; 10mS 延遲數值。
```

```
VAL_200MS    equ    20              ;  200mS 延遲數值。
;
count_us     equ    0x20                        ; 定義儲存 1us 延遲所需數值暫存器
count_10ms   equ    0x21                        ; 定義儲存 10ms 延遲所需數值暫存器
count_200ms  equ    0x22                        ; 定義儲存 200ms 延遲所需數值暫存器
;
;*********************************
;          程式開始                    *
;*********************************
PSECT mycode,abs,class=CODE,space=SPACE_CODE,reloc=2
; 一定要改成絕對位址 <abs> 定義的 PSECT 宣告，才能將程式定義在重置向量或中斷向量
        org    0x00   ;  重置向量
initial:
        banksel TRISA
        movlw           00010000B           ; 設定 RA4 為數位輸入
        iorwf           TRISA, f, a          ; 使用擷取區塊 Access Bank
;
        clrf            TRISD, a             ; 設定 PORTD 為輸出
        clrf            LATD, a              ; 清除 LATD 暫存器
;
;*********** 主程式 *******************
;
start:
        movlw           SHIFT_VAL
        movwf           LATD, a
;
test_ra4:
        btfss           PORTA,4,a            ; 檢查 RA4 是否觸發
        goto            led_right            ; Yes, RA4 短路 , D0-->D7
;
led_left:
```

```
        rlncf           LATD,f,a              ; No, RA4 開路 , D7-->D0
        call            delay_200ms           ; Call 時間延遲函式
        goto            test_ra4
;
led_right:
        rrncf           LATD,f,a
        call            delay_200ms
        goto            test_ra4
;
;
;--------- 200 md delay routine --------
;
delay_200ms:
        movlw           VAL_200MS
        movwf           count_200ms,a
loop_20ms:
        call            delay_10ms
        decfsz          count_200ms,f,a
        goto            loop_20ms
        return
;
;-------- 10 ms delay routine ----------
;
delay_10ms:
        movlw           VAL_10MS
        movwf           count_10ms,a
loop_ms:
        call            delay_500us
        decfsz          count_10ms,f,a
        goto            loop_ms
        return
```

```
;
;-------- 0.5 ms delay routine -----------
;
delay_500us:
            movlw             VAL_500US
            movwf             count_us,a
dec_loop:
            nop
            nop
            decfsz            count_us,f,a
            goto              dec_loop
            return
;
            end
```

　　範例程式的開始必須將相關的數位輸出入埠的數位輸出入功能開啟（也就是關閉類比功能），再對數位輸出入方向做適當的設定，除了以往設定PORTD的部分之外，同時也必須將按鍵所使用的 RA4 設定為數位輸入使用。因此需要設定 TRISA 暫存器，以便將 RA4 作為數位輸入使用。在這裡我們使用了 Access Bank 的觀念，例如 iorwf TRISA, f, a，直接對 Access Bank 做讀寫的動作而不必再使用 Banksel 的虛擬指令以節省程式執行的時間。

　　值得注意的是，在這裡使用了 iorwf 指令來設定 TRISA, 4 為 1 的動作，這樣的方式將可以保留 TRISA 暫存器其他七個控制位元的原有狀態。

　　而在讀取輸入訊號的部分，由於 PIC18 系列微控制器採用 File Register System 的架構，因此在指令：

```
test_ra4      btfss    PORTA,4,a; Check RA4 press ?
```

可以直接對 PORTA 暫存器讀取資料而得到相對應輸入腳位的訊號狀態。而同樣在這一個指令中也利用 btfss 根據輸入腳位的狀態決定適當的程式跳行，以執行按鍵狀態所對應的燈號移動方向。

　　在離開這個數位輸出入埠章節之前，讓我們進一步說明前面範例經常使用到的 RLNCF 與 RRNCF 指令。有別於較低階的 PIC 微控制器所提供的 RRF 與 RLF 指令，RLNCF 與 RRNCF 指令在做位元移位動作時並不會經過 STATUS 暫存器的進位旗標 C 位元；如果需要經過進位旗標 C 位元的話，則必須要使用RLCF與RRCF指令。這四個指令應用的優劣必須要視應用程式的目的而定。

　　另外，PIC18 系列微控制器指令中除了 GOTO 強制跳行的指令之外，也提供了數個相對位址強制跳行的指令，包括 BC、BN、BNC、BNN、BNOV、BNZ、BOV、BRA 與 BZ。所不同的是，這些跳行指令所可以定義的是強制跳換到由現在程式計數器的位址相對距離 1K 個指令所在的程式記憶體位址。換句話說，上述指令所能夠跳換的位置是受到限制的，不像 GOTO 指令可以跳換到任何一個指令位址。

　　最後，在呼叫函式的時候，如果整個應用程式的內容並不會太大時，建議使用 RCALL 相對呼叫函式指令；RCALL 可以呼叫相對位置最遠達 1K 位元組的函式位址，而且只占一個字元的程式記憶空間。但是它的缺點是呼叫函式時並不會將 WREG、STATUS、BSR 等暫存器的內容保留在替代暫存器（Shadow Register，或稱影子暫存器）中，使用者必須確保在函式切換時這些相關暫存器的內容正確無誤。但是如果應用程式非常的龐大，或者所呼叫的函式在不同的檔案，或者使用者不確定函式位址時，或者需要使用到上述的 WREG、STATUS、BSR 等暫存器時，雖然會多占據一個字元的程式記憶體，但是建議仍然使用 CALL 指令以確保程式執行的正確性。

　　讀者不妨多花一點時間來了解這些指令的差異，相信對於撰寫程式的時候可以更靈活有效地運用這些指令的功能，以得到最佳的程式效率。

6.5 受控模式的並列式輸出入埠

除了前面所敘述的個別腳位當做數位輸出入功能之外，PIC18F4520 微控制器同時也提供將 PORTD 當成一個八位元的受控模式並列式輸出入埠（Parallel Slave Port）的通訊介面；並配合 PORTE 的三個腳位作為主控端控制微控制器讀寫（Read/Write）與選擇（Chip Select）的功能，如圖 6-2 所示。

在這個模式下，當外部的主控系統發出晶片選擇與讀／寫的訊號時，微控制器的 PORTD 將會被視作一個並列輸出入埠的緩衝器，藉由完整的八個腳位讀／寫八位元的外部資料。

不過由於這種並列式的輸出入方式所占用的腳位資源過多，通常在實際的應用上較少使用，在 PIC18F45K22 上就被移除而無法使用了。

圖 6-2 受控模式的並列式輸出入埠

CHAPTER 7

PIC18 微控制器系統功能 與硬體設定

7.1 微控制器系統功能

　　PIC18 微控制器在硬體設計上規劃了一些系統的功能以提高系統的可靠度，並藉由這些系統硬體的整合減少外部元件的使用以降低成本，同時也建置了一些省電操作的模式與程式保護的機制。這些系統功能包含：

■ 系統震盪時序來源選擇。

■ 重置的設定

　　　電源啟動重置（Power-On Reset, POR）

　　　電源啟動計時器（Power-up Timer, PWRT）

　　　震盪器啟動計時器（Oscillator Start Timer, OST）

　　　電壓異常重置（Brown-Out Reset）

■ 中斷

　• 監視計時器（或稱看門狗計時器 , Watchdog Timer, WDT）

　• 睡眠（Sleep）

　• 程式碼保護（Code Protection）

　• 程式識別碼（ID Locations）

　• 線上串列燒錄程式（In-Circuit Serial Programming）

　• 低電壓偵測（Low Voltage Detection）或高低電壓偵測（High/Low Voltage Detection）

　　大部分的 PIC18 系列微控制器，建置有一個監視計時器，並且可以藉由軟體設定或者開發環境下的結構位元設定而永久地啟動。監視計時器使用自己獨立的 RC 震盪電路以確保操作的可靠性。

微控制器並提供了兩個計時器用來確保在電源開啓時核心處理器可以得到足夠的延遲時間之後再進行程式的執行，以確保程式執行的穩定與正確；這兩個計時器分別是震盪器啓動計時器（OST）及電源啓動計時器（PWRT）。OST 的功用是在系統重置的狀況下，利用計時器提供足夠的時間確保在震盪器產生穩定的時脈序波之前，核心處理器是處於重置的狀況下。PWRT 則是在電源啓動的時候，提供固定的延遲時間以確保核心處理器在開始工作之前電源供應趨於穩定。有了這兩種計時器的保護，PIC18 系列微控制器並不需要配置有外部的重置保護電路。

睡眠模式則是設計用來提供一個非常低電流消耗的斷電模式，應用程式可以使用外部重置、監視計時器、或者中斷的方式將微控制器從睡眠模式中喚醒。

PIC18 系列微控制器提供了數種震盪器選項以便使用者可以針對不同的應用程式選擇不同速度的時脈序波來源。系統也可以選擇使用價格較為便宜的 RC 震盪電路，或者使用低功率石英震盪器（LP）以節省電源消耗。

上述的這些微控制器系統功能只是 PIC18 系列微控制器所提供的一部分；而為了要適當地選擇所需要的系統功能，必須要藉由系統設定位元來完成相對應的功能選項。

7.2 設定位元

PIC18F4520 微控制器的設定位元（Configuration Bits）可以在程式燒錄時被設定為 0，或者保留其原有的預設值 1 以選擇適當的元件功能設定。這些設定位元是被映射到由位址 0x300000 開始的程式記憶體。這一個位址是超過一般程式記憶空間的記憶體位址，在硬體的規劃上它是屬於設定記憶空間（0x300000~0x3FFFFF）的一部分，而且只能夠藉由表列讀取或表列寫入（Table Read/Write）的方式來檢查或更改其內容。

要將資料寫入到設定暫存器的方式和將資料寫入程式快閃記憶體的方式是非常類似的；由於這個程序是比較複雜的一個方式，因此通常在燒錄程式的過程中便會將設定位元的內容一併燒錄到微控制器中。如果在程式執行中需要更改設定暫存器的內容時，也可以參照燒錄程式記憶體的程序完成修改的動作。唯一的差異是，設定暫存器每一次只能夠寫入一個位元組（byte）的資料。

微控制器設定相關暫存器定義

與微控制器設定相關的暫存器與位元定義如表 7-1 所示。

表 7-1　PIC18F4520 微控制器設定相關的暫存器與位元定義

File Name		Bit 7	Bit 6	Bit 5	Bit 4	Bit 3	Bit 2	Bit 1	Bit 0	Default Value
300001h	CONFIG1H	IESO	FCMEN	—	—	FOSC3	FOSC2	FOSC1	FOSC0	00-- 0111
300002h	CONFIG2L	—	—	—	BORV1	BORV0	BOREN1	BOREN0	PWRTEN	---1 1111
300003h	CONFIG2H	—	—	—	WDTPS3	WDTPS2	WDTPS1	WDTPS0	WDTEN	---1 1111
300005h	CONFIG3H	MCLRE	—	—	—	—	LPT1OSC	PBADEN	CCP2MX	1--- -011
300006h	CONFIG4L	DEBUG	XINST	—	—	—	LVP	—	STVREN	10-- -1-1
300008h	CONFIG5L	—	—	—	—	$CP3_{(1)}$	$CP2_{(1)}$	CP1	CP0	---- 1111
300009h	CONFIG5H	CPD	CPB	—	—	—	—	—	—	11-- ----
30000Ah	CONFIG6L	—	—	—	—	$WRT3_{(1)}$	$WRT2_{(1)}$	WRT1	WRT0	---- 1111
30000Bh	CONFIG6H	WRTD	WRTB	WRTC	—	—	—	—	—	111- ----
30000Ch	CONFIG7L	—	—	—	—	$EBTR3_{(1)}$	$EBTR2_{(1)}$	EBTR1	EBTR0	---- 1111
30000Dh	CONFIG7H	—	EBTRB	—	—	—	—	—	—	-1-- ----
3FFFFEh	$DEVID1_{(1)}$	DEV2	DEV1	DEV0	REV4	REV3	REV2	REV1	REV0	XXXX $XXXX_{(2)}$
3FFFFFh	$DEVID2_{(1)}$	DEV10	DEV9	DEV8	DEV7	DEV6	DEV5	DEV4	DEV3	0000 1100

Note 1: Unimplemented in PIC18F2420/4420 devices; maintain this bit set.

　　2: 000x xxxx for PIC18F4520. DEVID registers are read-only and cannot be programmed by the user.

7.3　調整設定位元

　　由於設定暫存器相關的功能眾多,而每一個系統功能的定義選項也非常地繁多;因此,如果要將這些系統功能的定義逐一地表列,不但在學習上有所困難,即便是在程式撰寫的過程中要仔細地查清楚各個選項的功能都是非常困難的一件事。有鑑於此,一般在發展環境下都會提供兩種方式供使用者對微控制器作適當的功能設定。

　　以 PIC18 系列微控制器作為範例,使用者可以在發展環境 MPLAB IDE X

的設定（Configuration）選項下選擇 Configuration Bits 功能，便會開啓一個功能設定選項視窗，如附錄 A 所示。在這個選項下，使用者可以針對每一個可設定的功能項目點選想要設定的方式以完成相關的功能設定。這些設定的結果可以被輸出成檔案並加入到所開啓的專案中，在程式編譯與燒錄的過程中也會一併地被燒錄到微控制器的設定暫存器空間中。利用這樣的方式，使用者可以快速地完成功能設定的選項。

　　如果要自行將設定位元與應用程式相結合，使用者可以利用系統功能設定位元定義的方式，將相關的微處理器設定利用虛擬指令定義在應用程式中。如此一來，當應用程式移轉的時候，相關的設定暫存器內容便會一併地移轉，而減少可能的錯誤發生。在目前的 PIC-AS 組譯器中，提供了一個方便簡潔的虛擬指令定義方式，使用

config ［ 功能代碼 ］　　＝　　　 ［ 設定狀態 ］

的格式進行微控制器的設定。例如如果要將震盪器時脈來源設定爲 HS ，並將監視計時器的功能關閉，則可以使用下列的指令：

config OSC = HS, WDT = OFF

　　如果使用者仍然有其他的功能需要設定，可以在上述的指令後面附加其他的功能設定項目，或者在另外一行指令中重新用 config 指令完成上述的定義設定方式。在程式中或者 MPLAB 的設定視窗中沒有定義的功能項目，編譯器將會以硬體預設值進行組譯然後再載入控制器的設定暫存器。

　　對於所有微控制器可設定的功能，以及每個功能可以設定的選項，使用者可以參考資料手冊，或者是開啓包含檔在編譯器目錄下的 ~/inc/p18f4520.inc 找到所有相關的功能定義。

　　在這裡我們僅列出應用程式經常使用的震盪器設定功能做一個簡單的表列。

　　如果專案沒有加入系統功能定義檔，也沒有在程式中做適當的系統功能定義，則一般會在燒入程式後發現微控制器沒有任何動作。這是因爲預設的系統

時脈震盪器訊號來源與預設的來源不同，導致微控制器沒有時脈訊號做爲執行
指令的觸發訊號。

7.4 震盪器的設定

7.4.1 外部時脈來源

震盪器可設定的模式包括：
1. LP：低功率石英震盪器。
2. XT：石英震盪器。
3. HS：高速石英震盪器 High Speed Crystal/Resonator。
4. HS + PLL：高速石英震盪器合併使用相位鎖定迴路。
5. RC：外部 RC 震盪電路。
6. RCIO：外部 RC 震盪電路並保留 OSC2 做一般數位輸出入腳位使用。
7. EC：外部時序來源。
8. ECIO：外部時序來源並保留 OSC2 做一般數位輸出入腳位使用。

震盪器電路結構如圖 7-1 所示。時脈來源選項與微控制器執行速度選擇如
表 7-1 所示。

圖 7-1　震盪器電路結構

時脈來源選項可以參考表 7-2 以選擇適當的執行速度。

表 7-2　時脈來源選項與微控制器執行速度選擇

Configuration	Symbol	Characteristic	Min	Max	Units
EC, ECIO, RC osc XT osc HS osc HS + PLL osc LP osc	Fosc	External CLKI Frequency Oscillator Frequency	DC DC 0.1 4 4 5	40 4 4 25 10 33	MHz MHz MHz MHz MHz kHz
EC, ECIO, RC osc XT osc HS osc HS + PLL osc LP Osc	Tosc	External CLKI Period$_{(1)}$ Oscillator Period	25 250 250 40 100 25	— — 10,000 250 250 —	ns ns ns ns ns μs
Tcy4/Fosc	Tcy	Instruction Cycle Time	100	—	ns
XT osc LP osc HS osc	TosL, TosH	External Clock in (OSC1) High or Low Time	30 2.5 10	— — —	ns μs ns
XT osc LP osc HS osc	TosR, TosF	External Clock in (OSC1) Rise or Fall Time	— — —	20 50 7.5	ns ns ns

7.5　監視計時器

　　監視計時器是一個獨立執行的系統內建 RC 震盪電路計時器，因此並不需要任何的外部元件。由於使用獨立的震盪電路，因此監視計時器即使在系統的時脈來源故障或停止時，例如睡眠模式下，仍然可以繼續地執行而不會受到影響。

　　監視計時器的結構方塊圖如圖 7-2 所示。

圖 7-2 監視計時器的結構方塊圖

在正常的操作下，監視計時器的計時中止（Time-Out）或溢位（Overflow）將會產生一個系統的重置（RESET）；如果系統是處於睡眠模式下，則監視計時器的計時中止將會喚醒微控制器進而恢復正常的操作模式。當發生計時中止的事件時，RCON 暫存器中的狀態位元 $\overline{\text{TO}}$ 將會被清除為 0。

監視計時器是可以藉由元件設定位元來開啟或關閉的。如果監視計時器的功能被開啟，則在程式的執行中將無法中斷這個功能；但是如果監視計時器致能位元 WDTEN 被清除為 0 時，則可以藉由監視計時器軟體控制位元 SWDTEN 來控制計時器的開啟或關閉。

監視計時器並配備有一個後除器的降頻電路，可以設定控制位元 WDTPS2: WDTPS0 選擇 1~8 倍的比例來調整計時中止的時間長度。

7.6 睡眠模式

應用程式可藉由執行一個 SLEEP 指令而讓微控制器進入節省電源的睡眠模式。

在執行 SLEEP 指令的同時，監視計時器的計數器內容將會被清除為 0，但是將會持續地執行計時的功能，同時 RCON 暫存器的 $\overline{\text{PD}}$ 狀態位元將會被清除為 0 表示進入節能（Power-Down）狀態，$\overline{\text{TO}}$ 狀態位元將會被設定為 1，而且微控制器的震盪器驅動電路將會被關閉。每一個數位輸出入腳位將會維持進入睡眠模式之前的狀態。

為了要在這個模式下得到最低的電源消耗，應用程式應當將所有的數位輸出入腳位設定為適當的電壓狀態，以避免外部電路持續地消耗電能，並且關閉類比訊號轉換模組及中斷外部時序驅動電路。

◎喚醒微控制器

■下列事件可以用來將微控制器從睡眠模式中喚醒（Wake-up）

- 外部系統重置輸入訊號
- 監視計時器喚醒
- 中斷腳位、RB 輸入埠的訊號改變或者周邊功能所產生的中斷訊號

■可以喚醒微控制器的周邊功能所產生的中斷訊號包括

- 受控模式平行輸入埠（Parallel Slave Port）的讀寫
- 非同步計數器操作模式下的 TIMER1 或 TIMER3 計時器中斷
- CCP 模組的輸入訊號捕捉中斷
- 非同步計數器操作模式下的 TIMER1 計時器特殊事件觸發
- MSSP 傳輸埠的傳輸開始／中止位元偵測中斷
- MSSP 受控（Slave）模式下的資料收發中斷
- USART 同步資料傳輸受控（Slave）模式下的資料收發中斷
- 使用內部 RC 時序來源的類比數位訊號轉換中斷
- EEPROM 寫入程序完成中斷
- （高）低電壓偵測中斷

　　如果微控制器是藉由中斷的訊號從睡眠模式下喚醒，應用程式必須要注意到喚醒時相關中斷執行函式的運作與資料儲存，以避免可能的錯誤發生。

7.7　閒置模式

　　傳統微控制器僅提供正常執行模式與睡眠模式，應用程式的功能受到相當大的限制；為了省電而進入睡眠模式時，大部分的周邊硬體一併隨著關閉功能，使得微控制器幾乎進入了冬眠狀態而無法進行任何的工作。為了改善這個缺失，新的微控制器提供了一個所謂的閒置模式，在這個新的閒置模式下，應用程式可以將核心處理器的運作暫停以節省電能，同時又可以選擇性的設定所

需要的周邊硬體功能繼續執行相關的工作。而當周邊硬體操作滿足某些特定條件而產生中斷的訊號時，便可以藉由中斷重新喚醒核心處理器執行所需要應對的工作程序。為了達成不同的執行目的與節約用電能的要求，閒置模式的設定可分為下列三種選擇：

- PRI_IDLE
- SEC_IDLE
- RC_IDLE

各個執行模式下的微控制器功能差異如表 7-3 所示。

表 7-3　各個執行模式下的微控制器功能差異

模式	核心處理器CPU	周邊硬體Peripheral
RUN	ON	ON
IDLE	OFF	ON
SLEEP	OFF	OFF

閒置模式是藉由 OSCCON 暫存器的 IDLEN 位元所控制的，當這個位元被設定為 1 時，執行 SLEEP 指令將會使微控制器進入閒置模式；進入閒置模式之後，周邊硬體將會改由 SCS1:SCS0 位元所設定的時序來源繼續操作。改良的微控制器時序震盪來源設定的選擇如表 7-4 所示。

表 7-4　改良的微控制器時序震盪來源設定的選擇

模式	OSCCON位元設定		模組時序操作		可用時序與震盪器來源
	IDLEN <7>	SCS1:SCS0 <1:0>	CPU	Peripherals	
Sleep	0	N/A	Off	Off	None - All clocks are disabled
PRI_RUN	N/A	00	Clocked	Clocked	Primary - LP, XT, HS, HSPLL, RC, EC and Internal Oscillator Block. This is the normal full power execution mode.

表 7-4　改良的微控制器時序震盪來源設定的選擇（續）

模式	OSCCON位元設定		模組時序操作		可用時序與震盪器來源
	IDLEN <7>	SCS1:SCS0 <1:0>	CPU	Peripherals	
SEC_RUN	N/A	01	Clocked	Clocked	Secondary - Timer1 Oscillator
RC_RUN	N/A	1x	Clocked	Clocked	Internal Oscillator Block
PRI_IDLE	1	00	Off	Clocked	Primary - LP, XT, HS, HSPLL, RC, EC
SEC_IDLE	1	01	Off	Clocked	Secondary - Timer1 Oscillator
RC_IDLE	1	1x	Off	Clocked	Internal Oscillator Block

　　一旦進入閒置的模式後，由於核心處理器不再執行任何的指令，因此可以離開閒置模式的方法就是中斷事件的發生、監視計時器溢流（Overflow）及系統重置。

■ PRI_IDLE 模式

　　在這個模式下，系統的主要時序來源將不會被停止運作，但是這個時序只會被傳送到微控制器的周邊裝置，而不會被送到核心處理器。這樣的設定模式主要是為了能夠縮短系統被喚醒時重新執行指令所需要的時間延遲。

■ SEC_IDLE 模式

　　在這個模式下，系統的主要時序來源將會被停止，因此核心處理器將會停止運作；而微控制器的其他周邊裝置將會藉由計時器 TIMER1 的時序持續地運作。這樣的設定可以比 PRI_IDLE 模式更加的省電，但是在系統被喚醒時必須要花費較多的時間延遲來等待系統主要時序來源恢復正常的運作。

■ RC_IDLE 模式

　　這個閒置模式的使用將可以提供更多的電能節省選擇。當系統進入閒置模式時，核心處理器的時序來源將會被停止，而其他的周邊裝置將可以選擇性的使用內部 RC 時序來源時序的進行相關的工作。而由於內部的時序來源可藉由程式調整相關的除頻器設定，因此可以利用軟體調整閒置模式下周邊裝置的執行速度，而達到調整電能節省能選擇的目的。

7.8　特殊的時序控制功能

　　在較新的 PIC18 系列微控制器中，對於時序控制的功能有許多新增加的功能，包括：

兩段式時序微控制器啟動程序。

時序故障保全監視器。

◉兩段式時序微控制器啟動程序

　　兩段式時序微控制器啟動程序的功能主要是為了減少時序震盪器啟動與微控制器可以開始執行程式碼之間的時間延遲。在較新的微控制器中，如果應用程式使用外部的石英震盪時序來源時，應用程式可以將兩段式時序啟動的程序功能開啟；在這個功能開啟的狀況下，微控制器將會使用內部的時序震盪來源作為程式執行的控制時序，直到主要的時序來源穩定而可以使用為止。因此，在這個功能被開啟的狀況下，當系統重置或者微控制器由睡眠模式下被喚醒時，微控制器將會自動使用內部時序震盪來源立刻進行程式的執行，而不需要等待石英震盪電路的重新啟動與訊號穩定所需要的時間，因此可以大幅地縮短時間延遲的效應。

◉時序故障保全監視器

　　時序故障保全監視器（Fail-Safe Clock Monitor）是一個硬體電路，藉由內部 RC 震盪時序的開啟，持續地監測微控制器主要的外部時序震盪來源是否運作正常；當外部時序故障時，時序故障保全監視器將會發出一個中斷訊號，並將微控制器的時序來源切換至內部的 RC 震盪時序，以便使微控制器持續地操作，並藉由中斷訊號的判斷作適當的工作處理，可安全有效地保護微控制器操作。

　　在離開這個章節之前，利用範例程式 7-1 來說明使用程式軟體完成相關功能設定的程式撰寫方式。

範例 7-1

　　修改範例程式 6-1，將所有相關的微控制器系統功能設定項目包含到應用
程式中。

```
        #include  <xc.inc>              ; 將微處理器相暫存器與其他符號的定義檔
                                        ; 包含到程式檔中
; Configuration Register
     CONFIG  OSCHS,  BOROFF,  BORV25,  PWRTON,  WDTOFF
     CONFIG  LVPOFF
;
     CONFIG  CCP2MUXON,  STVRON,  DEBUGOFF
     CONFIG  CP0OFF,  CP1OFF,  CP2OFF,  CP3OFF,  CPBOFF
     CONFIG  CPDOFF
     CONFIG  WRT0OFF,  WRT1OFF,  WRT2OFF,  WRT3OFF
     CONFIG  WRTCOFF,  WRTBOFF,  WRTDOFF
     CONFIG  EBTR0OFF,  EBTR1OFF,  EBTR2OFF,  EBTR3OFF
     CONFIG  EBTRBOFF
;
VAL_US        equ      .147      ; 1ms 延遲數值。
VAL_MS        equ      .100
count         equ      0x20      ; 定義儲存延遲所需數值暫存器
count_ms      equ      0x21      ; 定義儲存 1ms 延遲所需數值暫存器 ; Program
;
; * * * * * * * * * * * * * * * * * * * * * * * * * * * * * * * *
;              程式開始                        *
; * * * * * * * * * * * * * * * * * * * * * * * * * * * * * * * *
        org     0x00                ; 重置向量
                 :
                 :
                 :
;
               end
```

在範例程式中，使用 CONFIG 虛擬指令對於各個設定位元的功能做詳細的定義。在第一行列出了比較常用或者較常修改的設定位元功能：

```
CONFIG OSC = HS, BOR = OFF, BORV = 25, PWRT = ON, WDT = OFF
```

其他相關的設定位元功能則列在接續的數行中，所列出的是組譯器的預設值。如果應用程式所使用的是預設值的話，並不需要將這些功能全部的列出，而只需要列出想要修改的設定位元即可。

至於在 MPLAB IDE X 發展環境下的視窗選項 Configuration Bits 進行微處理器設定的修改方式，請參考附錄 A 的說明。

CHAPTER 8

中斷與周邊功能運用

8.1 基本的周邊功能概念

在前一個章節的數位輸出入埠使用程式範例中，相信讀者已經學習到如何使用微控制器的腳位做一般輸出或者輸入訊號運用的方法。應用程式可以利用輸入訊號的狀態決定所要進行的資料運算與動作，並且利用適當的暫存器記取某一些事件發生的次數以便作為某些事件觸發的依據。

在微控制器發展的早期，也就是所謂的微處理器階段，核心處理器本身只能夠做一些數學或者邏輯的計算，並且像前一章的範例一樣利用資料暫存器的記憶空間保留某一些事件的狀態。這樣的方式雖然可以完成某一些工作，但是由於所有的處理工作都要藉由指令的撰寫以及核心處理器的運算才能夠完成，因此不但增加程式的長度以及撰寫的困難，甚至微處理器本身執行的速度效率上都會有相當大的影響。

為了增加微處理器的速度以及程式撰寫的方便，在後續的發展上將許多常常應用到的外部元件，例如計數器、EEPROM、通訊元件、編碼器等等周邊元件（Peripherals），逐漸地納入到微控制器的系統裡面而成為單一的系統晶片（System On Chip, SOC）。所以隨著微控制器的發展，不但在核心處理器的功能與指令逐漸地加強；而且在微控制器所包含的周邊元件也一直在質與量方面不斷地提升，進而提高了微控制器等應用層次與功能。

為了要將這些周邊元件完整的合併到微處理器上，通常製造廠商都會以檔案暫存器系統（File Register System）的觀念來進行相關元件的整合。基本上，以 PIC18 系統微控制器為例，所有的內建周邊功能元件都會被指定由相關的特殊功能暫存器作為一個介面。核心的處理器可以藉由指令的運作將所需要設定的周邊元件操作狀態寫入到相關的暫存器中而完成設定的動作，或者是藉由某一個暫存器的內容來讀取特定周邊功能目前的狀態或者設定條件。由 PIC18F4520 微控制器的架構圖便可以看到這些相關的周邊元件是與一般的記憶體在系統層次有著相同的地位，它們都使用同樣的資料傳輸匯流排與相關的指令來與核心處理器作資料的溝通運算。這些相關的特殊功能暫存器便成為周邊功能元件與核心處理器之間的一個重要橋樑，因此在微控制器的記憶體中特殊功能暫存器占據了一個相當大的部分。而要提升微控制器的使用效率，必須要詳細地了解相關特殊功能器的設定與使用。

基本的 PIC18 微控制器周邊功能包括：

- 外部中斷腳位
- 計時器／計數器
- 輸入捕捉／輸出比較／波寬調變（CCP）模組
- 高採樣速率的 10 位元類比數位訊號轉換器模組
- 類比訊號比較器

在這一章，我們將以幾個簡單的範例來說明使用周邊元件的程式撰寫，並藉由不同範例的比較讓讀者了解善用周邊元件的好處。在這裡我們將使用一個最簡單的計時器與計數器的使用，說明相關的周邊元件使用技巧與觀念。其他周邊元件詳細的使用方法將會在後續的章節中逐一地說明，並作深入的介紹與程式示範。

8.2　計數的觀念

在前一章的範例程式中，為了要延遲時間我們利用幾個暫存器作為計數內容的儲存，當計數內容達到某一個設定的數值時，經過比較確定，核心處理器便會執行所設定的工作以達到時間延遲的目的。在這裡我們用一個較為簡單的範例來重複這樣的觀念，以作為後續程式修改的參考依據。

範例 8-1

利用按鍵 SW2 作為輸入訊號，當按鍵被觸發累計次數達到四次時，將發光二極體高低四個位元的燈號顯示狀態互換。

```
#include     <xc.inc>              ; 將微處理器相暫存器與其他符號的定義檔包含
                                    到程式檔中
;
count_val    equ  4                ; 燈號反轉所需計數數值
;
VAL_500US    equ  250              ; 0.5ms delay value
;
count_500us  equ  0x20            ; Defined temp reg. for 500us delay
push_no      equ  0x23            ; 儲存計數數值的暫存器位址
;
;*****************************************
;        Program start              *
;*****************************************
PSECT mycode,abs,class=CODE,space=SPACE_CODE,reloc=2
; 一定要改成絕對位址 <abs> 定義的 PSECT 宣告，才能將程式定義在重置向量或中斷向量
        org  0x00               ; reset vector


initial:                        ; 初始化微控制器

        banksel   TRISD
;       bsf       TRISA, 4, a    ; 將 PORTA, RA4 腳位設定為訊號輸入
        bsf       TRISA4         ; 同上

        clrf      LATD, a        ; 將 PORTD 埠設定為訊號輸出，並點亮 LED0~3
        clrf      TRISD, a
        movlw     0x0f           ; Turn on LED0~3
        movwf     LATD, a
```

```
        banksel push_no              ; 將設定累加的計數次數存入到暫存器中
        movlw      count_val
        movwf      push_no,b
;
;*********** Main ********************
;
start:
; 檢查按鍵狀態，如按下時跳行
        btfsc      PORTA, 4, a     ; 不能寫 btfsc RA4。因為 RA4 太簡單無獨特性
        goto       start
        call       delay_500us     ; 延遲 10ms 去除按鍵彈跳
        btfss      PORTA, 4, a     ; 按鍵鬆開後跳行執行
        goto       start
; 將 push_no 暫存器的數值遞減 1 並檢查是否為 0
        banksel    push_no
        decfsz     push_no,b
        goto       start           ; 不為零則重複循環
        swapf      LATD, f, a      ; 若為 0 則對調燈號，並將計數內容重置
        banksel    push_no
        movlw      count_val
        movwf      push_no, b
        goto       start           ; 程式迴圈
;
;-------- 0.5 ms delay routine -----------
;
delay_500us:
        movlw      VAL_500US
        movwf      count_500us,a
dec_loop:
        nop
        nop
```

```
        decfsz      count_500us,f,a
        goto        dec_loop
        return
;

        end
```

在上面的程式中，使用 push_no 暫存器儲存計數次數的內容；因此每一次循環，必須要更新這個暫存器並做為比較的依據。除此之外，程式每一次循環必須要去檢查 PORTA, RA4 位元的狀態以決定按鍵是否被觸發。這樣的做法，雖然可以達到程式設計的目的，但是核心處理器必須要多花費一些時間來進行相關腳位的判讀，以及暫存器內容的讀寫計算（例如遞加或遞減）。還記得我們在做邏輯電路回顧時曾經介紹過的計數器邏輯元件嗎？在 PIC18F4520 微處理器上便有著這樣的計數器周邊元件。為了追求比較更有效率的作法，讓我們改變程式以使用計數器的程式來觀察一些可行的作法。

在後續的範例程式中，我們計畫使用計數器 TIMER0 這個周邊元件來儲存計數的內容。由於按鍵 SW2 所接的 RA4 腳位也正好就是計數器 TIMER0 的外部訊號輸入腳位，因此我們可以直接利用計數器 TIMER0 周邊元件來記錄按鍵被觸發的次數。在介紹範例程式內容前，讓我們先說明計數器 TIMER0 的硬體架構其相關的設定與使用方法，讓讀者了解微控制器中使用周邊元件的方法與觀念。

8.3 TIMER0計數器／計時器

TIMER0 計時器／計數器是 PIC18F4520 微控制器中最簡單的一個計數器，它具備有下列的特性：

■ 可由軟體設定選擇為 8 位元或 16 位元的計時器或計數器。
■ 計數器的內容可以讀取或寫入。
■ 專屬的 8 位元軟體設定前除器（Prescaler）或者稱做除頻器。
■ 時序來源可設定為外部或內部來源。
■ 溢位（Overflow）時產生中斷事件。在 8 位元狀態下，於 0xFF 變成

0x00 時；或者在 16 位元狀態下，於 0xFFFF 變成 0x0000 時產生中斷事件。

■ 當選用外部時序來源時，可使用軟體設定觸發邊緣形態（H → L 或 L → H）。

與 TIMER0 計時器相關的 T0CON 設定暫存器位元內容與定義如表 8-1 所示。

表 8-1　T0CON 設定暫存器位元內容與定義

R/W-1	R/W-1	R/W-1	R/W-1	R/W-1	R/W-1	R/W-1	R/W-1
TMR0ON	T08BIT	T0CS	T0SE	PSA	T0PS2	T0PS1	T0PS0

bit 7　　　　　　　　　　　　　　　　　　　　　　　　　　　bit 0

bit 7　**TMR0ON:** Timer0 On/Off Control bit

　　　1 = 啟動 Timer0 計時器。

　　　0 = 停止 Timer0 計時器。

bit 6　**T08BIT:** Timer0 8-bit/16-bit Control bit

　　　1 = 將 Timer0 設定為 8 位元計時器 / 計數器。

　　　0 = 將 Timer0 設定為 16 位元計時器 / 計數器。

bit 5　**T0CS:** Timer0 Clock Source Select bit

　　　1 = 使用 T0CKI 腳位脈波變化。

　　　0 = 使用指令週期脈波變化。

bit 4　**T0SE:** Timer0 Source Edge Select bit

　　　1 = T0CKI 腳位 H → L 電壓邊緣變化時遞加。

　　　0 = T0CKI 腳位 L → H 電壓邊緣變化時遞加。

bit 3　**PSA:** Timer0 Prescaler Assignment bit

　　　1 = 不使用 Timer0 計時器的前除器。

　　　0 = 使用 Timer0 計時器的前除器。

bit 2-0　**T0PS2:T0PS0:** Timer0 計時器前除器設定位元。Timer0 Prescaler Select bits

　　　111 = 1:256 prescale value

　　　110 = 1:128 prescale value

```
101 = 1:64 prescale value
100 = 1:32 prescale value
011 = 1:16 prescale value
010 = 1:8 prescale value
001 = 1:4 prescale value
000 = 1:2 prescale value
```

對於 TIMER0 計數器的功能先暫時簡單地介紹到此，詳細的功能留到後面介紹其他計時器/計數器章節時再一併詳細說明。現在先讓我們看看修改過後的範例程式內容。

範例 8-2

利用 TIMER0 計數器計算按鍵觸發的次數，設定計數器初始值為 0，使得當計數器內容符合設定值時，進行發光二極體燈號的改變。

```
#include     <xc.inc>              ; 將微處理器相暫存器與其他符號的定義檔包含
                                        到程式檔中
;
count_val    equ  4               ; 燈號反轉所需計數數值
;
push_no      equ  0x23            ; 儲存計數數值的暫存器位址
                                  ;Register for number of button push
```

```
;********************************
;          Program start                    *
;********************************
PSECT mycode,abs,class=CODE,space=SPACE_CODE,reloc=2
; 一定要改成絕對位址 <abs> 定義的 PSECT 宣告，才能將程式定義在重置向量或中斷向量
        org  0x00               ; reset vector
initial:
        bsf           TRISA4         ; 將 PORTA, RA4 腳位設定爲訊號輸入
;

        clrf          LATD, a      ; Set LATD
        clrf          TRISD, a     ; Set PORTD for LED output


        movlw         0x0f
        movwf         LATD, a
                      ; 設定 TIMER0 作爲 8 位元的計數器並使用外部訊號輸入元
        movlw         11101000B     ; 設定暫存器所需的設定內容
        movwf         T0CON, a      ; 將設定內容存入 T0CON 暫存器
        clrf          TMR0L, a      ; 將計數器暫存器 TMR0L 內容清除爲 0
;
;*********** Main ********************
;
start:
        ; 將 TIMER0 的計數內容與 count_val 做比較並決定燈號的切換
        movlw         count_val
        subwf         TMR0L, w, a  ; 目標爲 W，所以不會改變 TMR0L 的數值
        btfss         STATUS, 2, a ; bit 2 是 Z。不能寫 btfss Z。因爲 Z 不是關鍵字
        goto          start
        swapf         LATD, f, a
        clrf          TMR0L, a
        goto          start
;
        end
```

當程式將 11101000B 寫入到 T0CON 控制暫存器時，根據暫存器位元定義表 8-1，在這個指令中便完成下列的設定動作：

第七位元：設定 1 將計數器開關位元開啟。

第六位元：設定 1 將 TIMER0 設定為 8 位元計數器。

第五位元：設定 1 選擇外部時序輸入來源作為計數器的觸發脈搏。

第四位元：設定 0 選擇 L → H 電壓變換邊緣作為觸發訊號。

第三位元：設定 1 關閉前除器設定。

第○～二位元：由於前除器關閉，因此設定位元狀態與計數器運作無關

除非周邊功能較為複雜，大部分周邊功能的設定就是如此的簡單，可以在一個指令執行週期內完成相關的設定。由於按鍵 SW2 的訊號已經連接到 PORTA, RA4 的腳位，而且這個腳位與 T0CKI（TIMER0 時序輸入）的功能作多工的處理；因此當我們將 TIMER0 計數器的功能開啟時，這個腳位便可以直接作為 TIMER0 時序輸入的功能。而為了謹慎起見，在初始化的開始，程式也將 PORTA, RA4 的腳位設定為數位輸入腳位。在初始化的最後，程式將 TIMER0 計數器的內容清除為零，以便將來從 0 開始計數。

在接下來的程式迴圈中，由於 TIMER0 計數器的周邊硬體能夠自行獨立地偵測輸入訊號脈波的時序變化，程式中不再需要做按鍵動作偵測的工作。因此，程式的內容大幅地簡化，進而可以提高程式執行的速度。而在每一次迴圈的執行中，藉由 subwf 指令將計數器的計數內容 TMR0L 與設定的按鍵次數 count_val 相比較；當比較結果相等時，便執行燈號切換的動作。

從這個範例中，相信讀者已經感受到使用周邊硬體的效率與方便。特別是程式撰寫時如果能夠完全地了解相關的硬體功能與設定的技巧，所撰寫出來的應用程式將會是非常有效率的。而這也是本書內容的規劃先由微控制器組合語言開始的原因，因為只有這樣的方法才能夠讓讀者完全地了解到相關硬體的功能與設定的方法。即便在未來讀者改用高階程式語言，例如 C 程式語言，來撰寫相關的應用程式時，也能夠因為對於周邊硬體與核心處理器功能的深刻了解而能夠撰寫出具備高度執行效率的應用程式。

在離開 TIMER0 計數器的相關探討之前，讓我們再一起看一個類似的 TIMER0 應用程式。

範例 8-3

　　利用 TIMER0 計數器計算按鍵觸發的次數，設定適當的計數器初始值，使得當計數器內容為 0 時，進行發光二極體燈號的改變。

```
#include    <xc.inc>              ; 將微處理器相暫存器與其他符號的定義檔包含
                                      到程式檔中 directory
;
count_val   equ  (256-4)          ; 燈號反轉所需計數數值
;
push_no     equ  0x23             ; 儲存計數數值的暫存器位址
;Register for number of button push
;*****************************************
;          Program start                 *
;*****************************************
PSECT mycode,abs,class=CODE,space=SPACE_CODE,reloc=2
; 一定要改成絕對位址 <abs> 定義的 PSECT 宣告，才能將程式定義在重置向量或中斷向量
        org  0x00                 ; reset vector

initial:
        bsf         TRISA4        ; 將 PORTA, RA4 腳位設定為訊號輸入
;
        clrf        LATD, a       ; Clear LATD
        clrf        TRISD, a      ; Set PORTD for LED output
```

```
        movlw       0x0f
        movwf       LATD, a
; 設定 TIMER0 作爲 8 位元的計數器並使用外部訊號輸入元
        movlw       11101000B       ; 設定暫存器所需的設定內容
        movwf       T0CON, a        ; 將設定內容存入 T0CON 暫存器
        movlw       count_val       ; 將計數器暫存器 TMR0L 初始化
        movwf       TMR0L, a
;
;*********** Main ********************
;
start:
; 將 TIMER0 的計數內容與 count_val 做比較並決定燈號的切換
        tstfsz      TMR0L, a        ; 檢查計數器內容 TMR0L 是否爲 0
        goto        start           ; 不是，繼續程式迴圈
        swapf       LATD, f, a      ; 是，進行燈號切換
        movlw       count_val
        movwf       TMR0L, a
        goto        start
;
        end
```

　　在這個範例程式中，以檢查 TIMER0 計數器內容是否爲 0 作爲燈號切換的標準；因此在計數器初始值 count_val 的設定上，使用 256-4 的計算方式。這樣的做法有兩個好處：

1. 組合語言指令中提供了檢查內容是否爲 0 的指令 tstfsz，因此不再需要使用減法等多個指令來完成計數器內容是否符合的檢查。

2. PIC18F4520 微控制器的所有計數器，包括 TIMER0 計數器在內，都提供了在溢流（Overflow）時觸發中斷的功能。

　　這個溢流觸發中斷的功能雖然就好像在檢查 TIMER0 計數器的內容是否爲 0，但是這一個特殊中斷的訊號卻可以讓微控制器在溢流發生的瞬間便執行所需要的工作，而非使用輪詢（Polling）的方式，也就是前面的範例程式利用

迴圈不斷地讀取計數器內容並檢查是否符合的方式。或許在這些短短數行的範例程式中讀者無法體驗它們的差異，但是當應用程式需要即時執行某一件與周邊功能或者核心處理器之間發生相關的動作時，中斷的使用是非常重要且關鍵的。

接下來，就讓我們介紹微控制器中斷事件發生相關的概念與技巧。

8.4　中斷

PIC18F4520 微控制器有多重的中斷來源與中斷優先順序安排的功能，中斷優先順序允許每一個中斷來源被設定擁有高優先層次或者低優先層次的順序。高優先中斷向量的程式起始位址是在 0x08，而低優先中斷向量的程式起始位址則是在 0x18。如果中斷優先層級的功能有開啟的話（IPEN=1），當高優先權中斷事件發生時，任何正在執行中的低優先權中斷程式將會被暫停執行而優先執行高優先中斷函式。

總共有十幾個的暫存器被用來控制中斷的操作，這些暫存器包括：
- RCON　　重置暫存器
- INTCON　核心功能中斷控制暫存器
- INTCON2　核心功能中斷控制暫存器 2
- INTCON3　核心功能中斷控制暫存器 3
- PIR1~PIR2　周邊功能中斷旗標狀態暫存器
- PIE1~PIE2　周邊功能中斷設定暫存器
- IPR1~IPR2　周邊功能中斷優先設定暫存器

在程式中，建議將相對應的微控制器包含檔納入程式中，以方便程式撰寫時可以直接引用暫存器以及相關位元的名稱。

PIC18F4520 微控制器的中斷結構示意圖如圖 8-1 所示。

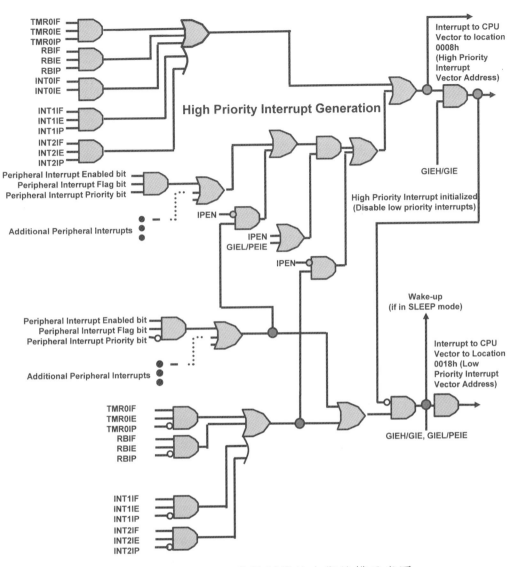

圖 8-1 PIC18F4520 微控制器的中斷結構示意圖

在中斷訊號的結構示意圖中，我們可以看到每一個中斷訊號來源都是藉由 AND 邏輯閘來作為中斷訊號的控制。當某一個特定功能的中斷事件被設定為高優先權時，必須要 AND 閘的三個輸入都同時為 1 才能夠使 AND 閘輸出 1，而將中斷的訊號向上傳遞。而所有的功能中斷都會經過一個 OR 邏輯閘，因此只要有任何一個中斷事件的發生，便會向核心處理器發出一個中斷訊號。但是，在這個中斷訊號傳達到核心處理器之前，又必須通過由 IPEN、PEIE、

GIE（GIEH 及 GIEL）等訊號利用 AND 閘所建立的訊號控制。因此，如果應用程式需要利用中斷功能的話，必須將這些位元妥善的設定，才能夠在適當的時候將中斷訊號傳達至核心處理器。

除此之外，當有任何一個高優先中斷事件的發生時，這個訊號將會透過一個 NOT 閘與 AND 閘的功能使低優先中斷事件的訊號無法通過，而使核心處理器優先處理高優先中斷所對應的事件。

除了 INT0 之外，每一個中斷來源都有三個相關的位元來控制相對應的中斷操作。這些控制位元的功能包括：

■ 旗標（Flag）位元：用來指示某一個中斷事件是否發生。
■ 致能（Enable）位元：當中斷旗標位元被設定時，允許程式執行跳換到中斷向量所在的位址。
■ 優先（Priority）位元：用來選擇高優先或低優先順序。

中斷優先層級的功能是藉由設定 RCON 暫存器的第七個位元，IPEN，來決定開啓與否。當中斷優先層級的功能被開啓時，有兩個位元被用來開關全部的中斷事件發生。設定 INTCON 暫存器的第七個位元（GIEH）爲 1 時，將開啓所有優先位元設定爲 1 的中斷功能，也就是高優先中斷；設定 INTCON 暫存器的第六個位元（GIEL）爲 1 時，將開啓所有優先位元設定爲 0 的中斷功能，也就是低優先中斷。當中斷旗標，致能位元及適當的全域中斷致能位元被設定爲 1 時，依據所設定的優先順序，中斷事件將使程式執行立即跳換到程式記憶體位址 0x08 或者 0x18 的指令。個別中斷來源的功能可以藉由清除相對應的致能位元而關閉其功能。

當中斷優先順序致能位元 IPEN 被清除爲 0 時（預設狀態），中斷優先順序的功能將會被關閉，而此時中斷功能的使用將和較低階的 PIC 微處理器相容。在這個相容模式下，任何一個中斷優先位元都是沒有作用的。

在中斷控制暫存器 INTCON 的第六個位元，PEIE，掌管所有周邊功能中斷來源的開啓與否。INTCON 的第七個位元 GIE 則管理全部的中斷來源開啓與否。在相容模式下，所有中斷將會使程式執行直接跳換到程式記憶體位址 0x08 的指令。如果中斷優先致能位元 IPEN 被清除爲 0，當微控制器發生一個中斷反應時，全域中斷致能位元 GIE 必須被清除爲 0 以暫停更多的中斷發生。如果 IPEN 被設定爲 1 而啓動中斷優先順序的功能，視中斷位元所設定的優先順序，GIEH 或者 GIEL 必須被清除為 0。高優先中斷事件來源的發生可以中斷低優先順序中斷的執行。

　　當中斷發生時，程式返還的位址將會被推入到堆疊中，程式計數器並會被載入中斷向量的位址（0x08 或 0x18）。一旦進入中斷執行函式，可以藉由檢查中斷旗標位元來決定中斷事件的來源。在重新開啟中斷功能之前，必須要藉由軟體清除相對應的中斷旗標以免重複的中斷發生。在低優先中斷執行函式的程式中，千萬不要使用 MOVFF 指令；否則將可能會使微控制器不正常地運作。

　　在執行完成中斷執行函式的時候，必須使用 .RETFIE（由中斷返回）指令結束函式的執行；這個指令並會將 GIE 位元設定為 1，以重新開啟中斷的功能。如果中斷優先順序位元 IPEN 被設定的話，RETFIE 將會設定所對應的 GIEH 或者 GIEL。離開中斷執行函式前，使用者程式必須將觸發中斷事件的相關功能中斷旗標重置為 0，以避免再度進入中斷執行函式。

　　對於外部訊號所觸發的中斷事件，例如所有的 INT 觸發腳位或者 PORTB 輸入變化中斷，將會有三到四個指令執行週期的中斷延遲時間。不論一個中斷來源的致能位元或者全域中斷位元是否已經被開啟，當中斷事件發生時，所對應的個別中斷旗標將會被設定為 1。

8.5　中斷過程中的資料暫存器儲存

　　當中斷發生時，程式計數器的返回位置將會被儲存在堆疊暫存器中。除此之外，三個重要的暫存器 WREG、STATUS 及 BSR 的數值將會被儲存到快速返回堆疊（Fast Return Stack）。如果在中斷執行函式結束的時候應用程式沒有使用快速中斷返還指令（retfie fast），使用者將需要把上述三個暫存器的內容儲存在特定的暫存器中。同時，使用者必須根據應用程式的需要，將其他重要的暫存器內容作適當地儲存，以便返回正常程式執行後這些暫存器可以保持進入中斷前的數值。讀者可以參考下面的簡單範例進行暫存器 WREG、STATUS 及 BSR 的資料儲存。

```
MOVWF      W_TEMP                      ; W_TEMP is in virtual  bank
MOVFF      STATUS, STATUS_TEMP         ; STATUS_TEMP located anywhere
```

```
MOVFF      BSR, BSR_TEMP                    ; BSR located anywhere
;
; USER ISR CODE
;
MOVFF      BSR_TEMP, BSR                    ; Restore BSR
MOVF       W_TEMP, W                        ; Restore WREG
MOVFF      STATUS_TEMP,STATUS               ; Restore STATUS
```

中斷相關的各個暫存器位元定義如表 8-2 所示。

核心功能中斷控制暫存器

■ INTCON

表 8-2(1)　INTCON 核心功能中斷控制暫存器位元定義

R/W-0	R/W-0	R/W-0	R/W-0	R/W-0	R/W-0	R/W-0	R/W-x
GIE/GIEH	PEIE/GIEL	TMR0IE	INT0IE	RBIE	TMR0IF	INT0IF	RBIF

bit 7　　　　　　　　　　　　　　　　　　　　　　　　　　　bit 0

bit 7 **GIE/GIEH:** Global Interrupt Enable bit

　　When IPEN = 0:

　　1 = 開啓所有未遮蔽的中斷。

　　0 = 關閉所有的中斷。

　　When IPEN = 1:

　　1 = 開啓所有高優先中斷。

　　0 = 關閉所有的中斷。

bit 6 **PEIE/GIEL:** Peripheral Interrupt Enable bit

　　When IPEN = 0:

　　1 = 開啓所有未遮蔽的周邊硬體中斷。

　　0 = 關閉所有的周邊硬體中斷。

　　When IPEN = 1:

　　1 = 開啓所有低優先中斷。

0 = 關閉所有低優先的周邊硬體中斷。

bit 5 **TMR0IE:** TMR0 Overflow Interrupt Enable bit

1 = 開啓 TIMER0 計時器溢位中斷。

0 = 關閉 TIMER0 計時器溢位中斷。

bit 4 **INT0IE:** INT0 External Interrupt Enable bit

1 = 開啓外部 INT0 中斷。

0 = 關閉外部 INT0 中斷。

bit 3 **RBIE:** RB Port Change Interrupt Enable bit

1 = 開啓 RB 輸入埠改變中斷。

0 = 關閉 RB 輸入埠改變中斷。

bit 2 **TMR0IF:** TMR0 Overflow Interrupt Flag bit

1 = TIMER0 計時器溢位中斷發生，須以軟體清除爲 0。

0 = TIMER0 計時器溢位中斷未發生。

bit 1 **INT0IF:** INT0 External Interrupt Flag bit

1 = 外部 INT0 中斷發生，須以軟體清除爲 0。

0 = 外部 INT0 中斷未發生。

bit 0 **RBIF:** RB Port Change Interrupt Flag bit

1 = RB(4:7) 輸入埠至少有一腳位改變狀態，須以軟體清除爲 0。

0 = RB(4:7) 輸入埠未有腳位改變狀態。

Note: A mismatch condition will continue to set this bit. Reading PORTB will end the mismatch condition and allow the bit to be cleared.

■ INTCON2

表 8-2(2)　INTCON2 核心功能中斷控制暫存器位元定義

R/W-1	R/W-1	R/W-1	R/W-1	U-0	R/W-1	U-0	R/W-1
$\overline{\text{RBPU}}$	INTEDG0	INTEDG1	INTEDG2	—	TMR0IP	—	RBIP
bit 7							bit 0

bit 7 **$\overline{\text{RBPU}}$:** PORTB Pull-up Enable bit

1 = 關閉所有 PORTB 輸入提升阻抗。

0 = 開啓個別 PORTB 輸入提升阻抗設定功能。

bit 6 **INTEDG0:** External Interrupt0 Edge Select bit

　　　 1 = INT0 腳位 H→ L 電壓上升邊緣變化時觸發中斷。

　　　 0 = INT0 腳位 L→ H 電壓下降邊緣變化時觸發中斷。

bit 5 **INTEDG1:** External Interrupt1 Edge Select bit

　　　 1 = INT1 腳位 H→ L 電壓上升邊緣變化時觸發中斷。

　　　 0 = INT1 腳位 L→ H 電壓下降邊緣變化時觸發中斷。

bit 4 **INTEDG2:** External Interrupt2 Edge Select bit

　　　 1 = INT2 腳位 H→ L 電壓上升邊緣變化時觸發中斷。

　　　 0 = INT2 腳位 L→ H 電壓下降邊緣變化時觸發中斷。

bit 3 **Unimplemented:** Read as '0'

bit 2 **TMR0IP:** TMR0 Overflow Interrupt Priority bit

　　　 1 = 高優先中斷。

　　　 0 = 低優先中斷。

bit 1 **Unimplemented:** Read as '0'

bit 0 **RBIP:** RB Port Change Interrupt Priority bit

　　　 1 = 高優先中斷。

　　　 0 = 低優先中斷。

■ INTCON3

表 8-2(3)　INTCON3 核心功能中斷控制暫存器位元定義

R/W-1	R/W-1	U-0	R/W-0	R/W-0	U-0	R/W-0	R/W-0
INT2IP	INT1IP	—	INT2IE	INT1IE	—	INT2IF	INT1IF
bit 7							bit 0

bit 7 **INT2IP:** INT2 External Interrupt Priority bit

　　　 1 = 高優先中斷。

　　　 0 = 低優先中斷。

bit 6 **INT1IP:** INT1 External Interrupt Priority bit

　　　 1 = 高優先中斷。

　　　 0 = 低優先中斷。

bit 5 **Unimplemented:** Read as '0'

bit 4 **INT2IE:** INT2 External Interrupt Enable bit

　　1 = 開啓外部 INT2 中斷。

　　0 = 關閉外部 INT2 中斷。

bit 3 **INT1IE:** INT1 External Interrupt Enable bit

　　1 = 開啓外部 INT1 中斷。

　　0 = 關閉外部 INT1 中斷。

bit 2 **Unimplemented:** Read as '0'

bit 1 **INT2IF:** INT2 External Interrupt Flag bit

　　1 = 外部 INT2 中斷發生，須以軟體清除爲 0。

　　0 = 外部 INT2 中斷未發生。

bit 0 **INT1IF:** INT1 External Interrupt Flag bit

　　1 = 外部 INT1 中斷發生，須以軟體清除爲 0。

　　0 = 外部 INT1 中斷未發生。

周邊功能中斷旗標暫存器

　　PIR 暫存器包含個別周邊功能中斷的旗標位元。

■ PIR1

表 8-2(4)　PIR1 周邊功能中斷旗標暫存器位元定義

R/W-0	R/W-0	R-0	R-0	R/W-0	R/W-0	R/W-0	R/W-0
PSPIF	ADIF	RCIF	TXIF	SSPIF	CCP1IF	TMR2IF	TMR1IF

bit 7 　　　　　　　　　　　　　　　　　　　　　　　　　　　　bit 0

bit 7 **PSPIF**[1]: Parallel Slave Port Read/Write Interrupt Flag bit

　　1 = PSP 讀寫動作發生，須以軟體清除爲 0。

　　0 = PSP 讀寫動作未發生。

bit 6 **ADIF:** A/D Converter Interrupt Flag bit

　　1 = 類比數位訊號換完成，須以軟體清除爲 0。

　　0 = 類比數位訊號換未完成。

bit 5 **RCIF:** USART Receive Interrupt Flag bit

  1 = USART 接收暫存器 RCREG 填滿資料,讀取 RCREG 時將清除為 0。

  0 = USART 接收暫存器 RCREG 資料空缺。

bit 4 **TXIF:** USART Transmit Interrupt Flag bit

  1 = USART 傳輸暫存器 TXREG 資料空缺,寫入 TXREG 時將清除為 0。

  0 = USART 傳輸暫存器 TXREG 填滿資料。

bit 3 **SSPIF:** Master Synchronous Serial Port Interrupt Flag bit

  1 = 資料傳輸或接收完成,須以軟體清除為 0。

  0 = 等待資料傳輸或接收。

bit 2 **CCP1IF:** CCP1 Interrupt Flag bit

  Capture mode:

  1 = 訊號捕捉事件發生,須以軟體清除為 0。

  0 = 訊號捕捉事件未發生。

  Compare mode:

  1 = 訊號比較事件發生,須以軟體清除為 0。

  0 = 訊號比較事件未發生。

  PWM mode:

  未使用。

bit 1 **TMR2IF:** TMR2 to PR2 Match Interrupt Flag bit

  1 = TMR2 計時器內容符合 PR2 週期暫存器內容,須以軟體清除為 0。

  0 = TMR2 計時器內容未符合 PR2 週期暫存器內容。

bit 0 **TMR1IF:** TMR1 Overflow Interrupt Flag bit

  1 = TMR1 計時器溢位發生,須以軟體清除為 0。

  0 = TMR1 計時器溢位未發生。

Note 1: PIC18F 若無 PSP 功能則未使用此位元,恆為 0。

■ PIR2

表 8-2(5) PIR2 周邊功能中斷旗標暫存器位元定義

R/W-0	R/W-0	U-0	R/W-0	R/W-0	R/W-0	R/W-0	R/W-0
OSCFIF	CMIF	—	EEIF	BCLIF	HLVDIF	TMR3IF	CCP2IF
bit 7							bit 0

bit 7 **OSCFIF:** Oscillator Fail Interrupt Flag bit

1 = 系統外部時序震盪器故障，切換使用內部時序來源。

0 = 系統外部時序震盪器正常操作。

bit 6 **CMIF:** Comparator Interrupt Flag bit

1 = 類比訊號比較器結果改變。

0 = 類比訊號比較器結果未改變。

bit 5 **Unimplemented:** Read as '0'

bit 4 **EEIF:** Data EEPROM/FLASH Write Operation Interrupt Flag bit

1 = 寫入動作完成，須以軟體清除為 0。

0 = 寫入動作未完成。

bit 3 **BCLIF:** Bus Collision Interrupt Flag bit

1 = 匯流排衝突發生，須以軟體清除為 0。

0 = 匯流排衝突未發生。

bit 2 **HLVDIF:** High/Low Voltage Detect Interrupt Flag bit

1 = 高 / 低電壓異常發生，須以軟體清除為 0。

0 = 高 / 低電壓異常未發生。

bit 1 **TMR3IF:** TMR3 Overflow Interrupt Flag bit

1 = TMR3 計時器溢位發生，須以軟體清除為 0。

0 = TMR3 計時器溢位未發生。

bit 0 **CCP2IF:** CCP2 Interrupt Flag bit

Capture mode:

1 = 訊號捕捉事件發生，須以軟體清除為 0。

0 = 訊號捕捉事件未發生。

Compare mode:

1 = 訊號比較事件發生，須以軟體清除為 0。

0 = 訊號比較事件未發生。

PWM mode:

未使用。

CHAPTER

8

PIE周邊功能中斷致能暫存器

　　PIE 暫存器包含個別周邊功能中斷的致能位元。當中斷優先順序致能位元被清除為 0 時，PEIE 位元必須要被設定為 1，以開啓任何一個周邊功能中斷。

■ PIE1

表 8-2(6)　PIE1 周邊功能中斷致能暫存器位元定義

R/W-0	R/W-0	R/W-0	R/W-0	R/W-0	R/W-0	R/W-0	R/W-0
PSPIE[1]	ADIE	RCIE	TXIE	SSPIE	CCP1IE	TMR2IE	TMR1IE
bit 7							bit 0

bit 7　**PSPIE[1]**: Parallel Slave Port Read/Write Interrupt Enable bit
　　1 = 開啓 PSP 讀寫中斷功能。
　　0 = 關閉 PSP 讀寫中斷功能。

bit 6　**ADIE**: A/D Converter Interrupt Enable bit
　　1 = 開啓 A/D 轉換模組中斷功能。
　　0 = 關閉 A/D 轉換模組中斷功能。

bit 5　**RCIE**: USART Receive Interrupt Enable bit
　　1 = 開啓 USART 資料接收中斷功能。
　　0 = 關閉 USART 資料接收中斷功能。

bit 4　**TXIE**: USART Transmit Interrupt Enable bit
　　1 = 開啓 USART 資料傳輸中斷功能。
　　0 = 關閉 USART 資料傳輸中斷功能。

bit 3　**SSPIE**: Master Synchronous Serial Port Interrupt Enable bit
　　1 = 開啓 MSSP 中斷功能。
　　0 = 關閉 MSSP 中斷功能。

bit 2　**CCP1IE**: CCP1 Interrupt Enable bit
　　1 = 開啓 CCP1 中斷功能。
　　0 = 關閉 CCP1 中斷功能。

bit 1　**TMR2IE**: TMR2 to PR2 Match Interrupt Enable bit
　　1 = 開啓 TMR2 計時器內容符合 PR2 週期暫存器中斷功能。

0 = 關閉 TMR2 計時器內容符合 PR2 週期暫存器中斷功能。

bit 0 **TMR1IE:** TMR1 Overflow Interrupt Enable bit

1 = 開啓 TIMER1 計時器溢位中斷功能。

0 = 關閉 TIMER1 計時器溢位中斷功能。

Note 1: PIC18F 若無此功能則未使用此位元，恆爲 0。

■ PIE2

表 8-2(7)　PIE2 周邊功能中斷致能暫存器位元定義

R/W-0	R/W-0	U-0	R/W-0	R/W-0	R/W-0	R/W-0	R/W-0
OSCFIE	CMIE	—	EEIE	BCLIE	HLVDIE	TMR3IE	CCP2IE

bit 7　　　　　　　　　　　　　　　　　　　　　　　　　　bit 0

bit 7 **OSCFIE:** Oscillator Fail Interrupt Enable bit

1 = 開啓時序震盪器故障中斷功能。

0 = 關閉時序震盪器故障中斷功能。

bit 6 **CMIE:** Comparator Interrupt Enable bit

1 = 開啓類比訊號比較器結果改變中斷功能。

0 = 關閉類比訊號比較器結果改變中斷功能。

bit 5 **Unimplemented:** Read as '0'

bit 4 **EEIE:** Data EEPROM/FLASH Write Operation Interrupt Enable bit

1 = 開啓 EEPROM 寫入中斷功能。

0 = 關閉 EEPROM 寫入中斷功能。

bit 3 **BCLIE:** Bus Collision Interrupt Enable bit

1 = 開啓匯流排衝突中斷功能。

0 = 關閉匯流排衝突中斷功能。

bit 2 **HLVDIE:** High/Low Voltage Detect Interrupt Enable bit

1 = 開啓低電壓異常中斷功能。

0 = 關閉低電壓異常中斷功能。

bit 1 **TMR3IE:** TMR3 Overflow Interrupt Enable bit

1 = 開啓 TMR3 計時器溢位中斷功能。

0 = 關閉 TMR3 計時器溢位中斷功能。

bit 0 **CCP2IE:** CCP2 Interrupt Enable bit

　　1 = 開啟 CCP2 中斷功能。

　　0 = 關閉 CCP2 中斷功能。

⚙ IPR中斷優先順序設定暫存器

　　IPR 暫存器包含個別周邊功能中斷優先順序的設定位元。必須要將中斷優先順序致能位元（IPEN）設定為1後，才能完成這些優先順序設定位元的操作。

■ IPR1

表 8-2(8)　IPR1 中斷優先順序設定暫存器位元定義

R/W-1	R/W-1	R/W-1	R/W-1	R/W-1	R/W-1	R/W-1	R/W-1
PSPIP	ADIP	RCIP	TXIP	SSPIP	CCP1IP	TMR2IP	TMR1IP

bit 7　　　　　　　　　　　　　　　　　　　　　　　　　　　bit 0

bit 7 **PSPIP**[1]: Parallel Slave Port Read/Write Interrupt Priority bit

　　1 = 高優先中斷。

　　0 = 低優先中斷。

bit 6 **ADIP:** A/D Converter Interrupt Priority bit

　　1 = 高優先中斷。

　　0 = 低優先中斷。

bit 5 **RCIP:** USART Receive Interrupt Priority bit

　　1 = 高優先中斷。

　　0 = 低優先中斷。

bit 4 **TXIP:** USART Transmit Interrupt Priority bit

　　1 = 高優先中斷。

　　0 = 低優先中斷。

bit 3 **SSPIP:** Master Synchronous Serial Port Interrupt Priority bit

　　1 = 高優先中斷。

　　0 = 低優先中斷。

bit 2 **CCP1IP:** CCP1 Interrupt Priority bit

     1 = 高優先中斷。

     0 = 低優先中斷。

bit 1 **TMR2IP:** TMR2 to PR2 Match Interrupt Priority bit

     1 = 高優先中斷。

     0 = 低優先中斷。

bit 0 **TMR1IP:** TMR1 Overflow Interrupt Priority bit

     1 = 高優先中斷。

     0 = 低優先中斷。

Note 1: PIC18F 若無此功能則未使用此位元，恆為 1。

■ IPR2

表 8-2(9)　IPR2 中斷優先順序設定暫存器位元定義

R/W-1	R/W-1	U-0	R/W-1	R/W-1	R/W-1	R/W-1	R/W-1
OSCFIP	CMIP	—	EEIP	BCLIP	HLVDIP	TMR3IP	CCP2IP

bit 7   bit 0

bit 7 **OSCFIP:** Oscillator Fail Interrupt Priority bit

     1 = 高優先中斷。

     0 = 低優先中斷。

bit 6 **CMIP:** Comparator Interrupt Priority bit

     1 = 高優先中斷。

     0 = 低優先中斷。

bit 5 **Unimplemented:** Read as '0'

bit 4 **EEIP:** Data EEPROM/FLASH Write Operation Interrupt Priority bit

     1 = 高優先中斷。

     0 = 低優先中斷。

bit 3 **BCLIP:** Bus Collision Interrupt Priority bit

     1 = 高優先中斷。

     0 = 低優先中斷。

bit 2 **HLVDIP:** High/Low Voltage Detect Interrupt Priority bit

     1 = 高優先中斷。

0 = 低優先中斷。

bit 1 **TMR3IP:** TMR3 Overflow Interrupt Priority bit

    1 = 高優先中斷。

    0 = 低優先中斷。

bit 0 **CCP2IP:** CCP2 Interrupt Priority bit

    1 = 高優先中斷。

    0 = 低優先中斷。

■RCON 重置控制暫存器

    RCON 暫存器包含用來開啓中斷優先順序的控制位元 IPEN。

R/W-0	R/W-1	U-0	R/W-1	R-1	R-1	R/W-0	R/W-0
IPEN	SBOREN	—	$\overline{RI}$	$\overline{TO}$	$\overline{PD}$	$\overline{POR}$	$\overline{BOR}$

bit 7   bit 0

詳細內容請見第4章RCON定義表4-4。

8.6 中斷事件訊號

    上述所列的中斷功能將留待介紹周邊功能時一併說明,在這裡僅將介紹幾個獨立功能的中斷使用。

◎INT0、INT1及INT2外部訊號中斷

    在 RB0/INT0、RB1/INT1 及 RB2/INT2 腳位上建立有多工的外部訊號中斷功能,這些中斷功能是以訊號邊緣的形式觸發。如果 INTCON2 暫存器中相對應的 INTEDGx 位元被設定爲 1,則將以上升邊緣觸發;如果 INTEDGx 位元被清除爲0,則將以下降邊緣觸發。當某一個有效的邊緣出現在這些腳位時,所相對應的旗標位元 INTxIF 將會被設定爲 1。這個中斷功能可以藉由將相對應的中斷致能位元 INTxIE 清除爲 0 而結束。在重新開啓這個中斷功能之前,

必須要在中斷執行函式中藉由軟體將旗標位元 INTxIF 清除爲 0。如果在微控制器進入睡眠狀態之前先將中斷致能位元 INTxIE 設定爲 1，任何一個上述的外部訊號中斷都可以將爲控制器重置睡眠的狀態喚醒。如果全域中斷致能位元 GIE 被設定爲 1，則在喚醒之後程式執行將切換到中斷向量所在的位址。

　　INT0 的中斷優先順序永遠是高優先，這是無法更改的。至於其他兩個外部訊號中斷 INT1 與 INT2 的出現順序則是由 INTCON3 暫存器中的 INT1IP 及 INT2IP 所設定的。

▌ PORTB狀態改變中斷

　　在 PORTB 暫存器的第四～七位元所相對應的訊號輸入改變將會把 INTCON 暫存器的 RBIF 旗標位元設定爲 1。這個中斷功能可以藉由 INTCON 暫存器的第三位元 RBIE 設定開啓或關閉。而這個中斷的優先順序是由 INTCON2 暫存器的 RBIP 位元所設定。

▌ TIMER0計時器中斷

　　在預設的 8 位元模式下，TIMER0 計數器數值暫存器 TMR0L 溢流（0xFF → 0x00）將會把旗標位元 TMR0IF 設定爲 1。在十六位元模式下，TIMER0 計數器數值暫存器 TMR0H:TMR0L 溢流（0xFFFF → 0x0000）將會把旗標位元 TMR0IF 設定爲 1。這個中斷的功能是由 INTCON 暫存器的第五個位元 T0IE 進行是設定功能的開啓或關閉，而中斷的優先順序則是由 INTCON2 暫存器的第二個位元 TMR0IP 所設定的。

　　在讀者了解中斷相關的概念之後，讓我們將本章的範例程式改用中斷的方式來完成。

範例 8-4

　　利用 TIMER0 計數器計算按鍵觸發的次數，設定適當的計數器初始值，使得當計數器內容爲 0 時發生中斷，並利用中斷執行函式進行發光二極體燈號的改變。

CHAPTER

8

```
;***************************************************
;*                  Ex8_4.s
;*    程式將偵測按鍵 SW3 的狀態，並遞加計數的內容。
;*    當計數數值超過四次利用中斷反轉燈號
;***************************************************
#include        <xc.inc>              ; 納入定義檔 Include file located at de-
                                        fault directory
;
count_val       equ  (256-4)           ; 燈號反轉所需計數數值
;
push_no         equ  0x23              ; 儲存計數數值的暫存器位址
;Register for number of button push
;*****************************************
;              Program start              *
;*****************************************
PSECT mycode,abs,class=CODE,space=SPACE_CODE,reloc=2
; 一定要改成絕對位址定義的 PSECT 宣告，才能將程式定義在重置向量或中斷向量
        org    0x00                    ; reset vector

        goto        initial            ; 程式執行跳換到標籤 initial 的位址
```

```
ISR:                                        ; 中斷執行函式
        org         0x08                    ; 程式由位址 0x08 的程式記憶體開始
        swapf       LATD, f, a              ; 切換發光二極體、
        movlw       count_val               ; 重新載入設定值到 TIMER0 計數器
        movwf       TMR0L, a
        bcf         INTCON, 2, a            ; 清除中斷旗標，bit 2=TMR0IF
        retfie                              ; 由中斷返回正常程式執行


        org         0x2A                    ; 正常程式由位址 0x2A 的程式記憶體開始
initial:
        bsf         TRISA4                  ; 將 PORTA, RA4 腳位設定為訊號輸入
;
        clrf        LATD, a                 ; Clear LATD
        clrf        TRISD, a                ; Set PORTD for LED output
        movlw       0x0f
        iorwf       LATD, a

; 設定 TIMER0 作為 8 位元的計數器並使用外部訊號輸入源
        movlw       count_val               ; 載入設定值到 TIMER0 計數器
        movwf       TMR0L, a
        movlw       11101000B               ; 設定暫存器所需的設定內容
        movwf       T0CON, a                ; 將設定內容存入 T0CON 暫存器

;       bcf         RCON, 7, a              ; 關閉中斷優先順序設定位元，bit 7=IPEN
;       bsf         INTCON, 5, a            ; 開啟 TIMER0 計數器中斷功能，bit 5=T0IE
;       bsf         INTCON, 7, a            ; 開啟全域中斷功能控制位元，bit 7=GIE
        bcf         IPEN
        bsf         T0IE
        bsf         GIE


;
```

CHAPTER

8

```
;************ Main *********************
;
start:                          ; 主程式僅需要 1 個無窮迴圈
      goto      start
;
      end
```

　　在上面的範例中，將 TIMER0 中斷時所需要執行的程式安置在中斷向量 0x08 的位址。在中斷發生時，除了將燈號切換並載入預設值到 TMR0 暫存器之外，必須要完成幾個重要的動作，包括：

1. 將中斷旗標位元 TMR0IF 清除為 0，以避免中斷持續發生
2. 使用 retfie 返回指令，以避免程式計數器堆疊發生錯誤

　　在正常程式的部分，初始化的區塊中必須將中斷的功能作適當的設定。因此，使用了下列的指令：

```
bcf       RCON, IPEN        ; 關閉中斷優先順序設定位元
bsf       INTCON, T0IE      ; 開啓 TIMER0 計數器中斷功能
bsf       INTCON, GIE       ; 開啓全域中斷功能控制位元
```

將與中斷相關的控制位元作適當地關閉或開啓的設定，以便為控制器能夠正確的執行所需要的中斷功能。

　　最後，在主程式中僅需要一個無窮迴圈，而不需要作任何額外的動作。這是因為計算按鍵觸發次數的工作已經交由內建整合的計數器 TIMER0 來進行，而檢查計數內容與設定值是否符合的工作藉由計數器溢流所產生的中斷旗標通知核心處理器，並進一步地執行中斷執行函式以完成發光二極體的燈號切換。

　　在這個情況下，讀者一定會好奇微控制器現在到底在做什麼？事實上，它只是一直在進行無窮迴圈的程式位址切換動作，直到中斷發生為止。讀者不難想像，如果應用程式有一個更複雜而且更需要時間去完成的主程式時，利用這樣的中斷功能及內建計數器的周邊功能，應用程式可以讓微控制器將大部分的時間使用在主程式的執行上，而不需要在迴圈內持續地檢查按鍵的狀態以及計

數器等內容。因此應用程式可以得到更大的資源與更多的核心處理器執行時間，如此便可以有效提升應用程式的執行效率以及所需要處理的工作。

在後續的章節中，我們將繼續介紹其他周邊功能中斷設定與使用方法。

CHAPTER

8

CHAPTER 9

計時器 / 計數器

　　計時或計數的功能在邏輯電路或者微控制器的應用中是非常重要的。在一般的應用中，如果要計算事件發生的次數就必須要用到計數器的功能。在上一個章節中我們看到了利用 TIMER0 作為計數器的範例程式可以有效地提高程式執行的效率，並且可以利用所對應的中斷功能在所設定事件（達到按鍵觸發次數）發生的訊號切換邊緣即時地執行所需要處理的中斷執行函式內容。適當的應用計數器，可以大幅地提升軟體的效率，也可以減少硬體耗費的資源。

　　除了單純作為計數器使用之外，如果將計數器的時序脈波觸發訊號來源切換到固定頻率的震盪器時序脈波或者使用微控制器內部的指令執行時脈，這時候計數器的功能便轉換成為一個計時器的功能。計時器的應用是非常廣泛而且關鍵的一個功能，特別是對於一些需要定時完成的工作，計時器是非常重要而且不可或缺的一個硬體資源。例如，在數位輸出入的章節中，為了要使發光二極體的燈號切換能夠有固定的時間間隔，在範例程式中使用了軟體撰寫的時間延遲函式以便能夠在固定時間間隔後進行燈號的切換。雖然部分的時間延遲可以利用軟體程式來完成，但是這樣的做法有著潛在的缺點：

1. 時間延遲函式將會消耗核心處理器的執行時間，而無法處理其他的指令。
2. 在比較複雜的應用程式中，當其他部分的程式所需要的執行時間不固定時，將會影響整體時間長度的精確度。例如，需要等待外部觸發訊號而繼續執行的程式。

因此為了降低上述缺點的影響，在目前的微控制器中多半都配置數個計時器 / 計數器的整合性硬體，以方便應用程式的執行與程式撰寫。

　　PIC18 微控制器內建有多個計時器 / 計數器。除了在上一個章節簡單介紹過的 TIMER0 之外，例如 PIC18F4520 還有 TIMER1、TIMER2 及 TIMER3 計時器 / 計數器。在這個章節中將詳細地介紹所有計時器 / 計數器的功能及設定與使用方法。

9.1　TIMER0計數器 / 計時器

TIMER0 計時器 / 計數器是 PIC18F4520 微控制器中最簡單的一個計數器，它具備有下列的特性：

- 可由軟體設定選擇為 8 位元或 16 位元的計時器或計數器。
- 計數器的內容可以讀取或寫入。
- 專屬的 8 位元軟體設定前除器（Prescaler）或者稱作除頻器。
- 時序來源可設定為外部或內部來源。
- 溢位（Overflow）時產生中斷事件。在 8 位元狀態下，於 0xFF 變成 0x00 時；或者在 16 位元狀態下，於 0xFFFF 變成 0x0000 時產生中斷事件。
- 當選用外部時序來源時，可以軟體設定觸發邊緣形態（H → L 或 L → H）。

TIMER0 計時器的硬體結構方塊圖如圖 9-1 與 9-2 所示。

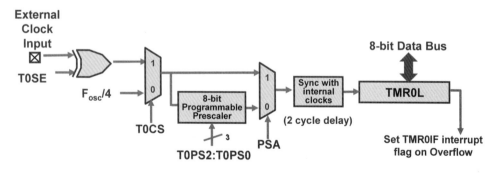

圖 9-1　TIMER0 計時器的 8 位元硬體結構方塊圖

在 8 位元的結構示意圖中，可以看到藉由 T0CS 訊號所控制的多工器選擇了計時器的時脈訊號來源。如果選擇外部時脈訊號輸入的話，則必須符合

T0SE 所設定的訊號邊緣形式才能夠通過 XOR 閘。在 T0CS 多工器之後，可以利用 PSA 多工器選擇是否經過除頻器（也是一個計數器）的降頻處理；然後再經過內部時序同步的處理後，觸發計時器的計數動作。而核心處理器可以藉由資料匯流排讀取 8 位元的計數內容；而且當溢位發生時，將會觸發中斷訊號的輸出。

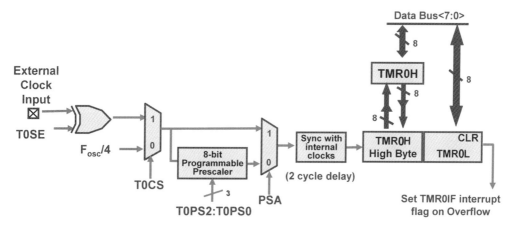

圖 9-2　TIMER0 計時器的 16 位元硬體結構方塊圖

　　在 16 位元的結構示意圖中，大致與 8 位元的使用方式相同。唯一的差異是計時器的計數內容是以 16 位元的方式儲存在兩個不同的暫存器內，而高位元組的暫存器必須要藉由一個緩衝暫存器 TMR0H 間接地讀寫計數的內容。緩衝暫存器的操作方式與第一章所描述的程式計數器（Program Counter）的方式相同。

◎ T0CON設定暫存器定義

　　TIMER0 暫存器相關的 T0CON 設定暫存器位元內容與定義如表 9-1 所示。

表 9-1　T0CON 設定暫存器位元內容定義

R/W-1	R/W-1	R/W-1	R/W-1	R/W-1	R/W-1	R/W-1	R/W-1
TMR0ON	T08BIT	T0CS	T0SE	PSA	T0PS2	T0PS1	T0PS0

bit 7　　　　　　　　　　　　　　　　　　　　　　　　　bit 0

bit 7　**TMR0ON:** Timer0 On/Off Control bit

　　　1 = 啟動 Timer0 計時器。

　　　0 = 停止 Timer0 計時器。

bit 6　**T08BIT:** Timer0 8-bit/16-bit Control bit

　　　1 = 將 Timer0 設定為 8 位元計時器 / 計數器。

　　　0 = 將 Timer0 設定為 16 位元計時器 / 計數器。

bit 5　**T0CS:** Timer0 Clock Source Select bit

　　　1 = 使用 T0CKI 腳位脈波變化。

　　　0 = 使用指令週期脈波變化。

bit 4　**T0SE:** Timer0 Source Edge Select bit

　　　1 = T0CKI 腳位 H→L 電壓邊緣變化時遞加。

　　　0 = T0CKI 腳位 L→H 電壓邊緣變化時遞加。

bit 3　**PSA:** Timer0 Prescaler Assignment bit

　　　1 = 不使用 Timer0 計時器的前除器。

　　　0 = 使用 TImer0 計時器的前除器。

bit 2-0　**T0PS2:T0PS0:** Timer0 計時器前除器設定位元。

　　　111 = 1:256 prescale value

　　　110 = 1:128 prescale value

　　　101 = 1:64 prescale value

　　　100 = 1:32 prescale value

　　　011 = 1:16 prescale value

　　　010 = 1:8 prescale value

　　　001 = 1:4 prescale value

　　　000 = 1:2 prescale value

其他與 TIMER0 計時器 / 計數器相關的暫存器如表 9-2 所示。

表 9-2　TIMER0 相關暫存器與位元定義

Name	Bit 7	Bit 6	Bit 5	Bit 4	Bit 3	Bit 2	Bit 1	Bit 0	Value on POR, BOR	Value on All Other RESETS
TMR0L	Timer0 Module Low Byte Register								xxxx xxxx	uuuu uuuu
TMR0H	Timer0 Module High Byte Register								0000 0000	0000 0000
INTCON	GIE/GIEH	PEIE/GIEL	TMR0IE	INT0IE	RBIE	TMR0IF	INT0IF	RBIF	0000 000x	0000 000u
T0CON	TMR0ON	T08BIT	T0CS	T0SE	PSA	T0PS2	T0PS1	T0PS0	1111 1111	1111 1111
TRISA	—	PORTA Data Direction Register							-111 1111	-111 1111

TIMER0的操作方式

TIMER0 的計數內容是由兩個暫存器 TMR0H 以及 TMR0L 共同組成的。當 TIMER0 作為 8 位元的計時器使用時，將僅使用 TMR0L 暫存器作為計數內容的儲存。當 TIMER0 作為 16 位元的計時器使用時，TMR0H 以及 TMR0L 暫存器將共同組成 16 位元的計數內容；這時候，TMR0H 代表計數內容的高位元組，而 TMR0L 代表計數內容的低位元組。

藉由設定 T0CS 控制位元，TIMER0 可設定以計時器或者計數器的方式操作。當 T0CS 控制位元清除為 0 時，TIMER0 將使用內部的指令執行週期時間作為時脈來源，因此將進入所謂的計時器操作模式。在計時器操作模式而且沒有任何的前除器（Prescaler）設定條件下，每一個指令週期時間計數器的內容將增加 1。當計數器的計數數值內容暫存器 TMR0L 被寫入更改內容時，將會有兩個指令週期的時間停止計數內容的增加。讀者可以在程式需要修改 TMR0L 暫存器內容時刻意地加入兩個指令週期時間以彌補不必要的時間誤差。

當 T0CS 控制位元被設定為 1 時，TIMER0 將會以計數器的方式操作。在計數器的模式下，TIMER0 計數的內容將會在 RA4/T0CKI 腳位的訊號有變化時增加 1。使用者可以藉由設定 T0SE 控制位元來決定在訊號上升邊緣（T0SE＝1）或者下降邊緣（T0SE＝0）的瞬間遞加計數的內容。

◉前除器Prescaler

在 TIMER0 計時器模組內建置有一個 8 位元的計時器作爲前除器的使用。所謂的前除器，或者稱爲除頻器，就是要將輸入訊號觸發計時器頻率降低的計數器硬體。例如，當前除器被設定爲 1:2 時，這每兩次的輸入訊號邊緣發生才會觸發一次計數內容的增加。前除器的內容只能被設定而不可以被讀寫的。TIMER0 前除器的功能開啓與設定是使用 T0CON 控制暫存器中的位元 PSA 與 T0PS0:T0PS0 所完成的。

控制位元 PSA 清除爲 0 時，將會啓動 TIMER0 前除器的功能。一旦啓動之後，便可以將前除器設定爲 1:2，……，1:256 等八種不同的除頻器比例。除頻器的設定是可以完全由軟體設定控制更改，因此在應用程式中可以隨時完全地控制除頻器設定。

當應用程式改寫 TMR0L 暫存器的內容時，前除器的除頻計數器內容將會被清除爲 0，而重新開始除頻的計算。

◉TIMER0中斷事件

當 TIMER0 計數器的內容在預設的 8 位元模式下，TIMER0 計數器數值暫存器 TMR0L 溢流（0xFF → 0x00）將會產生 TIMER0 計時器中斷訊號，而把旗標位元 TMR0IF 設定爲 1。在 16 位元模式下，TIMER0 計數器數值暫存器 TMR0H:TMR0L 溢流（0xFFFF → 0x0000）將會把旗標位元 TMR0IF 設定爲 1。這個中斷功能是可以藉由 TMR0IE 位元來選擇開啓與否。如果中斷功能開啓而且因爲溢位事件發生進入中斷執行函式，在重新返回正常程式執行之前，必須將中斷旗標位元 TMR0IF 清除爲 0 以免重複地發生中斷而一再地進入中斷執行函式。在微控制器的睡眠（SLEEP）模式下，TIMER0 將會被停止操作，而無法利用 TIMER0 的中斷來喚醒微控制器。

◉TIMER0計數內容的讀寫

在預設的 8 位元操作模式下，應用程式只需針對低位元組的 TMR0L 暫存器進行讀寫的動作便可以更改 TIMER0 計數的內容。但是在 16 位元的操作模式下，必須要藉由特定的程序才能夠正確地讀取或寫入計數器的內容。16 位元的讀寫程序必須要藉由 TMR0H:TMR0L 這兩個暫存器來完成。TMR0H 實際上並不是 TIMER0 計數內容的高位元組，它只是一個計數器高位元組讀寫過程中的緩衝暫存器位址，實際的計數器高位元組是不可以直接被讀寫的。

在想要讀取計數器內容的時候，當指令讀取計數器低位元組 TMR0L 暫存器的內容時，計數器高位元組的內容將會同時地被轉移並栓鎖（Latch）在 TMR0H 暫存器中。這樣的做法可以避免應用程式在讀取兩個暫存器的時間差中計數器有不協調的讀取內容更改，而可以得到同一時間完整的 16 位元計數內容。換句話說，在讀取低位元組的計數內容時，TMR0H 暫存器將保留著同一讀取時間的高位元組計數內容。

同樣的觀念也應用在改寫 TIMER0 計數器內容的程序。當要改寫計數器的內容時，必須先將高位元組的資料寫入到 TMR0H 緩衝暫存器中，這時候並不會改變 TIMER0 計時器的內容；當應用程式將其位元組的資料寫入到 TMR0L 暫存器時，TMR0H 暫存器的內容也將同時地被載入到 TIMER0 計數器的高位元組，而完成全部 16 位元的計數內容更新。

9.2 TIMER1計數器／計時器

TIMER1 計時器／計數器具備有下列的特性：

- 16 位元的計時器或計數器（使用 TMR1H:TMR1L 暫存器）。
- 可以讀取或寫入的計數器內容。
- 時序來源可設定為外部或內部來源。
- 專屬的 3 位元軟體設定前除器（Prescaler）。
- 溢位（Overflow）時，也就是計數內容於 0xFFFF 變成 0x0000 時，產生中斷事件。
- 可由 CCP 模組重置的特殊事件觸發器。

TIMER1 計時器的硬體結構方塊圖如圖 9-3 所示。

圖 9-3　TIMER1 計時器的硬體結構方塊圖

T1CON設定暫存器定義

與 TIMER1 計時器相關的 T1CON 設定暫存器位元內容與定義如下表 9-3 所示。

表 9-3　T1CON 設定暫存器位元內容定義

R/W-0	U-0	R/W-0	R/W-0	R/W-0	R/W-0	R/W-0	R/W-0
RD16	—	T1CKPS1	T1CKPS0	T1OSCEN	$\overline{\text{T1SYNC}}$	TMR1CS	TMR1ON
bit 7							bit 0

bit 7　**RD16**: 16-bit Read/Write Mode Enable bit

　　　1 = 開啟 TIMER1 計時器 16 位元讀寫模式。

　　　0 = 開啟 TIMER1 計時器 8 位元讀寫模式。

bit 6 **Unimplemented:** Read as '0'

bit 5-4 **T1CKPS1:T1CKPS0:** 前除器比例設定位元。

      11 = 1:8 Prescale value

      10 = 1:4 Prescale value

      01 = 1:2 Prescale value

      00 = 1:1 Prescale value

bit 3 **T1OSCEN:** Timer1 Oscillator Enable bit

      1 = 開啟 TIMER1 計時器外部震盪源。

      0 = 關閉 TIMER1 計時器外部震盪源與相關電路節省電能。

bit 2 **T1SYNC:** Timer1 External Clock Input Synchronization Select bit

      When TMR1CS = 1:

      1 = 不進行指令週期與外部時序輸入同步程序。

      0 = 進行指令週期與外部時序輸入同步程序。

      When TMR1CS = 0:

      此位元設定被忽略。

bit 1 **TMR1CS:** Timer1 Clock Source Select bit

      1 = 使用 T1OSO 外部時脈輸入。

      0 = 使用內部指令週期時脈。

bit 0 **TMR1ON:** Timer1 On bit

      1 = 開啟 Timer1 計時器。

      0 = 關閉 Timer1 計時器。

其他與 TIMER1 計時器 / 計數器相關的暫存器如表 9-4 所示。

表 9-4　與 TIMER1 計時器 / 計數器相關的暫存器

Name	Bit 7	Bit 6	Bit 5	Bit 4	Bit 3	Bit 2	Bit 1	Bit 0	Value on POR, BOR	Value on All Other RESETS
INTCON	GIE/ GIEH	PEIE/ GIEL	TMR0IE	INT0IE	RBIE	TMR0IF	INT0IF	RBIF	0000 000x	0000 000u
PIR1	PSPIF(1)	ADIF	RCIF	TXIF	SSPIF	CCP1IF	TMR2IF	TMR1IF	0000 0000	0000 0000
PIE1	PSPIE(1)	ADIE	RCIE	TXIE	SSPIE	CCP1IE	TMR2IE	TMR1IE	0000 0000	0000 0000

表 9-4　與 TIMER1 計時器／計數器相關的暫存器（續）

Name	Bit 7	Bit 6	Bit 5	Bit 4	Bit 3	Bit 2	Bit 1	Bit 0	Value on POR, BOR	Value on All Other RESETS
IPR1	PSPIP(1)	ADIP	RCIP	TXIP	SSPIP	CCP1IP	TMR2IP	TMR1IP	0000 0000	0000 0000
TMR1L	Holding Register for the Least Significant Byte of the 16-bit TMR1 Register								xxxx xxxx	uuuu uuuu
TMR1H	Holding Register for the Most Significant Byte of the 16-bit TMR1 Register								xxxx xxxx	uuuu uuuu
T1CON	RD16	—	T1CKPS1	T1CKPS0	T1OSCEN	T1SYNC	TMR1CS	TMR1ON	0-00 0000	u-uu uuuu

TIMER1的操作方式

TIMER1 計時器／計數器功能的開啓是由 T1CON 設定暫存器中的 TMR1ON 位元所控制。TIMER1 計時器／計數器可以下列三種模式操作：

1. 計時器。
2. 同步計數器。
3. 非同步計數器。

這些操作模式是藉由 T1CON 設定暫存器中的 TMR1CS 位元所控制的。當 TMR1CS 位元被清除爲 0 時，TIMER1 在每一個指令執行週期將會被遞加 1。當 TMR1CS 位元被設定爲 1 時，TIMER1 的計數內容將會在每一個外部時序輸入訊號上升邊緣時遞加 1。

當 T1OSCEN 控制位元被設定爲 1 時，TIMER1 的震盪器功能將會被開啓，這時 RC1/T1OSI 以及 RC0/T1OSO/T1CKI 腳位將會被設定爲時序訊號輸入腳位。也就是說，TRISC<1:0 > 的設定將會被忽略，而且在讀取 PORTC 的數值時，這兩個腳位將會讀到 0 的數值。

TIMER1 並內建有一個內部的計數器重置輸入，這個重置訊號是藉由 CCP 模組所產生的。

TIMER1震盪器

在 T1OSI 與 T1OSO 腳位之間內建有一個石英震盪電路，它可以藉由將控制位元 T1OSCEN 設定爲 1 而開啓。這個震盪器是一個低功率的震盪器，並可以產生高達 200 kHz 的震盪時脈訊號；即使在睡眠模式下也可以繼續。但是這兩個腳位的主要目的是要作為 32768Hz 石英震盪器的輸入腳位，因為 32768Hz 石英震盪器可以作為精準的時間計時器，如圖 9-4 所示。

Preload TMR1H register for faster overflows:

TMR1H=80h → 1 second overflow
TMR1H=C0h →0.5 second overflow

圖 9-4　TIMER1 外接 32768Hz 石英震盪器作為精準的時間計時器

TIMER1中斷事件

　　當 TIMER1 計數器數值暫存器 TMR1H:TMR1L 溢流（0xFFFF → 0x0000）將會把 PIR1 暫存器中的旗標位元 TMR1IF 設定為 1。這個中斷功能是可以藉由 PIE1 暫存器中的 TMR1IE 位元來選擇開啟與否。如果中斷功能開啟而且進入中斷執行函式，在重新返回正常程式執行之前，必須將中斷旗標位元 TMR1IF 清除為 0 以免重複地發生中斷。

使用CCP模組輸出訊號重置TIMER1計時器

如果 CCP 模組被設定為輸出比較（COMPARE）模式以產生一個特殊事件觸發訊號，這個訊號將會把計時器的 TIMER1 計數內容重置為零，並且啟動一個類比數位訊號轉換。但是這個訊號將不會引起 TIMER1 中斷事件的發生。利用這樣的操作模式，CCP 模組下的 CCPR1H:CCPR1L 暫存器組實際上將成為 TIMER1 計時器的週期暫存器。

如果要利用這樣的特殊事件觸發功能，TIMER1 計時器必須要被設定在計時器模式或者是同步計數器的模式。在非同步計數器的模式下，這個外部重置的功能是沒有作用的。

如果計時器寫入的事件與 CCP 模組特殊事件觸發同時發生的話，計數器寫入的動作將會優先執行。

TIMER1計數器16位元內容的讀寫

TIMER1 的計數內容是由兩個暫存器 TMR1H 以及 TMR1L 共同組成的。當 TIMER1 作為 16 位元的計時器使用時，TMR1H 以及 TMR1L 暫存器將共同組成 16 位元的計數內容；這時候，TMR1H 代表計數內容的高位元組，而 TMR1L 代表計數內容的低位元組。

在想要讀取計數器內容的時候，當指令讀取計數器低位元組 TMR1L 暫存器的內容時，計數器高位元組的內容將會同時地被轉移並栓鎖（Latch）在 TMR1H 暫存器中。這樣的做法可以避免應用程式在讀取兩個暫存器的時間差中計數器有不協調的讀取內容更改，而可以得到同一時間完整的 16 位元計數內容。換句話說，在讀取低位元組的計數內容時，TMR1H 暫存器將保留著同一讀取時間的高位元組計數內容。

同樣的觀念也應用在改寫 TIMER1 計數器內容的程序。當要改寫計數器的內容時，必須先將高位元組的資料寫入到 TMR1H 緩衝暫存器中，這時候並不會改變 TIMER1 計時器的內容；當應用程式將低位元組的資料寫入到 TMR1L 暫存器時，TMR1H 暫存器的內容也將同時地被載入到 TIMER1 計數器的高位元組，而完成全部 16 位元的計數內容更新。

9.3 TIMER2計數器／計時器

TIMER2 計時器／計數器具備有下列的特性：

■ 8 位元的計時器或計數器（使用 TMR2 暫存器）。

■ 8 位元的週期暫存器（PR2）。

■ 可以讀取或寫入的暫存器內容。

■ 軟體設定前除器（Prescaler）－（1:1、1:4、1:16）。

■ 軟體設定後除器（Postscaler）－（1:1~1:16）。

■ 當週期暫存器 PR2 符合 TMR2 計數器內容時產生中斷訊號。

■ MSSP 模組可選擇使用 TMR2 輸出而產生時序移位脈波。

TIMER2 計時器的硬體結構方塊圖如圖 9-5 所示。

圖 9-5　TIMER2 計時器的硬體結構方塊圖

T2CON設定暫存器定義

與 TIMER2 計時器相關的 T2CON 設定暫存器位元內容與定義如表 9-5 所示。

表 9-5　T2CON 設定暫存器位元內容定義

U-0	R/W-0	R/W-0	R/W-0	R/W-0	R/W-0	R/W-0	R/W-0
—	TOUTPS3	TOUTPS2	TOUTPS1	TOUTPS0	TMR2ON	T2CKPS1	T2CKPS0

bit 7 　　　　　　　　　　　　　　　　　　　　　　　　　　　　bit 0

bit 7　**Unimplemented:** Read as '0'

bit 6-3　**TOUTPS3:TOUTPS0:** Timer2 計時器後除器設定位元。

　　　0000 = 1:1 Postscale

　　　0001 = 1:2 Postscale

　　　⋮

　　　1111 = 1:16 Postscale

bit 2　**TMR2ON:** Timer2 On bit

　　　1 = 啟動 Timer2 計時器。

　　　0 = 停止 Timer2 計時器。

bit 1-0　**T2CKPS1:T2CKPS0:** Timer2 計時器前除器設定位元。

　　　00 = Prescaler is 1

　　　01 = Prescaler is 4

　　　1x = Prescaler is 16

其他與 TIMER2 計時器／計數器相關的暫存器如表 9-6 所示。

表 9-6　與 TIMER2 計時器／計數器相關的暫存器

Name	Bit 7	Bit 6	Bit 5	Bit 4	Bit 3	Bit 2	Bit 1	Bit 0	Value on POR, BOR	Value on All Other RESETS
INTCON	GIE/GIEH	PEIE/GIEL	TMR0IE	INT0IE	RBIE	TMR0IF	INT0IF	RBIF	0000 000x	0000 000u
PIR1	PSPIF(1)	ADIF	RCIF	TXIF	SSPIF	CCP1IF	TMR2IF	TMR1IF	0000 0000	0000 0000
PIE1	PSPIE(1)	ADIE	RCIE	TXIE	SSPIE	CCP1IE	TMR2IE	TMR1IE	0000 0000	0000 0000
IPR1	PSPIP(1)	ADIP	RCIP	TXIP	SSPIP	CCP1IP	TMR2IP	TMR1IP	0000 0000	0000 0000
TMR2	Timer2 Module Register								0000 0000	0000 0000
T2CON	—	TOUTPS3	TOUTPS2	TOUTPS1	TOUTPS0	TMR2ON	T2CKPS1	T2CKPS0	-000 0000	-000 0000
PR2	Timer2 Period Register								1111 1111	1111 1111

TIMER2的操作方式

　　TIMER2 計時器／計數器功能的開啟是由 T2CON 設定暫存器中的 TMR2ON 位元所控制的。TIMER2 計時器的前除器或者後除器的操作模式則是藉由 T2CON 設定暫存器中的相關設定位元所控制的。

　　TIMER2 可以被用來作為 CCP 模組下波寬調變（PWM）模式的時序基礎。TMR2 暫存器是可以被讀寫的，而且在任何一個系統重置發生時將會被清除為 0。TIMER2 計時器所使用的時序輸入，也就是指令執行週期，可藉由 T2CON 控制暫存器中的 T2CKPS1: T2CKPS0 控制位元設定三種不同選擇的前除比例（1:1、1:4、1:16）。而 TMR2 暫存器的輸出將會經過一個 4 位元的後除器，它可以被設定為十六種後除比例（1:1~1:16）以產生 TMR2 中斷訊號，並將 PIR1 暫存器的中斷旗標位元 TMR2IF 設定為 1。

　　TIMER2前除器與後除器的計數內容在下列的狀況發生時將會被清除為0：

- 當寫入資料到 TMR2 暫存器時。
- 當寫入資料到 T2CON 暫存器時。
- 任何一個系統重置發生時。

但是寫入資料到 T2CON 控制暫存器並不會影響到 TMR2 暫存器的內容。

TIMER2中斷事件

　　TIMER2 模組建置有一個 8 位元的週期暫存器 PR2。TIMER2 的計數內容將由 0x00 經由訊號觸發而逐漸地遞加 1 直到符合 PR2 週期暫存器的內容為止；這時候，TMR2 的內容將會在下一個遞加的訊號發生時被重置為 0。在系統重置時，PR2 暫存器的內容將會被設定為 0xFF。

TMR2輸出

　　未經過後除器之前的 TMR2 輸出訊號同時也被輸出到同步串列通訊模組，這個訊號可以被選擇作為產生通訊時所需要的移動時脈。

9.4　TIMER3 計數器／計時器

　　基本上，不論是在硬體架構或者是在軟體的使用與設定上，TIMER3 計數器／計時器是一個和 TIMER1 計數器／計時器完全一樣的計時器。

　　TIMER3 計時器／計數器具備有下列的特性：

- 16 位元的計時器或計數器（使用 TMR3H:TMR3L 暫存器）。
- 可以讀取或寫入的計數器內容。
- 時序來源可設定為外部或內部來源。
- 專屬的 3 位元軟體設定前除器（Prescaler）。
- 溢位（Overflow）時，也就是計數內容於 0xFFFF 變成 0x0000 時，產生中斷事件。
- 可由 CCP 模組重置的特殊事件觸發器。

　　TIMER3 計時器的硬體結構方塊圖如圖 9-6 所示。

圖 9-6　TIMER3 計時器的硬體結構方塊圖

◎ T3CON設定暫存器定義

TIMER3 暫存器相關的 T3CON 設定暫存器位元內容與定義如表9-7所示。

表 9-7　T3CON 設定暫存器位元內容定義

R/W-0	R/W-0	R/W-0	R/W-0	R/W-0	R/W-0	R/W-0	R/W-0
RD16	T3CCP2	T3CKPS1	T3CKPS0	T3OSCEN	T3SYNC	TMR3CS	TMR3ON

bit 7　　　　　　　　　　　　　　　　　　　　　　　　　　　bit 0

bit 7　**RD16:** 16-bit Read/Write Mode Enable bit

　　1 = 開啟 TIMER3 計時器 16 位元讀寫模式。

　　0 = 開啟 TIMER3 計時器 8 位元讀寫模式。

Bit 6,3　**T3CCP2<2:1>:** CCPx 使用 Timer3 與 Timer1 的致能位元

　　1x = Timer3 為兩個 CCPx 模組中的輸入捕捉與輸出比較功能的時脈來源

　　01 = Timer3 為 CCP2 模組中的輸入捕捉與輸出比較功能的時脈來源

　　　　 Timer1 為 CCP1 模組中的輸入捕捉與輸出比較功能的時脈來源

　　00 = Timer1 為兩個 CCPx 模組中的輸入捕捉與輸出比較功能的時脈來源

bit 5-4　**T3CKPS1:T3CKPS0:** 前除器比例設定位元。

　　11 = 1:8 Prescale value

　　10 = 1:4 Prescale value

　　01 = 1:2 Prescale value

　　00 = 1:1 Prescale value

bit 2　**T3SYNC:** Timer3 External Clock Input Synchronization Select bit

　　When TMR3CS = 1:

　　1 = 不進行指令週期與外部時序輸入同步程序。

　　0 = 進行指令週期與外部時序輸入同步程序。

　　When TMR3CS = 0:

　　此位元設定被忽略。

bit 1　**TMR3CS:** Timer3 Clock Source Select bit

　　1 = 使用 T13CKI 外部時脈輸入。

　　0 = 使用內部指令週期時脈。Internal clock (Fosc/4)

bit 0 **TMR3ON:** Timer3 On bit

    1 = 開啓 Timer3 計時器。

    0 = 關閉 Timer3 計時器。

其他與 TIMER3 計時器／計數器相關的暫存器如表 9-8 所示。

表 9-8　TIMER3 計時器／計數器相關的暫存器

Name	Bit 7	Bit 6	Bit 5	Bit 4	Bit 3	Bit 2	Bit 1	Bit 0	Value on POR, BOR	Value on All Other RESETS
INTCON	GIE/GIEH	PEIE/GIEL	TMR0IE	INT0IE	RBIE	TMR0IF	INT0IF	RBIF	0000 000x	0000 000u
PIR2	—	—	—	EEIF	BCLIF	LVDIF	TMR3IF	CCP2IF	---0 0000	---0 0000
PIE2	—	—	—	EEIE	BCLIE	LVDIE	TMR3IE	CCP2IE	---0 0000	---0 0000
IPR2	—	—	—	EEIP	BCLIP	LVDIP	TMR3IP	CCP2IP	---1 1111	---1 1111
TMR3L	Holding Register for the Least Significant Byte of the 16-bit TMR3 Register								xxxx xxxx	uuuu uuuu
TMR3H	Holding Register for the Most Significant Byte of the 16-bit TMR3 Register								xxxx xxxx	uuuu uuuu
T1CON	RD16	—	T1CKPS1	T1CKPS0	T1OSCEN	T1SYNC	TMR1CS	TMR1ON	0-00 0000	u-uu uuuu
T3CON	RD16	T3CCP2	T3CKPS1	T3CKPS0	T3CCP1	T3SYNC	TMR3CS	TMR3ON	0000 0000	uuuu uuuu

◉ TIMER3的操作方式

TIMER3 計時器／計數器功能的開啓是由 T3CON 設定暫存其中的 TM-R1ON 位元所控制的。TIMER3 計時器／計數器可以以下列三種模式操作：

- 計時器。
- 同步計數器。
- 非同步計數器。

這些操作模式是藉由 T3CON 設定暫存器中的 TMR3CS 位元所控制的。當 TMR3CS 位元被清除爲 0 時，TIMER3 在每一個指令執行週期將會被遞加 1。當 TMR3CS 位元被設定爲 1 時，TIMER3 的計數內容將會在每一個外部時序輸入訊號上升邊緣時遞加 1。

TIMER3 也內建有一個內部的計數器重置輸入，這個重置訊號是藉由 CCP

模組所產生的。

TIMER1震盪器

TIMER1 震盪器也可以被用來作為 TIMER3 的時脈來源。這個震盪器是一個低功率的震盪器，並可以產生高達 200 kHz 的震盪時脈訊號；即使在睡眠模式下也可以繼續。

TIMER3中斷事件

當 TIMER3 計數器數值暫存器 TMR3H:TMR3L 溢流（0xFFFF → 0x0000）將會把 PIR1 暫存器中的旗標位元 TMR3IF 設定為 1。這個中斷功能是可以藉由 PIE1 暫存器中的 TMR1IE 位元來選擇開啟與否。如果中斷功能開啟而且進入中斷執行函式，在重新返回正常程式執行之前，必須將中斷旗標位元 TMR3IF 清除為 0 以免重複地發生中斷。

使用CCP模組輸出訊號重置TIMER3計時器

如果 CCP 模組被設定為輸出比較（COMPARE）模式以產生一個特殊時間觸發訊號，這個訊號將會把計時器的 TIMER3 計數內容重置為零，並且啟動一個類比數位訊號轉換。但是這個訊號將不會引起 TIMER3 中斷事件的發生。利用這樣的操作模式，CCP 模組下的 CCPR1H:CCPR1L 暫存器組實際上將成為 TIMER3 計時器的週期暫存器。

如果要利用這樣的特殊事件觸發功能，TIMER3 計時器必須要被設定在計時器模式或者是同步計數器的模式。在非同步計數器的模式下，這個外部重置的功能是沒有作用的。

如果計時器寫入的事件與 CCP 模組特殊事件觸發同時發生的話，計數器寫入的動作將會優先執行。

◎▌TIMER3計數器十六位元內容的讀寫

TIMER3 的計數內容是由兩個暫存器 TMR3H 以及 TMR3L 共同組成的。當 TIMER3 作為十六位元的計時器使用時，TMR3H 以及 TMR3L 暫存器將共同組成十六位元的計數內容；這時候，TMR3H 代表計數內容的高位元組，而 TMR3L 代表計數內容的低位元組。

在想要讀取計數器內容的時候，當指令讀取計數器低位元組 TMR3L 暫存器的內容時，計數器高位元組的內容將會同時地被轉移並栓鎖（Latch）在 TMR3H 暫存器中。這樣的做法可以避免應用程式在讀取兩個暫存器的時間差中計數器有不協調的讀取內容更改，而可以得到同一時間完整的十六位元計數內容。換句話說，在讀取低位元組的計數內容時，TMR3H 暫存器將保留著同一讀取時間的高位元組計數內容。

同樣的觀念也應用在改寫 TIMER3 計數器內容的程序。當要改寫計數器的內容時，必須先將高位元組的資料寫入到 TMR3H 緩衝暫存器中，這時候並不會改變 TIMER3 計時器的內容；當應用程式將其位元組的資料寫入到 TMR3L 暫存器時，TMR3H 暫存器的內容也將同時地被載入到 TIMER3 計數器的高位元組，而完成全部 16 位元的計數內容更新。

在完整的說明所有的計時器／計數器的功能與使用方法之後，讓我們以範例程式來說明如何使用計時器以更精準的控制時間，作為事件發生的依據。

在說明新的範例之前，建議讀者先回顧在數位輸出入埠章節中所說明的程式範例。在先前的範例程式中，每一次的燈號變化是藉由軟體撰寫的時間延遲函式所控制的，相信讀者還記得為了要精準地控制延遲時間，必須要斤斤計較著延遲函式中所需要增加的 nop 指令藉以消耗多餘的時間。但是在計算的過程中，我們並沒有去考量主程式中永久迴圈內的指令所需的執行時間；因此嚴格來說，當時的延遲時間計算並不是十分精準的，特別是在主程式的執行較為繁複冗長的時候。

為了要改善先前範例程式所存在的缺點，在這裡我們將使用計時器與中斷事件發生的訊號配合，精確地在每一次計時器中斷發生的時候進行燈號的切換。

範例 9-1

設計一個每0.5秒讓PORTD的LED所顯示的二進位數字自動加一的程式。

```
#include     <xc.inc>          ; 納入定義檔 Include file located at default directory
;
TMR1_VAL     EQU     16384            ; Timer1 設定為 500ms 中斷一次


;*****************************************************************
;****   RESET Vector @ 0x0000
;*****************************************************************
;
PSECT mycode,abs,class=CODE,space=SPACE_CODE,reloc=2
; 一定要改成絕對位址 <abs> 定義的 PSECT 宣告，才能將程式定義在重置向量或中斷向量

        org       0x00              ;
        bra       Initial
;
        org       0x08              ; 高優先中斷的程式向量位址
        bra       Hi_ISRs
;
;*****************************************************************
;****   The Main Program start from Here !!
```

CHAPTER

9

```
;*******************************************************************


        org         0x2A            ; 正常執行程式的開始
Initial:
        call        Init_IO         ; 以函式的方式宣告所有的輸出入腳位
        call        Init_Timer1     ; 以函式的方式設定 TIMER1 計時器
;
        bsf         IPEN            ; 啓動中斷優先順序的功能 RCON, 7
        bsf         GIEH            ; 啓動所有的高優先中斷 INTCON, 7
;
Main:
Null_Loop:
        goto        Null_Loop       ; 無窮迴圈
;
;***********************************************************************
;****    Initial the PORTD for the output port
;***********************************************************************
Init_IO:
        bcf         TRISA4          ; 將 PORTA, RA4 腳位設定爲訊號輸入

        clrf        LATD, a         ; 清除所有的 PORTD 腳位值
        clrf        TRISD, a        ; 設定所有的 PORTD 腳位爲輸出
        return
;***********************************************************************
;****    Initial Timer1 as a 500ms Timer
;***********************************************************************
Init_Timer1:
        movlw       10001111B               ;16 位元非同步計數器模式，關閉前除器
        movwf       T1CON, a        ; 是用外部 32768Hz 震盪器並開啓 Timer1
;
        movlw       (65536-TMR1_VAL)/256    ; 設定計時器高位元組資料
```

```
        movwf       TMR1H, a
        movlw       (65536-TMR1_VAL) & 0x00FF ;  設定計時器低位元組資料
        movwf       TMR1L, a
;設定 TMR1 中斷功能
        bsf         TMR1IP              ;  設定 Timer1 爲高優先中斷  IPR1, 0
        bcf         TMR1IF              ;  清除 Timer1 中斷旗標  PIR1, 0
        bsf         TMR1IE              ;  開啓 Timer1 中斷功能  PIE1, 0
;
        return


;************************************************************************
;****    ISRs() :  中斷執行函式
;************************************************************************
Hi_ISRs:      ;  高優先中斷執行函式

        bcf         TMR1IF              ;  清除 Timer1 中斷旗標  PIR1, 0
;
        movlw       (65536-TMR1_VAL)/256       ;  設定計時器高位元組資料
        movwf       TMR1H, a
        movlw       (65536-TMR1_VAL) & 0x00FF ;  設定計時器低位元組資料
        movwf       TMR1L, a

        incf        LATD,f ,a           ;  LATD = LATD + 1;
        retfie      f                   ;  Return with shadow register
;
        END
```

CHAPTER

9

　　在範例程式中，將 TIMER1 計時器設定爲使用外部時脈輸入；而由於在硬體電路上外部的時脈輸入源建置有一個 32768Hz 的震盪器，因此而產生一個每 0.5 秒的中斷訊號，計數器的內容必須計算 32768 的一半就必須產生溢流的中斷訊號。所以在設定計數器的初始值時，必須將計數器的 16 位元計數範圍 65536 扣除掉（32768/2）便可以得到所應該要設定的數值。

在範例程式中使用函式的方式，將各個硬體模組的初始化指令區塊化。這樣的函式區塊程式撰寫方式將有助於程式的結構化，對於未來程式的維護與整理或者是移轉程式到其他的為控制器上使用都是非常地有幫助。

更重要的是，在這個範例程式中藉由外部時脈訊號來源、TIMER1 計數器以及中斷訊號的使用，可以讓應用程式非常精確地在 TIMER1 計時器被觸發 16,384 次之後立即進行燈號切換的動作。雖然進入中斷執行函式之後，仍然有少許幾個指令的執行時間延遲，但是由於每一次中斷發生後的時間延遲都是一樣的，因此每一次燈號切換動作所間隔的時間也就會相同。

在學習精確的計時器使用之後，在後續的章節中將會反覆地利用計時器的功能以達到精確時間控制的要求。由於 TIMER3 計時器的功能及使用與 TIMER1 是完全一樣的，在此我們不多作介紹。至於 TIMER2 計時器的功能主要是作為 CCP 模組的時脈來源，我們將在介紹 CCP 模組時再一併說明。

類比數位訊號轉換與
類比訊號比較模組

　　在許多微控制器的應用中類比訊號感測器是非常重要的一環。一方面是由於許多傳統的機械系統或者物理訊號所呈現的都是一個連續不間斷的類比訊號，例如溫度、壓力、位置等等；因此在量測時通常也就以連續式的類比訊號呈現。另外一方面，雖然數位訊號感測器的應用越趨普遍，但是相對的許多對應的類比訊號感測器在成本以及使用方法上仍然較爲簡單，例如水位的量測、角度的量測等等，因此在比較不要求精確度或者不容易受到干擾的應用系統中仍然存在著許多類比訊號感測器。

　　這些類比訊號感測器的輸出通常多是以電壓的變化呈現，因此在微控制器的內部或者外接元件中必須要有適當的模組將這些訊號轉換成微控制器所能夠運算處理的數位訊號。通常最普遍的類比數位信號轉換方式是採用 SAR（Successive Approximation Register），有興趣的讀者可以參考數位邏輯電路的書籍了解相關的運作與架構。

　　通常在選擇一個類比訊號轉換的硬體時，最基本的考慮條件爲轉換時間及轉換精度。當然使用者希望能夠在越短的轉換時間能夠取得越高精度的訊號，以提高系統運作的效能；但是系統性能的提升相對的也會增加系統的成本。

　　無論如何，如果一個微控制器能夠內建有一個足夠解析度的類比數位訊號轉換模組，對於一般的應用而言將會有極大的幫助，並有效的降低成本。

　　在 PIC18 系列的微控制器中，10 位元的類比數位訊號轉換模組是一個標準配備；甚至在較爲低階的 PIC12 或者 PIC16 系列的微控制器中也可以見到它的蹤影。傳統的微控制器，如 PIC18F452，類比數位訊號轉換模組建置有八個類比訊號的輸入端點，較新的微控制器，如 PIC18F4520，類比數位訊號轉換模組則建置有十三個類比訊號的輸入端點，藉由一個多工器、訊號採樣保持及 10 位元的轉換器，這個模組快速地將類比訊號轉換程式位元精度的數位訊號，供核心處理器做更進一步的運算處理。

　　除此之外，如果應用程式只需要判斷輸入類比訊號與特定預設電壓的比較而不需要知道入訊號的精確電壓大小時，在較新的微控制器中可以使用類比訊號比較器以加速程式的執行。應用程式可以將比較器的兩個輸入端的類比電壓做比較，並將比較的結果轉換成輸出高電位「1」或低電位「0」的數位訊號作為後續程式執行判斷的依據。

10.1　十位元類比數位訊號轉換模組

　　PIC18F4520 微控制器 10 位元類比訊號轉換模組將可轉換的類比訊號來源增加到十三個，使應用程式能夠有更多的通道選擇，如圖 10-1 所示。而且在類比與數位輸出入腳位的設定上重新調整，讓腳位選擇的設定更加地線性化而容易安排。ADCON0 暫存器控制類比數位訊號轉換模組的操作功能；ADCON1 與 ADCON2 暫存器則設定與輸入端點相關的腳位功能設定。這三個暫存器位元定義如表 10-1 所示。

圖 10-1　類比數位訊號轉換模組結構示意圖

◙ADCON0暫存器定義

表 10-1(1)　類比訊號模組 ADCON0 暫存器位元定義

U-0	U-0	R/W-0	R/W-0	R/W-0	R/W-0	R/W-0	R/W-0
—	—	CHS3	CHS2	CHS1	CHS0	GO/$\overline{\text{DONE}}$	ADON

bit 7　　　　　　　　　　　　　　　　　　　　　　　　　bit 0

bit 7-6 **Unimplemented:** Read as '0'

bit 5-2 **CHS3:CHS0**: 類比通道選擇位元

　　　 0000 = Channel 0 (AN0)

　　　 0001 = Channel 1 (AN1)

　　　 0010 = Channel 2 (AN2)

　　　 0011 = Channel 3 (AN3)

　　　 0100 = Channel 4 (AN4)

　　　 0101 = Channel 5 (AN5)

　　　 0110 = Channel 6 (AN6)

　　　 0111 = Channel 7 (AN7)

　　　 1000 = Channel 8 (AN8)

　　　 1001 = Channel 9 (AN9)

　　　 1010 = Channel 10 (AN10)

　　　 1011 = Channel 11 (AN11)

　　　 1100 = Channel 12 (AN12

　　　 1101 = Unimplemented

　　　 1110 = Unimplemented

　　　 1111 = Unimplemented

Note 1: PIC18FXX20 系列 28PIN 微處理器未配備十三個完整的 A/D 通道

　　　 2: 對未建置的類比訊號通道進行轉換將回傳一個浮動的結果數值

bit 1 **GO/DONE:** A/D 轉換狀態位元

　　　 <u>當 ADON = 1:</u>

　　　 1 = A/D 轉換進行中

　　　 0 = A/D 轉換完成（閒置中）

bit 0 **ADON:** A/D模組啓動位元

　　1 = A/D轉換模組致能

　　0 = A/D轉換模組關閉

◉ ADCON1暫存器定義

表 10-1(2)　類比訊號模組 ADCON1 暫存器位元定義

U-0	U-0	R/W-0	R/W-0	R/W-1[1]	R/W[1]	R/W[1]	R/W[1]
—	—	VCFG1	VCFG0	PCFG3	PCFG2	PCFG1	PCFG0

bit 7　　　　　　　　　　　　　　　　　　　　　　　　　　bit 0

bit 7-6 **Unimplemented:** Read as '0'

bit 5 **VCFG1:** 參考電壓設定位元（VREF-source）

　　1 = VREF- (AN2)

　　0 = VSS

bit 4 **VCFG0:** 參考電壓設定位元（VREF+source）

　　1 = VREF+ (AN3)

　　0 = VDD

bit 3-0 **PCFG3:PCFG0:** A/D腳位設定控制位元：

PCFG3: PCFG0	AN12	AN11	AN10	AN9	AN8	AN7[2]	AN6[2]	AN5[2]	AN4	AN3	AN2	AN1	AN0
0000[1]	A	A	A	A	A	A	A	A	A	A	A	A	A
0001	A	A	A	A	A	A	A	A	A	A	A	A	A
0010	A	A	A	A	A	A	A	A	A	A	A	A	A
0011	D	A	A	A	A	A	A	A	A	A	A	A	A
0100	D	D	A	A	A	A	A	A	A	A	A	A	A
0101	D	D	D	A	A	A	A	A	A	A	A	A	A
0110	D	D	D	D	A	A	A	A	A	A	A	A	A
0111[1]	D	D	D	D	D	A	A	A	A	A	A	A	A
1000	D	D	D	D	D	D	A	A	A	A	A	A	A

PCFG3: PCFG0	AN12	AN11	AN10	AN9	AN8	AN7[2]	AN6[2]	AN5[2]	AN4	AN3	AN2	AN1	AN0
1001	D	D	D	D	D	D	D	A	A	A	A	A	A
1010	D	D	D	D	D	D	D	D	A	A	A	A	A
1011	D	D	D	D	D	D	D	D	D	A	A	A	A
1100	D	D	D	D	D	D	D	D	D	D	A	A	A
1101	D	D	D	D	D	D	D	D	D	D	D	A	A
1110	D	D	D	D	D	D	D	D	D	D	D	D	A
1111	D	D	D	D	D	D	D	D	D	D	D	D	D

A = Analog input   D = Digital I/O

Note 1: The POR value of the PCFG bits depends on the value of the PBADEN configuration bit. When PBADEN = 1, PCFG<3:0> = 0000; when PBADEN = 0, PCFG<3:0> = 0111.

  2: AN5 through AN7 are available only on 40/44-pin devices.

ADCON2暫存器定義

表 10-1(3)　類比訊號模組 ADCON2 暫存器位元定義

R/W-0	U-0	R/W-0	R/W-0	R/W-1	R/W	R/W	R/W
ADFM	—	ACQT2	ACQT1	ACQT0	ADCS2	ADCS1	ADCS0
bit 7							bit 0

bit 7　**ADFM:**　A/D結果格式選擇位元

　　　　1 = 向右靠齊格式，ADRESH 暫存器較高 6 位元為 0

　　　　0 = 向右靠齊格式，ADRESL 暫存器較低 6 位元為 0

bit 6　**Unimplemented:** Read as '0'

bit 5-3　**ACQT2:ACQT0:**　A/D採樣時間選擇位元

　　　　111 = 20 TAD

　　　　110 = 16 TAD

　　　　101 = 12 TAD

　　　　100 = 8 TAD

　　　　011 = 6 TAD

```
010 = 4 TAD
001 = 2 TAD
000 = 0 TAD
```

bit 2-0 **ADCS2:ADCS0**: 採樣時脈選擇位元

```
111 = FRC (clock derived from A/D RC oscillator)
110 = FOSC/64
101 = FOSC/16
100 = FOSC/4
011 = FRC (clock derived from A/D RC oscillator)
010 = FOSC/32
001 = FOSC/8
000 = FOSC/2
```

▣ 類比數位訊號轉換器

　　由於類比訊號電路的設計技術取得不易且製作成本較高，因此內建的類比數位訊號轉換器是一個重要的微控制器資源。一般類比數位訊號轉換器大多使用所謂的連續近似暫存器（Successive Approximation Register, SAR）的電路設計方式，其架構如圖 10-2 所示。由於在轉換訊號時，是使用二分逼近法的操作方式轉換類比訊號，因此每增加一個位元的解析度，將會延長一個轉換周期的時間。所以，微控制器製造廠商必須要在成本、時間與解析度之間做一個適當的妥協與設計。如果所提供的設計不能滿足使用者的需求，使用者必須加類比訊號元件，不但增加成本，也會降低操作的效率。

　　類比訊號參考電壓是可以藉由軟體選擇而使用微控制器元件的高低供應電壓（V_{DD} 與 V_{SS}），或者是使用在 RA3/AN3/V_{Ref+} 腳位以及 RA2/AN2/V_{Ref-} 腳位的外部電壓訊號作為參考電壓。

　　類比數位訊號轉換模組有一個特別的功能──即使是在睡眠模式下，還能夠繼續的進行類比訊號的感測。如果要在睡眠模式下操作，類比數位訊號轉換的時序來源必須切換到使用模組內建的 RC 震盪訊號源。

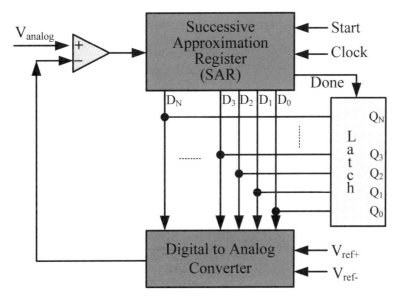

圖 10-2　連續近似暫存器（SAR）類比數位訊號轉換器示意圖

　　在經過多工器切換輸入腳位後，類比訊號將進入一個採樣與保持的元件，經過充足時間的採樣之後，訊號電壓將會被保持在一個電容元件中。然後類比訊號轉換模組將會自動進入類比轉數位訊號的程序，利用 SAR 將訊號轉換成 10 位元解析度的數位訊號。在轉換的過程中，ADCON0 暫存器中的 GO/DONE 狀態位元將會被設定為 1，表示轉換的程序正在進行中。

　　由於微控制器腳位的多工使用，每一個類比訊號轉換模組使用的腳位輸入都可以被設定作為類比訊號輸入，或者是一般用途的數位輸出入訊號。要特意的是，當系統重置時所有類比訊號模組相關的腳位都會被預設為類比輸入的功能，因此如果應用程式需要將這些腳位作為周邊或其他數位輸出入訊號使用時，必須要透過 ADCON1 的設定，調整它們的輸出入型態。

　　暫存器 ADRESH 與 ADRESL 儲存了類比數位訊號轉換的結果。當訊號轉換完畢時，轉換的結果將會被載入到這兩個暫存器中；而 ADCON0 暫存器中的 GO/DONE 狀態位元將會被清除為 0，表示轉換程序的完成；同時類比數位訊號轉換中斷旗標位元 ADIF 也將會被設定為 1。

　　如果在訊號轉換的過程中發生系統重置的現象，所有相關的暫存器將會還原到它們的重置狀態，這樣的狀態將會關閉訊號轉換模組，正在轉換中的訊號資料也將會消失。類比訊號結果暫存器中的數值在電源啓動重置的過程中是不會被改變的；因此，在電源啓動時結果暫存器中的內容將是不可知的。

　　在完成類比數位訊號模組的設定之後，被選擇的類比訊號通道必須要在訊號轉換之前完成採樣的動作。所有使用的類比輸入通道必須要將它們相對應的訊號方向暫存器 TRISx 內容設定爲輸入的方向。

▋類比訊號採樣時間

　　在完成類比數位訊號模組的設定之後，被選擇的類比訊號通道必須要在訊號轉換之前完成採樣的動作。採樣所需要的時間計算可以利用下面的公式計算：

$$T_{ACQ} = \text{Amplifier Settling Time} + \text{Hold Capacitor Charging Time} + \text{Temperature Coefficient}$$
$$= T_{AMP} + T_C + T_{COFF}$$
$$= 5\ us + T_C + (\text{Temperature} - 25℃) \times 0.05\ us/℃$$

使用者必須確認所選定的採樣時間 T_{ACQ} 足以讓採樣電容有足夠的時間達到與外部訊號相同的電位，否則將會產生量測的誤差。因此在使用上，寧可使用較長的 T_{ACQ} 以避免誤差的產生。完成設計之後再行調整測試較短的採樣時間以節省效能。

▋類比訊號參考電壓

　　類比訊號參考電壓指的是訊號轉換時的電壓上下限範疇，參考電壓是可以藉由軟體選擇而使用微控制器元件的高低供應電壓（V_{DD} 與 V_{SS}），或者是使用外部電壓腳位以及內部固定電壓訊號作爲參考電壓。使用時可以藉由 AD-CON1 暫存器設定。

睡眠模式下的類比訊號轉換

如果需要類比訊號轉換在睡眠模式下進行的話，必須要將轉換時脈改成使用內部的 FRC 電路作為時脈來源。由於當 GO 位元設定為 1 啟動轉換後，還需要一個時脈周期才會開始進行，這足以讓微控制器執行 SLEEP 指令進入睡眠。在睡眠模式下進行類比訊號轉換可以降低微控制器執行程式時產生的高頻訊號干擾，有助於提高訊號的精確度。如果進入睡眠前沒有將轉換時脈來源改變成內部 FRC 時脈的話，ADC 將在進入睡眠時停止轉換，該次轉換結果將會被放棄，同時也會關閉 ADC 模組的運作，即便 ADON 位元仍然保持為 1。如果全域中斷功能跟 ADC 中斷功能都有開啟的話，GIE=1 且 ADIE=1（必要時 PEIE=1），則轉換完成時將喚醒微控制器並進入中斷執行函式。如果 ADIE 未開啟的話，則在轉換完成後將關閉 ADC 模組，即便 ADON 位元仍然保持為 1。

類比訊號轉換的中斷事件

當類比訊號轉換完成時，不論中斷功能 ADIE 是否開啟，都將會觸發中斷旗標 ADIF，然後根據中斷優先權 ADIP 的設定觸發高優先或低優先中斷函式的執行。如果使用者要利用 ADIF 作為類比訊號是否轉換完成的狀態位元，則必須在每一次訊號轉換完成後由程式將 ADIF 清除為 0，以便後續的檢查。由於類比訊號轉換模組可以在睡眠模式下繼續進行轉換，當轉換完成時將可以利用 ADIF 中斷訊號將微控制器喚醒。如果進入睡眠前有開啟全域中斷功能（GIE=1，必要時 PEIE=1）或對應的高低優先中斷致能位元為 1 的話，喚醒時將會進入中斷執行函式；否則將會繼續執行睡眠指令 SLEEP 的下一行指令。

類比數位訊號轉換的程序

經過歸納整理，完成一個類比數位訊號轉換必須要經過下列的步驟：
1. 設定類比數位訊號轉換模組
   • 設定腳位為類比訊號輸入、參考電壓或者是數位訊號輸出入（TRISx 與 ADCON1）。

- 選擇類比訊號輸入通道（ADCON0）。
- 選擇類比訊號轉換時序來源（ADCON2）。
- 啟動類比數位訊號轉換模組（ADCON0）。
- 設定類比數位訊號轉換輸出格式（ADCON2）。

2. 如果需要的話，設定類比訊號轉換中斷事件發生的功能：
- 清除 ADIF 旗標位元。
- 設定 ADIE 控制位元。
- 設定 PEIE 控制位元。
- 設定 GIE 控制位元。

3. 等待足夠的訊號採樣時間。

4. 啟動轉換的程序：
- 將控制位元 GO/$\overline{\text{DONE}}$ 設定為 1（ADCON0）。

5. 等待類比訊號轉換程序完成。檢查的方法有二：
- 檢查 GO/$\overline{\text{DONE}}$ 狀態位元是否為 0。
- 檢查中斷旗標位元 ADIF。

6. 讀取類比訊號轉換結果暫存器 ADRESH 與 ADRESL 的內容；如果中斷功能啟動的話，必須清除中斷旗標 ADIF。

7. 如果要進行其他的類比訊號轉換，重複上述的步驟。每一次轉換之間至少必須間隔兩個 T_{AD}，一個 T_{AD} 代表的是轉換一個位元訊號的時間。

類比數位訊號轉換結果的格式

　　類比訊號結果暫存器 ADRESH 與 ADRESL 是用來在成功地轉換類比訊號之後，儲存 10 位元類比訊號轉換結果內容的記憶體位址。這兩個暫存器組總共有 16 位元的長度，但是被轉換的結果只有 10 位元的長度；因此系統允許使用者自行設定將轉換的結果使用向左或者向右對齊的方式存入到這兩個暫存器組中。對齊格式的示意圖如圖 10-3 所示。對齊的方式是使用對齊格式控制位元 ADFM 所決定的。至於多餘的位元則將會被填入 0。當類比訊號轉換的功能被關閉時，這些位址可以用來當作一般的 8 位元暫存器。

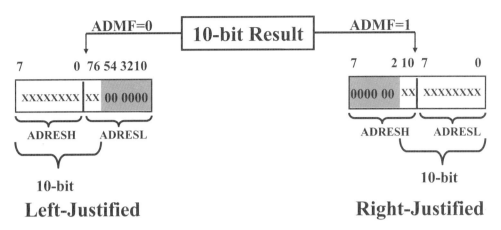

圖 10-3　類比數位訊號轉換結果格式設定

特殊事件觸發訊號轉換

類比訊號轉換可以藉由數位訊號捕捉、比較與 PWM 模組 CCP2 的中斷事件旗標自動觸發類比訊的轉換。

CCP2 模組特殊事件觸發器所產生的訊號啟動。如果要使用這樣的功能，必須要將 CCP2CON 暫存器中的 CCP2M3:CCP2M0 控制位元設定為 1011，並且將類比訊號轉換模組開啟（ADON = 1。當 CCP2 模組特殊事件觸發器產生訊號時，GO/$\overline{\text{DONE}}$ 將會被設定為 1，並同時開始類比訊號的轉換。在同一瞬間，由於 CCP2 觸發訊號也聯結至計時器 TIMER1 或 TIMER3，因此就所選擇計數器也將會被自動重置為 0。利用這個方式，便可以用最少的軟體程式讓這些計數器被重置並自動地重複類比訊號採樣週期。在自動觸發訊號產生之前，應用程式只需要將轉換結果搬移到適當的暫存器位址，並選擇適當的類比輸入訊號通道。

如果類比訊號轉換的功能未被開啟，則觸發訊號將不會啟動類比訊號轉換；但是 CCP2 對應的計時器仍然會被重置為 0。

在對於 PIC18F4520 的類比數位訊號轉換模組的操作有了基本認識之後，讓我們用範例程式來說明類比訊號轉換的設定與操作過程。

範例 10-1

　　利用類比數位訊號轉換模組量測可變電阻 VR1 的電壓值，並將轉換的結果以 8 位元的方式呈現在 LED 發光二極體顯示。

```
#include        <xc.inc>        ; 納入定義檔 Include file located at default directory
;
C_Hold_Delay equ0x20           ; 延遲時間計數暫存器
;
PSECT mycode,abs,class=CODE,space=SPACE_CODE,reloc=2
; 一定要改成絕對位址 <abs> 定義的 PSECT 宣告，才能將程式定義在重置向量或中斷向量
    org     0x00            ; 程式起始位址
    bra     Main
;
    org     0x08            ; 中斷向量起始位址
    bra     Hi_ISRs
;************************************************************
;****    The Main Program start from Here !!
;************************************************************
    org     0x02A           ; 主程式起始位址
Main:
    call    Init_IO         ; 呼叫數位輸出入埠初始化函式
    call    Init_AD         ; 呼叫類比訊號轉換模組初始化函式
;
AD_Loop:
    call    C_Hold_Time     ; 延遲 50uS 完成類比訊號採樣保持
    bsf     GO              ; 啓動類比訊號轉換 ADCON0, 1
    nop                     ;
```

```
    btfsc    GO              ; 檢查類比訊號轉換是否完成？
    bra      $-4             ; 否，迴圈繼續（倒退兩行， 4/2=2)
    movff    ADRESH, LATD    ; 是，將結果轉移到 LATD
;
    goto     AD_Loop         ; 重複無窮迴圈
;*****************************************************************
;****    Initial the PORTD for the output port
;*****************************************************************
Init_IO:                     ; 數位輸出入埠初始化函式
    bsf      TRISA4          ; 將 PORTA, RA4 腳位設定為訊號輸入

    clrf     LATD, a         ; 清除 LATD 暫存器數值
    clrf     TRISD, a        ; 設定 PORTD 全部為數位輸出
;
    bsf      TRISA0          ; 設定 RA0 為數位輸入
;
    return
;*****************************************************************
;****    Initial A/D converter
;*****************************************************************
Init_AD:
    movlw    00000001B       ; 選擇 AN0 通道轉換，
    movwf    ADCON0, a       ; 啟動 A/D 模組
;
    movlw    0000000B        ; 設定 VDD/VSS 為參考電壓
    movwf    ADCON1, a
;
    movlw    00111010B       ; 結果向左靠齊並
    movwf    ADCON2, a       ; 設定採樣時間 20TAD，轉換時間為 Fosc/32
;
    bcf      ADIE            ; 停止 A/D 中斷功能 PIE1, 6
```

```
        return
;*********************************************************
; 採樣保持時間延遲函式 (50uS)
;*********************************************************
C_Hold_Time:
        movlw      125
        movwf      C_Hold_Delay, a
        nop
        decfsz     C_Hold_Delay, f, a
        bra        $-4
        return
;*********************************************************
; 高優先權中斷執行函式
;*********************************************************
Hi_ISRs:
        retfie     f                ; Return with shadow register
;
        END
```

　　在類比訊號模組設定初始化的函式中，ADCON0 設定為 1，所以將保持 RA0 設定為類比輸入（同時將 TRISA0 也設為 1，改為數位輸入）。將 AD-CON0~2 暫存器的設定，根據位元定義，ADFM = 1 會將模組設定為向左靠齊的格式；CHS3:CHS0 = 0000，將訊號轉換通道設定為 AN0；而 ADCON2 暫存器中 ACQT<2:0> 被設定為 b'111'，因此採樣時間為 20 個 T_{AD}；ADCS<2:0> = 010，因此設定轉換時間為 F_{OSC}/32；最後，設定 ADON = 1 將模組啟動。

　　初始化完成後，在主程式中只要將 ADCON0 暫存器的 GO 位元設定為 1 便會啟動訊號轉換的程序；接下來只要持續地檢查這個位元是否為 0，便可以偵測訊號轉換的過程是否完成。而由於轉換的結果被設定為向左靠齊，因此只要將轉換結果的高位元組暫存器 ADRESH 直接傳入到 LATD，便可以將結果顯示在發光二極體。

練習

　　將範例 10-2 中的延遲時間函式 C_Hold_Time 改以計時器中斷的方式處理。試利用 TIMER1/3/5 的中斷功能，每間隔 1ms, 100ms 或 1s，進行 ADC 的轉換並調整 LED。

　　提示：當間隔時間較長或需要較爲精確計時的應用場合，利用計時器遠比時間延遲函式精準且有效率。如果所需間隔時間較長而超出 16 位元計數器範圍時，可以利用計時器的前除頻器擴大計時範圍；如果還不夠使用的話，可以自行設定計數變數遞加以達到目的。而且使用計時器的中斷更可以喚醒處理器的功能，進而在 ADC 轉換處理完成後，以 SLEEP 進入睡眠模式節省電能。

10.2 類比訊號比較器

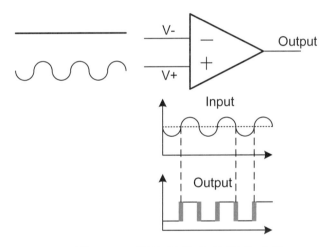

圖 10-4　類比訊號比較器的功能

　　在 PIC18F4520 微控制器中，配備有二個具備輸入多工切換的類比訊號比較器，應用程式可以將比較器的 V+ 與 V- 端輸入的類比電壓做比較。當 V+ 通道的類比電壓高於 V- 的類比電壓時比較器將會輸出高電位的「1」訊號；當 V+ 通道的類比電壓低於 V- 的類比電壓時比較器將會輸出低電位的「0」訊號。如圖 10-5 所示。而且兩個比較器的端點可以在 RA0~RA5 之間做多工的切換，總共有八種不同的操作模式可供選擇，如圖 10-5 所示。

　　由於類比訊號轉換器的雖然可以得到精確的類比訊號（電壓高低）的數值，但是相對的操作程序也比較複雜，所需的轉換時間也比較長。如果使用者不需要知道類比訊號的精確數值，特別是應用需求只是需要做一個啟動器

圖 10-5　比較器多工的切換的八種不同操作選擇模式

開關（ON/OFF）的訊號，這時候類比訊號比較器的使用相對就較為簡單、快速。而且使用者也可以自行選擇比較器參考訊號（V+）的來源，可以選擇外部訊號、內部固定電壓或數位類比訊號轉換器（Digital to Analog Converter, DAC）的輸出訊號作為與外部代測訊號（V-）的比較對象，所以使用者可以根據應用需求而選擇使用類比訊號轉換器或比較器。

比較器相關的暫存器

與比較器相關的暫存器與位元定義如表 10-5 所示。

表 10-2　比較器相關的暫存器與位元定義

Name	Bit 7	Bit 6	Bit 5	Bit 4	Bit 3	Bit 2	Bit 1	Bit 0
CMCON	C2OUT	C1OUT	C2INV	C1INV	CIS	CM2	CM1	CM0
CVRCON	CVREN	CVROE	CVRR	CVRSS	CVR3	CVR2	CVR1	CVR0
INTCON	GIE/GIEH	PEIE/GIEL	TMR0IE	INT0IE	RBIE	TMR0IF	INT0IF	RBIF
PIR2	OSCFIF	CMIF	—	EEIF	BCLIF	HLVDIF	TMR3IF	CCP2IF
PIE2	OSCFIE	CMIE	—	EEIE	BCLIE	HLVDIE	TMR3IE	CCP2IE
IPR2	OSCFIP	CMIP	—	EEIP	BCLIP	HLVDIP	TMR3IP	CCP2IP
PORTA	RA7	RA6	RA5	RA4	RA3	RA2	RA1	RA0
LATA	LATA7	LATA6	PORTA Data Latch Register (Read and Write to Data Latch)					
TRISA	TRISA7	TRISA6	PORTA Data Direction Control Register					

其中 CMCON 控制暫存器設定的與比較器相關的使用與輸出狀態。它的相關位元定義如表 10-3 所示。

CMCON控制暫存器定義

表 10-3　類比訊號比較模組 CMCON 暫存器位元定義

R-0	R-0	R/W-0	R/W-0	R/W-0	R/W-1	R/W-1	R/W-1
C2OUT	C1OUT	C2INV	C1INV	CIS	CM2	CM1	CM0
bit 7							bit 0

bit 7　**C2OUT:**　Comparator 2 Output bit

　　　　When C2INV = 0:

　　　　1 = C2 V_{IN+} > C2 V_{IN-}

　　　　0 = C2 V_{IN+} < C2 V_{IN}When

　　　　C2INV = 1:

　　　　1 = C2 V_{IN+} < C2 V_{IN-}

　　　　0 = C2 V_{IN+} > C2 V_{INbit}

bit 6　**C1OUT:**　Comparator 1 Output bit

　　　　When C1INV = 0:

　　　　1 = C1 V_{IN+} > C1 V_{IN-}

　　　　0 = C1 V_{IN+} < C1 V_{IN}When

　　　　C1INV = 1:

　　　　1 = C1 V_{IN+} < C1 V_{IN-}

　　　　0 = C1 V_{IN+} > C1 V_{INbit}

bit 5　**C2INV:**　Comparator 2 Output Inversion bit

　　　　1 = C2 輸出反向

　　　　0 = C2 輸出正向

bit 4　**C1INV:**　Comparator 1 Output Inversion bit

　　　　1 = C1 輸出反向

　　　　0 = C1 輸出正向

bit 3　**CIS:**　Comparator Input Switch bit

　　　　When CM2:CM0 = 110:

　　　　1 = C1 V_{IN-} connects to RA3/AN3/V_{REF+}

　　　　C2 V_{IN-} connects to RA2/AN2/V_{REF-}/CV_{REF}

　　　　0 = C1 V_{IN-} connects to RA0/AN0

　　　　C2 V_{IN-} connects to RA1/AN1

bit 2-0　**CM2:CM0:** 比較器模式設定位元

　　　　如圖 10-3 所示。

CVRCON控制暫存器位元定義

表 10-4 類比訊號比較模組 CVRCON 暫存器位元定義

R/W-0	R/W-0	R/W-0	R/W-0	R/W-0	R/W-0	R/W-0	R/W-0
CVREN	CVROE	CVRR	CVRSS	CVR3	CVR2	CVR1	CVR0

bit 7   bit 0

bit 7 **CVREN**: 比較參考電壓致能位元

    1 = CVREF circuit powered on

    0 = CVREF circuit powered down

bit 6 **CVROE**: 比較參考電壓輸出位元

    1 = CVREF 電壓輸出於 RA2/AN2/VREF-/CVREF 腳位

    0 = CVREF 電壓輸出於 RA2/AN2/VREF-/CVREF 腳位

    Note 1: CVROE overrides the TRISA<2> bit setting.

bit 5 **CVRR**: 比較參考電壓範圍選擇位元

    1 = 0 to 0.667 CVRSRC, with CVRSRC/24 step size (low range)

    0 = 0.25 CVRSRC to 0.75 CVRSRC, with CVRSRC/32 step size (high range)

bit 4 **CVRSS**: 比較參考電壓來源選擇位元

    1 = Comparator reference source, CVRSRC = (VREF+) - (VREF-)

    0 = Comparator reference source, CVRSRC = VDD - VSS

bit 3-0 **CVR3:CVR0**: 比較參考電壓計算選擇位元 (0 ≤ (CVR3:CVR0) ≤ 15)

    When CVRR = 1:

      CVREF = ((CVR3:CVR0)/24)(CVRSRC)

    When CVRR = 0:

      CVREF = (CVRSRC/4) + ((CVR3:CVR0)/32)(CVRSRC)

比較器的運作程序

除了使用圖 10-4 所示的不同腳位輸入電壓作為比較器的輸入之外，比較器模組同時可以選擇使用內部產生的參考電壓作為比較的對象。內部參考電壓比較的方式只適用在 CM2:CM0 = 110 的設定狀況下，這時內部參考電壓將會被聯結到 V+ 的輸入端點。內部參考電壓必須藉由 CVRCON 暫存器完成電壓值的設定,如表 10-4 所示。

比較器比較結果的輸出,將會有一些反應時間延遲的現象,應用程式必須考慮到最大可能的延遲時間。

而比較的結果除了可以由狀態位元 C2OUT 與 C1OUT 表示供內部運算處理之用外,也可以將比較的結果輸出到 RA4 與 RA5 的腳位上,此時應用程式必須要將 TRISA 方向控制暫存器設定為輸出。如果將相關腳位設定為輸入時,則比較器的輸出將不會出現在這些腳位上。

比較器也可以藉由中斷控制暫存器 PIE2 的 CMIE 控制位元設定中斷功能的啓動與否;如果啓動中斷功能的話,當比較器的輸出有所改變的時候將會觸發中斷旗標 CMIF 設定為 1。中斷旗標可由軟體清除為 0。

由於在睡眠模式下比較器仍然能夠持續進行操作,因此在進入睡眠模式之前,必須將這個模組作適當的設定開啓或關閉以節省操作的電源與不必要的喚醒動作。

範例 10-2

利用比較器設定發光二極體的顯示,當可變電阻 VR1 電壓值小於設定的內部電壓時,將 VR1 的類比訊號轉換結果以二進位方式顯示在 LED 上。當 VR1 電壓值小於設定的內部電壓時,則點亮所有 LED。

```
#include    <xc.inc>      ; 納入定義檔 Include file located at default directory
;
C_Hold_Delay   equ 0x20    ; 延遲時間計數暫存器
;
;****************************************************************
```

```
;****    RESET Vector @ 0x0000
;*****************************************************************
PSECT mycode,abs,class=CODE,space=SPACE_CODE,reloc=2
; 一定要改成絕對位址 <abs> 定義的 PSECT 宣告，才能將程式定義在重置向量或中斷向量
    org     0x00            ; 程式起始位址
    bra     Main
;
    org     0x08            ; 中斷向量起始位址
    bra     Hi_ISRs
;
;*****************************************************************
;****    The Main Program start from Here !!
;*****************************************************************


    org     0x02A           ; 主程式起始位址
Main:
    call    Init_IO         ; 呼叫數位輸出入埠初始化函式
    call    Init_AD         ; 呼叫類比訊號轉換模組初始化函式
;
    movlw   10101100B       ; 開啓類比訊號轉換模組
    movwf   CVRCON,a        ; 設定比較器內部參考電壓爲 (VDD-VSS)/2
    movlw   00000110B       ; 設定類比電壓比較器模組 C1- 聯結至 AN0
    movwf   CMCON,a         ;  C1+ 結至 CVref
;
AD_Loop:
    btfss   CMCON, 6, a     ; 檢查電壓是否小於預設值
;   btfss   CMCON, C1OUT,a  ; 檢查電壓是否小於預設值

    goto    LED_ON          ; 否，點亮所有 LED
                            ; 是，顯示電壓採樣值
    call    C_Hold_Time     ; 延遲 50uS 完成類比訊號採樣保持
```

CHAPTER

10

```
        bsf      GO                 ; 啓動類比訊號轉換
        nop                         ;
        btfsc    GO                 ; 檢查類比訊號轉換是否完成？
        bra      $-4                ; 否，迴圈繼續（倒退兩行， 4/2=2）
        movff    ADRESH, PORTD      ; 是，將結果轉移到 PORTD
;
        goto     AD_Loop            ; 重複無窮迴圈
LED_ON:
        setf     LATD,a
        goto     AD_Loop            ; 重複無窮迴圈
;******************************************************************
;****     Initial the PORTD for the output port
;******************************************************************
Init_IO:                           ; 數位輸出入埠初始化函式
        clrf     LATD,a            ; 清除 LATD 暫存器數值
        clrf     TRISD,a           ; 設定 PORTD 全部爲數位輸出
;
        bsf      TRISA0            ; 設定 RA0 爲數位輸入
;
        return
;******************************************************************
;****     Initial A/D converter
;******************************************************************
Init_AD:
        movlw    00000001B         ; 選擇 AN0 通道轉換，
        movwf    ADCON0,a          ; 啓動 A/D 模組
;
        movlw    00001110B         ; 設定 AN0 爲類比輸入
        movwf    ADCON1,a
;
        movlw    00111010B         ; 結果向左靠齊並設定轉換時間爲 Fosc/32
```

```
    movwf    ADCON2,a        ;
;
    bcf      ADIE            ; 停止 A/D 中斷功能

    return
;
;************************************************************
; 採樣保持時間延遲函式   (50uS)
;************************************************************
C_Hold_Time:
    movlw    125
    movwf    C_Hold_Delay,a
    nop
    decfsz   C_Hold_Delay,F,a
    bra      $-4
    return


;************************************************************
; 高優先權中斷執行函式
;************************************************************
Hi_ISRs:
    retfie   f               ; Return with shadow register
;
    END
```

CHAPTER 11

CCP 模組

　　CCP（Capture/Compare/PWM）模組是 PIC18 系列微控制器的一個重要功能，它主要是用來量測數位訊號方波的頻率或工作週期（Capture 功能），也可以被使用作為產生精確脈衝的工具（Compare 功能），更重要的是它也可以產生可改變工作週期的波寬調變連續脈衝（PWM 功能）。這些功能使得這個模組可以被使用作為數位訊號脈衝的量測，或者精確控制訊號的輸出。

　　當應用程式需要量測某一個連續方波的頻率、週期（Period）或者工作週期（Duty Cycle）的時候，便可以使用輸入訊號捕捉（Capture）的功能；如果使用者需要產生一個精確寬度的脈衝訊號時，便可以使用輸出訊號比較（Compare）的功能；在許多控制馬達或者電源供應的系統中，如果要產生可變波寬的連續脈衝時，便可以使用波寬調變（PWM, Pulse Width Modulation）的功能。

　　而在較新的微控制器中則配置有增強功能的 CCP 模組（ECCP），以作為控制直流馬達所需要的多組 PWM 脈波控制介面。

11.1　PIC18系列微控制器基本的CCP模組

　　每一個 CCP 模組都可以多工執行輸入訊號捕捉、輸出訊號比較，以及波寬調變的功能；但是在任何一個時間只能夠執行上述三個功能中的一項。每一個模組中都包含了一個 16 位元的暫存器，它可以被用作為輸入訊號捕捉暫存器、輸出訊號比較暫存器或者是 PWM 模組的工作週期暫存器。

　　使用不同的模組功能時，可以選擇不同的時序來源。可以選擇的項目如表 11-1 所示。

表 11-1　CCP 模組可選擇的計時器數值來源

CCP模式	計時器數值來源
Capture	Timer1 or Timer3
Compare	Timer1 or Timer3
PWM	Timer2

　　例如 PIC18F452 微控制器提供了兩個 CCP 模組，除了特殊事件觸發器的功能之外，這兩個 CCP 模組的操作方式完全一樣。而 PIC18F4520 微控制器的 CCP 模組中第一組為增強型 ECCP 模組，第二組則為基本的 CCP 模組。在這裡我們先以基本的 CCP 模組介紹作為說明的範例。基本與增強型 CCP 模組主要是在 PWM 控制功能上有所差異，至於 Capture 與 Compare 的功能都是一樣的。

　　CCPx 模組的控制暫存器 CCPxCON 相關的位元定義如表 11-2 所示。

表 11-2　CCPxCON 控制暫存器位元定義

U-0	U-0	R/W-0	R/W-0	R/W-0	R/W-0	R/W-0	R/W-0
—	—	DCxB1	DCxB0	CCPxM3	CCPxM2	CCPxM1	CCPxM0

bit 7　　　　　　　　　　　　　　　　　　　　　　　　bit 0

bit 7-6　未使用

bit 5-4　**DC1B1:DC1B0**: PWM 工作周期的位元 0 與位元 1 定義。PWM Duty Cycle
　　　　　bit 1 and bit 0

　　Capture mode: 未使用。

　　Compare mode: 未使用。

　　PWM mode: PWM 工作周期的最低兩位元。配合 CCPRxL 暫存器使用。

bit 3-0　**CCPxM3:CCPxM0**: CCP 模組設定位元。CCP Mode Select bits

　　0000 = 關閉 (重置)CCP 模組。

　　0001 = 保留。

　　0010 = 比較輸出模式，反轉輸出腳位狀態。

　　0011 = 保留。

0100 = 捕捉輸入模式，每一個下降邊緣觸發。

0101 = 捕捉輸入模式，每一個上升邊緣觸發。

0110 = 捕捉輸入模式，每四個下降邊緣觸發。

0111 = 捕捉輸入模式，每十六個下降邊緣觸發。

1000 = 比較輸出模式，初始化 CCPx 腳位爲低電位，比較相符時設定爲高電位（並設定 CCPxIF）。

1001 = 比較輸出模式，初始化 CCPx 腳位爲高電位，比較相符時設定爲低電位（並設定 CCPxIF）。

1010 = 比較輸出模式，僅產生軟體 CCPxIF 中斷訊號，CCPx 保留爲一般輸出入使用。

1011 = 比較輸出模式，觸發特殊事件（重置 TMR1 或 TMR3，設定 CCPxIF 位元）。

11xx = 波寬調變模式。

　　如果兩個模組同時啓用的話，在某些特定的組合下將會有一些相互間的影響。這些相互的影響如表 11-3 所示。

表 11-3　CCP 模組同時啓用的相互影響

CCPx Mode	CCPy Mode	相互作用
Capture	Capture	兩組 CCP 可使用不同計時器及計時基礎設定。
Capture	Compare	Compare 模式可設定特殊事件觸發功能（special event trigger），並視設定條件清除 TMR1 或 TMR3。
Compare	Compare	Compare 模式可設定特殊事件觸發功能，並視設定條件清除 TMR1 或 TMR3。
PWM	PWM	PWM 模組將有相同的操作頻率與更新率。（TMR2 interrupt）。
PWM	Capture	None
PWM	Compare	None

CHAPTER

11

CCP1模組

CCP1 模組的週期暫存器 CCPR1 是由兩個 8 位元的暫存器所組成：CCPR1L（低位元）與 CCPR1H（高位元）。而模組的功能則是透過 CCP1CON 控制暫存器來設定的。上述的暫存器都是可以被讀寫的。

CCP2模組

同樣地，CCP2 模組的週期暫存器 CCPR2 也是由兩個 8 位元的暫存器所組成：CCPR2L（低位元）與 CCPR2H（高位元）。而模組的功能則是透過 CCP2CON 控制暫存器來設定的。上述的暫存器都是可以被讀寫的。

11.2　輸入訊號捕捉模式

輸入訊號捕捉的模式操作結構圖如圖 11-1 所示。

圖 11-1　輸入訊號捕捉模式的結構圖

從輸入訊號捕捉的結構示意圖中可以看到，輸入訊號將先經過一個可設定的前除器作除頻的處理，然後再經過一個訊號邊緣觸發偵測的硬體電路。當所設定要偵測的訊號邊緣發生時，將會觸發硬體將計時器 TIMER1 的計數內容移轉到 CCP 模組的 16 位元暫存器中作為後續核心處理器擷取資料的位址。在這同時，則會觸發核心處理器的中斷事件的旗標訊號。

在訊號捕捉模式下，當在 RC2/CCP1 腳位有一個特定的事件發生時，CCPR1H 與 CCPR1L 暫存器將會捕捉計時器 TMR1 或者 TMR3 的暫存器內容。所謂特定的事件定義為下列項目之一：

- 每一個訊號下降邊緣。
- 每一個訊號上升邊緣。
- 每四個訊號上升邊緣。
- 每十六個訊號上升邊緣。

事件定義的選擇是藉由控制位元 CCP1M3: CCP1M0 所設定的。當完成一個訊號捕捉時，相對應的 PIR1 暫存器中斷旗標位元 CCP1IF 將會被設定為 1；這個位元必須要用軟體才能夠清除。如果另外一次的捕捉事件在 CCPR1 暫存器的內容被讀取之前發生，則舊的訊號捕捉數值將會被新的訊號捕捉結果改寫而消失。

CCP模組設定

在輸入訊號捕捉的模式下，RC2/CCP1 腳位必須要藉由 TRISC<2> 控制位元設定為訊號輸入的功能。在這個模式下，所選用的計數器模組（TIMER1 或 TIMER3）必須要設定在計時器模式或者同步計數器模式下執行。如果設定為非同步計數器模式，輸入訊號捕捉的工作可能不會有效地執行。應用程式可以藉由 T3CON 控制暫存器來設定 CCP 模組所使用的計時器。

軟體中斷

當輸入訊號捕捉模式被更改時，可能會發生一個錯誤的輸入捕捉中斷訊號。使用者必須在更改模式內容前，將 PIE1 暫存器的控制位元 CCP1IE 清除為 0 以避免錯誤的中斷發生；同時必須要在更改模式完成後，將中斷旗標位元

CCP1IF 清除為 0。

◎CCP前除器

藉由 CCP1M3: CCP1M0 的設定，應用程式可以選擇四種前除器的比例。當 CCP 模組被關閉或者模組不是在輸入訊號捕捉模式下操作時，前除器的計數內容將會被清除為 0。

在切換不同的輸入捕捉前除器設定時，可能會產生一個中斷的訊號；而且前除器的計數內容可能不會被清除為 0。因此，第一次訊號捕捉的結果可能是經過一個不是由 0 開始的前除器。為了避免這些可能的錯誤發生，建議使用下面的程式範例進行修改前除器的程序。

```
CLRF    CCP1CON, F          ; 關閉 CCP 模組
MOVLW   NEW_CAPT_PS         ; 載入新的除頻器比例並開啟模組
MOVWF   CCP1CON
```

11.3 輸出訊號比較模式

輸出訊號比較模式的操作結構示意圖如圖 11-2 所示。

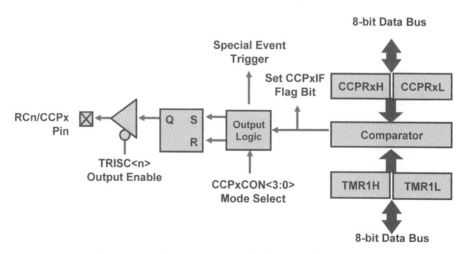

圖 11-2　輸出訊號比較模式的結構示意圖

在輸出訊號比較的結構圖中，TIMER1 計時器的內容將透過一個比較器與 CCP 模組暫存器所儲存的數值做比較。當兩組暫存器的數值符合時，比較器將會發出一個訊號；這個輸出訊號將觸發一個中斷事件，而且將觸發 CCP 控制暫存器所設定的輸出邏輯。輸出邏輯電路將會根據控制暫存器所設定的內容，將訊號輸出腳位透過 SR 暫存器設定為高或低電位訊號狀態，而且也會啓動特殊事件觸發訊號。特別要注意到，SR 暫存器的輸出必須通過資料方向控制暫存器位元 TRISC<2> 的管制才能夠傳輸到輸出腳位。

在輸出訊號比較模式下，16 位元長的 CCPR1 暫存器的數值將持續地與計時器 TMR1 或者 TMR3 暫存器的內容比較。當兩者的數值內容符合時，RC2/CCP1 腳位將會發生下列動作的其中一種：

- 提升爲高電位。
- 降低爲低電位。
- 輸出訊號反轉（H→L 或 L→H）。
- 保持不變。

藉由 CCP1M3: CCP1M0 的設定，應用程式可以選擇四種動作的其中一種。在此同時，中斷旗標位元 CCP1IF 將會被設定爲 1。

CCP模組設定

在輸出訊號比較的模式下，RC2/CCP1 腳位必須要藉由 TRISC<2> 控制位元設定爲訊號輸出的功能。在這個模式下，所選用的計數器模組（TIMER1 或 TIMER3）必須要設定在計時器模式或者同步計數器模式下執行。如果設定爲非同步計數器模式，輸入訊號捕捉的工作可能不會有效地執行。應用程式可以藉由 T3CON 控制暫存器來設定 CCP 模組所使用的計時器。

軟體中斷

當模組被設定產生軟體中斷訊號時，CCP1 腳位的狀態將不會受到影響，而只會產生一個內部的軟體中斷訊號。

特殊事件觸發器

在這個模式下，將會有一個內部硬體觸發器的訊號產生，而這個訊號可以被用來觸發一個核心處理器的動作。

CCP1 模組的特殊事件觸發輸出將會把計時器 TMR1 暫存器的內容清除為 0。這樣的功能，在實務上將會使得 CCPR1 成為 TIMER1 計時器的可程式 16 位元週期暫存器。

兩個 CCP 模組的特殊事件觸發輸出都可以被用來將計時器 TMR1 與 TMR3 暫存器的內容清除為 0。除此之外，如果類比訊號模組的觸發轉換功能被開啓，CCP2 的特殊事件觸發器也可以被用來啓動類比數位訊號轉換。

和訊號輸入捕捉、訊號輸出比較、計時器 TIMER1 與 TIMER3 相關的暫存器內容定義如表 11-4 所示。

表 11-4　輸入捕捉、輸出比較、計時器 TIMER1 與 TIMER3 相關的暫存器定義

Name	Bit 7	Bit 6	Bit 5	Bit 4	Bit 3	Bit 2	Bit 1	Bit 0	Value on POR, BOR	Value on All Other RESETS
INTCON	GIE/GIEH	PEIE/GIEL	TMR0IE	INT0IE	RBIE	TMR0IF	INT0IF	RBIF	0000 000x	0000 000u
PIR1	PSPIF(1)	ADIF	RCIF	TXIF	SSPIF	CCP1IF	TMR2IF	TMR1IF	0000 0000	0000 0000
PIE1	PSPIE(1)	ADIE	RCIE	TXIE	SSPIE	CCP1IE	TMR2IE	TMR1IE	0000 0000	0000 0000
IPR1	PSPIP(1)	ADIP	RCIP	TXIP	SSPIP	CCP1IP	TMR2IP	TMR1IP	0000 0000	0000 0000
TRISC	PORTC Data Direction Register								1111 1111	1111 1111
TMR1L	Holding Register for the Least Significant Byte of the 16-bit TMR1 Register								xxxx xxxx	uuuu uuuu
TMR1H	Holding Register for the Most Significant Byte of the 16-bit TMR1 Register								xxxx xxxx	uuuu uuuu
T1CON	RD16	T1RUN	T1CKPS1	T1CKPS0	T1OSCEN	T1SYNC	TMR1CS	TMR1ON	0-00 0000	u-uu uuuu
CCPR1L	Capture/Compare/PWM Register1 (LSB)								xxxx xxxx	uuuu uuuu
CCPR1H	Capture/Compare/PWM Register1 (MSB)								xxxx xxxx	uuuu uuuu
CCP1CON	PIM1	PIM0	DC1B1	DC1B0	CCP1M3	CCP1M2	CCP1M1	CCP1M0	0000 0000	0000 0000
CCPR2L	Capture/Compare/PWM Register2 (LSB)								xxxx xxxx	uuuu uuuu
CCPR2H	Capture/Compare/PWM Register2 (MSB)								xxxx xxxx	uuuu uuuu
CCP2CON	—	—	DC2B1	DC2B0	CCP2M3	CCP2M2	CCP2M1	CCP2M0	--00 0000	--00 0000
PIR2	OSCFIF	CMIF	—	EEIE	BCLIF	HLVDIF	TMR3IF	CCP2IF	00-0 0000	---0 0000
PIE2	OSCFIE	CMIE	—	EEIF	BCLIE	HLVDIE	TMR3IE	CCP2IE	00-0 0000	00-0 0000
IPR2	OSCFIP	CMIP	—	EEIP	BCLIP	HLVDIP	TMR3IP	CCP2IP	11-1 1111	11-1 1111

表 11-4 輸入捕捉、輸出比較、計時器 TIMER1 與 TIMER3 相關的暫存器定義（續）

Name	Bit 7	Bit 6	Bit 5	Bit 4	Bit 3	Bit 2	Bit 1	Bit 0	Value on POR, BOR	Value on All Other RESETS
TMR3L	Holding Register for the Least Significant Byte of the 16-bit TMR3 Register								xxxx xxxx	uuuu uuuu
TMR3H	Holding Register for the Most Significant Byte of the 16-bit TMR3 Register								xxxx xxxx	uuuu uuuu
T3CON	RD16	T3CCP2	T3CKPS1	T3CKPS0	T3CCP1	T3SYNC	TMR3CS	TMR3ON	0000 0000	uuuu uuuu

11.4 基本CCP模組的PWM模式

在波寬調變（PWM）的操作模式下，CCP1 腳位可以產生一個高達 10 位元解析度的波寬調變輸出訊號。由於 CCP1 腳位與 PORTC 的腳位多工共用，因此必須將 TRISC<2> 控制位元清除為 0，使 CCP1 腳位成為一個訊號輸出腳位。

PWM 模式操作的結構示意圖如圖 11-3 所示。

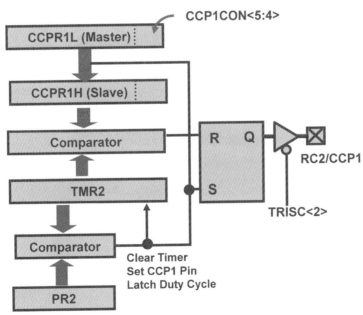

圖 11-3　PWM 模式的結構示意圖

　　從 PWM 模式的結構示意圖中可以看到 TIMER2 計時器的計數內容將與兩組暫存器的內容做比較。首先，TIMER2 計數的內容將與 PR2 暫存器的內容做比較；當內容相符時，比較器將會對 SR 暫存器發出一個設定訊號使輸出值為 1。同時，TIMER2 計數的內容將和 CCPR1H 與 CCP1CON<5:4> 共組的 10 位元內容做比較；當這兩組數值內容符合時，比較器將會對 SR 暫存器發出一個清除的訊號，使腳位輸出低電壓訊號。而且 SR 暫存器的輸出訊號必須受到 TRISC<2> 控制位元的管制。

　　波寬調變的輸出是一個以時間定義為基礎的連續脈衝。基本上，波寬調變的操作必須要定義一個固定的脈衝週期（Period）以及一個輸出訊號保持為高電位的工作週期（Duty Cycle）時間，如圖 11-4 所示。

圖 11-4　波寬調變的脈衝週期及工作週期時間定義

◙ PWM週期

　　波寬調變的週期是由計時器 TIMER2 相關的 PR2 暫存器的內容所定義。波寬調變的週期可以用下列的公式計算：

$$PWM\ period = [PR2 + 1] \cdot 4 \cdot Tosc \cdot (TMR2\ prescale\ value)$$

波寬調變的頻率就是週期的倒數。

當計時器 TMR2 的內容等於 PR2 週期暫存器的所設定的內容時，在下一個指令執行週期將會發生下列的事件：

■ TMR2 被清除為 0。
■ CCP1 腳位被設定為 1（當工作週期被設定為 0 時，CCP1 腳位訊號將不會被設定）。
■ 下一個 PWM 脈衝的工作週期將會由 CCPR1L 被栓鎖到 CCPR1H 暫存器中。

PWM工作週期

PWM 工作週期（Duty Cycle）是藉由寫入 CCPR1L 暫存器以及 CCPCON 暫存器的第四、五位元的數值所設定，因此總共可以有高達 10 位元的解析度。其中，CCPR1L 儲存著較高位置的八個位元，而 CCP1CON 則儲存著較低的兩個位元。下列的公式可以被用來計算 PWM 的工作週期時間：

PWM duty cycle = (CCPR1L:CCP1CON<5:4>)・Tosc・(TMR2 prescale value)

CCPR1L 暫存器及 CCPCON 暫存器的第四、五位元可以在任何的時間被寫入數值，但是這些數字將要等到工作週期暫存器 PR2 與計時器 TMR2 內容符合的事件發生時才會被轉移到 CCPR1H 暫存器。在 PWM 模式下，CCPR1H 暫存器的內容只能被讀取而不能夠被直接寫入。

CCPR1H 暫存器和另外兩個位元長的內部栓鎖器被用來作為 PWM 工作週期的雙重緩衝暫存器。這樣的雙重緩衝器架構可以確保 PWM 模式所產生的訊號不會雜亂跳動。

當上述的十個位元長的（CCPR1H+2 位元）緩衝器符合 TMR2 暫存器與內部兩位元栓鎖器的內容時，CCP1 腳位的訊號將會被清除為 0。對於一個特定的 PWM 訊號頻率所能得到的最高解析度可以用下面的公式計算：

$$PWM\ Resolution\ (max) = \frac{\log(\frac{F_{OSC}}{F_{PWM}})}{\log_2}\ bits$$

CHAPTER

11

如果應用程式不慎將 PWM 訊號的工作週期設定得比 PWM 訊號週期還長的時候，CCP1 腳位的訊號將不會被清除為 0。

PWM操作的設定

如果要將 CCP 模組設定為 PWM 模式的操作時，必須要依照下列的步驟進行：

1. 將 PWM 訊號週期（Period）寫入到 PR2 暫存器週期。
2. 將 PWM 工作週期（Duty Cycle）寫入到 CCPR1L:CCP1CON<5:4>。
3. 將訊號方向控制位元 TRISC<2> 清除為 0 使 CCP1 腳位成為訊號輸出腳位。
4. 設定計時器 TMR 的前除器並開啟 TIMER2 計時器的功能。
5. 將 CCP1 模組設定為 PWM 操作模式。

和PWM操作模式與TIMER2計時器相關的暫存器內容定義如表11-5所示。

表 11-5　PWM 操作模式與 TIMER2 計時器相關的暫存器定義

Name	Bit 7	Bit 6	Bit 5	Bit 4	Bit 3	Bit 2	Bit 1	Bit 0	Value on POR, BOR	Value on All Other RESETS
INTCON	GIE/GIEH	PEIE/GIEL	TMR0IE	INT0IE	RBIE	TMR0IF	INT0IF	RBIF	0000 000x	0000 000u
PIR1	PSPIF(1)	ADI	RCIF	TXIF	SSPIF	CCP1IF	TMR2IF	TMR1IF	0000 0000	0000 0000
PIE1	PSPIE(1)	ADIE	RCIE	TXIE	SSPIE	CCP1IE	TMR2IE	TMR1IE	0000 0000	0000 0000
IPR1	PSPIP(1)	ADIP	RCIP	TXIP	SSPIP	CCP1IP	TMR2IP	TMR1IP	0000 0000	0000 0000
TRISC	PORTC Data Direction Register								1111 1111	1111 1111
TMR2	Timer2 Module Register								0000 0000	0000 0000
PR2	Timer2 Module Period Register								1111 1111	1111 1111
T2CON	—	TOUTPS3	TOUTPS2	TOUTPS1	TOUTPS0	TMR2O	T2CKPS1	T2CKPS0	-000 0000	-000 0000
CCPR1L	Capture/Compare/PWM Register1 (LSB)								xxxx xxxx	uuuu uuuu
CCPR1H	Capture/Compare/PWM Register1 (MSB)								xxxx xxxx	uuuu uuuu
CCP1CON	PIM1	PIM0	DC1B1	DC1B0	CCP1M3	CCP1M2	CCP1M1	CCP1M0	--00 0000	--00 0000
CCPR2L	Capture/Compare/PWM Register2 (LSB)								xxxx xxxx	uuuu uuuu
CCPR2H	Capture/Compare/PWM Register2 (MSB)								xxxx xxxx	uuuu uuuu
CCP2CON	—	—	DC2B1	DC2B0	CCP2M3	CCP2M2	CCP2M1	CCP2M0	--00 0000	--00 0000

Note 1: The PSPIF, PSPIE and PSPIP bits are reserved on the PIC18F2X2 devices; always maintain these bits clear.

在下面的範例中，首先讓我們以範例程式來說明如何利用輸出比較模組產生一個週期反覆改變的訊號。

┌─────────┐
│ 範例 11-1 │
└─────────┘

　　將微控制器的 CCP 模組設定為輸出比較模式設定下降邊緣時間，配合計時器 TIMER1，於每一次下降邊緣訊號發生時觸發 CCP 中斷，進行可變電阻的電壓採樣，並將類比訊號採樣結果顯示在發光二極體上；然後在 TIMER1 中斷時使用類比電壓值改變 CCP 輸出訊號的工作週期（下降邊緣時間），並以此訊號週期觸發 LPWM，顯示訊號的變化。

```
;*************************************************
;*  Ex11-1.s
;*************************************************
#include      <xc.inc>        ; 將微處理器相暫存器與其他符號的定義檔包含到程式檔中
;
C_Hold_Delay  equ  0x20       ; 延遲時間計數暫存器
AD_TEMP       equ  0x21       ; 延遲時間計數暫存器


;*************************************************
;****  RESET Vector @ 0x0000
;*************************************************
```

CHAPTER

11

```
        PSECT mycode,abs,class=CODE,space=SPACE_CODE,reloc=2
;  一定要改成絕對位址 <abs> 定義的 PSECT 宣告，才能將程式定義在重置向量或中斷向量
        org   0x00          ;
        bra   Initial
;
        org   0x08          ;  高優先中斷的程式向量位址
        bra   Hi_ISRs
;
        org   0x18          ;  低優先中斷的程式向量位址
        bra   Low_ISRs
;
;*************************************************************
;****   The Main Program start from Here !!
;*************************************************************


        org   0x2A          ;  正常執行程式的開始
Initial:
        call  Init_IO       ;  以函式的方式宣告所有的輸出入腳位
        call  Init_AD       ;  呼叫類比訊號轉換模組初始化函式
        call  Init_CCP1     ;  呼叫 CCP2 模組初始化函式
        call  Init_Timer1   ;  以函式的方式設定 TIMER1 計時器
;
        bsf   IPEN          ;  啟動中斷優先順序的功能 RCON, 7
        bsf   GIEH          ;  啟動所有的高優先中斷 INTCON, 7
;
Main:
        goto  Main          ;  重複無窮迴圈
;
;*************************************************************
;****       Initial the PORTD for the output port
;*************************************************************
```

```
Init_IO:
        movlw   00001110B    ;  選擇 AN0 通道轉換，
        movwf   ADCON1, a    ;  啟動 A/D 模組


        clrf    LATD, a      ;  清除所有的 LATD 腳位值
        clrf    TRISD, a     ;  設定所有的 PORTD 腳位為輸出


        return
```

```
;*************************************************************
;****       Initial Timer1 as a 500ms Timer
;*************************************************************
Init_Timer1:
        movlw   11001011B    ;  16 位元非同步計數器模式，未開啟前除器 (1:1)
        movwf   T1CON, a     ;  使用外部 32768Hz 震盪器並開啟 Timer1，週期 2s
;
        clrf    TMR1H, a     ;  設定計時器高位元組資料
        clrf    TMR1L, a     ;  設定計時器低位元組資料
;
        bcf     TMR1IP       ;  TMR1 中斷為低優先
        bcf     TMR1IF
        bsf     TMR1IE       ;  開啟 Timer1 中斷功能  PIE1, 0
;
        return
```

CHAPTER

11

```
;*************************************************************
;****       Initial A/D converter
;*************************************************************
Init_AD:                     ;  類比訊號模組初始化函式
        movlw   00000001B    ;  選擇 AN0 通道轉換，
        movwf   ADCON0, a    ;  啟動 A/D 模組
;
```

```
        movlw    00001110B    ; 設定 VDD/VSS 爲參考電壓
        movwf    ADCON1, a    ; 只開啓 AN0 爲類比腳位
;
        movlw    00111010B    ; 結果向左靠齊並
        movwf    ADCON2, a    ; 設定採樣時間 20TAD，轉換時間爲 Fosc/32
;
        bcf ADIE             ; 停止 A/D 中斷功能  PIE1, 6

        return


;****************************************************************
; 採樣保持時間延遲函式    (50uS)
;****************************************************************
C_Hold_Time:
        movlw    250
        movwf    C_Hold_Delay, a
        nop
        nop
        decfsz   C_Hold_Delay, f, a
        bra $-6
        return



;****************************************************************
;****      Initial CCP Module
;****************************************************************
Init_CCP1:                    ; CCP1 模組初始化函式
        bcf      TRISC, 2, a ; 設定 RC2 爲輸出
        movlw    00001001B    ; 設定 CCP1 爲 compare 模式（下降邊緣）
        movwf    CCP1CON, a
        clrf     CCPR1H, a
```

```
        clrf    CCPR1L, a
        bsf     CCPR1L, 7, a
        bcf     T3CON, 6, a ; T3CCP2=0
        bcf     T3CCP1       ; CCP 使用 TIMER1


        bsf CCP1IP           ; IPR2   開啟 CCP1 中斷
        bsf CCP1IE           ; PIE2
        bcf CCP1IF           ; PIR2


        return
```

```
;*************************************************************
;****       ISRs() : 中斷執行函式
;*************************************************************
*******
Hi_ISRs:        ; 高優先中斷執行函式
        btg     LATD0
;
        call    C_Hold_Time; 延遲 50uS 完成類比訊號採樣保持
        bsf     GO           ; 啟動類比訊號轉換 ADCON0, 1
        btfsc   GO           ; 檢查類比訊號轉換是否完成？
        bra     $-2          ; 否，迴圈繼續（倒退一行， 2/2=2）
;       movff   ADRESH, CCPR1H
        nop
        bcf     CCP1IF       ; 清除 CCP2 中斷旗標 PIR2, 0
        bsf     GIEH         ; 啟動所有的高優先中斷 INTCON, 7
        retfie  f            ; Return with shadow register
;
Low_ISRs:       ; 低優先中斷執行函式
        bcf     TMR1IF
        movff   ADRESH, AD_TEMP    ; 是，將結果轉移到 PORTD
```

```
bcf     STATUS, 0, a       ; 清除 C 旗標
rlcf    AD_TEMP, f, a
btfsc   LATD0
bsf     AD_TEMP, 0, a
movff   AD_TEMP, LATD
movff   ADRESH, CCPR1H     ; 將 AD 轉換結果設定為比較模式下降時間
movlw   00001001B          ; 設定 CCP1 為 compare 模式，產生正向波
movwf   CCP1CON, a
retfie

END
```

　　範例程式中利用 CCP1 與 TIMER1 計時器之間的互動關係，首先在 CCP1 中斷時進行類比訊號轉換值設為訊號輸出比較模組的數值，當計時器 TIMER1 的計數內容符合這個比較數值時，將會觸發 CCP1IF 的高優先中斷事件。而 TIMER1 計時器使用外部 32768 Hz 震盪時脈，因此每兩秒會發生一次 TIMER1 溢流的低優先中斷。然後在低優先中斷執行程式中，進行類比訊號採樣，並重新設定訊號輸出比較的設定值。因此，藉由 btg 位元反向的指令便可以在發光二極體 LED0 看到 TIMER1 週期閃爍的變化；同時藉由適當的指令，使類比訊號採樣的結果顯示在其他七個發光二極體上便於觀察。

範例 11-2

　　利用類比數位訊號轉換模組的量測可變電阻的電壓值，並將轉換的結果以 8 位元的方式呈現在 LED 發光二極體顯示。同時以此 8 位元結果作為 CCP1 的 PWM 模組之工作週期設定值，產生一個頻率為 4000Hz 的可調音量蜂鳴器週期波。

```
#include        <xc.inc>         ; 將微處理器相暫存器與其他符號的定義檔包含到程式檔中
;
; Variables used in this program;
        Count equ 0x00          ; 時間延遲計數暫存器
PSECT code
; Locates startup code @ the reset vector
        org    0x00             ; 程式重置向量
        goto   Init


; Locates main code
        org    0x2A             ; 主程式開始
Init:
;
        movlw  00000001B        ; 選擇 AN0 通道轉換，
        movwf  ADCON0, a        ; 啟動 A/D 模組
        movlw  00001110B        ; 設定 AN0 為類比輸入
        movwf  ADCON1, a        ; 設定 VDD/VSS 為參考電壓
        movlw  00111010B        ; 結果向左靠齊並設定轉換時間為 Fosc/32
        movwf  ADCON2, a        ;

        movlw  0x9B             ; 設定 PWM 周期為 250us 頻率為 4kHz
```

CHAPTER

11

```
        movwf   PR2, a


        bcf     TRISC, 2, a   ; 設定 RC2 為輸出
        clrf    LATD, a       ; 設定 LATD 數值
        clrf    TRISD, a      ; 設定 PORTD 為輸出


        movlw   00001100B     ; 設定 CCP1 為 PWM 模式，工作週期最高 2 位元為 00
        movwf   CCP1CON, a
        movlw   00000101B     ; 啟動 TIMER2，前除器為 4 倍
        movwf   T2CON, a
Main:
        call    Delay20       ; 延遲 20us
        bsf     GO            ; 開始 A/D 轉換 ADCON0, 1
WaitADC:
        btfsc GO              ; 檢查 AD 轉換是否完成
        goto    WaitADC       ;
        movf    ADRESH, w, a  ; 儲存轉換結果
        comf    WREG, a
        movwf   LATD, a       ; LED 顯示
        movwf   CCPR1L, a     ; 設定 Duty cycle
        goto    Main


;* * * * * * * * * * * * * * * * * * * * * * * * * * * * * * * * * *
;*   Delay20 - 延遲 20us
;* * * * * * * * * * * * * * * * * * * * * * * * * * * * * * * * * *
Delay20:                     ; 2 Tcy for call
        movlw 0x09           ; 1 Tcy
        movwf Count, a       ; 1 Tcy
        nop                  ; 1 Tcy
D20Loop:                     ; 9 * 5 = 45 Tcy
        nop                  ;
```

```
nop
decfsz Count, f, a  ; 1 Tcy for non-skip
goto   D20Loop      ; 2 Tcy for goto
return              ; 2 Tcy for return


end
```

範例程式中將週期暫存器 PR2 設定為 155，而且將 CCP1CON 暫存器中與週期有關的另外兩個高位元設定為 00；再加上將 TIMER2 計時器的前除器設為 4 倍，因此將可以計算 PWM 脈衝的週期為：

$$PWM\ period = [PR2 + 1] \cdot 4 \cdot Tosc \cdot (TMR2\ prescale\ value)$$
$$= [155 + 1] \cdot 4 \cdot [1 / (10MHz)] \cdot (4)$$
$$= 0.00025\ sec$$

換算為頻率就是 4000Hz。

另外在範例程式中延遲時間的計算函式方面，也值得讀者詳細地去推敲如何精準地控制延遲時間。

當轉動可變電阻時，類比訊號轉換結果將改變 PWM 的工作週期。當工作週期越大時蜂鳴器的聲音將越大，但是由於蜂鳴器是藉由正負電位變化產生震盪的裝置，因此最大聲音會發生於工作週期為 50% 的時候。當正負電位時間差異加大時震動範圍將縮小而降低聲音。但是如果將 PWM 外接馬達時，則當工作週期越大時馬達的轉速將會愈快。

範例 11-3

利用 CCP1 模組的 PWM 模式產生一個週期變化的訊號，並以可變電阻 VR1 的電壓值調整訊號的週期。然後利用短路線將這個週期變化的訊號傳送至 CCP2 模組的腳位上，利用模組的輸入訊號擷取功能計算訊號的週期變化並將高位元的結果顯示在發光二極體上。

```
#include    <xc.inc>        ; 將微處理器相暫存器與其他符號的定義檔包含到程式檔中
;CONFIG CCP2MX=PORTBE       ; 系統功能設定位元需要將 CCP2 多工腳位設定為 PORTBE


; Variables used in this program;
Count equ 0x00              ; 時間延遲計數暫存器
EDGEH equ 0x01              ; CCP2 高位元計數暫存器
EDGEL equ 0x02              ; CCP2 低位元計數暫存器


PSECT mycode,abs,class=CODE,space=SPACE_CODE,reloc=2
; 一定要改成絕對位址 <abs> 定義的 PSECT 宣告，才能將程式定義在重置向量或中斷向量
; Locates startup code @ the reset vector
        org     0x00        ; 程式重置向量
        nop
        goto    Init


        org     0x08        ; 高優先中斷的程式向量位址
        bra     Hi_ISRs


; Locates main code
        org     0x2A        ; 主程式開始
Init:
; 初始化 ADC 模組
        movlw   00000001B   ; 選擇 AN0 通道轉換，
```

```
        movwf   ADCON0, a    ; 啟動 A/D 模組
        movlw   00001110B    ; 設定 AN0 為類比輸入
        movwf   ADCON1, a    ; 設定 VDD/VSS 為參考電壓
        movlw   00111010B    ; 結果向左靠齊並設定轉換時間為 Fosc/32
        movwf   ADCON2, a    ;
        bcf     ADIE         ; 停止 A/D 中斷功能 , PIE1, 6
; 初始化 PORTD
        clrf    LATD, a      ; 清除 LATD 數值
        clrf    TRISD, a     ; 設定 PORTD 為輸出
; 初始化 TIMER1 模組
        movlw   10000001B    ; 16 位元非同步計數器模式，關閉前除器
        movwf   T1CON, a     ; 使用內部時脈並開啟 Timer1
        bcf     TMR1IE       ; 關閉 TIMER1 中斷功能
; 初始化 TIMER2 模組
        movlw   00000110B    ; 啟動 TIMER2，前除器為 16 倍
        movwf   T2CON, a
        bcf     TMR2IE       ; 關閉 TIMER2 中斷功能
; 初始化 CCP1 模組
        clrf    CCPR1L, a    ; 設定 PWM 工作周期為 B'0000000010'
        bcf     TRISC2       ; 設定 RC2 為輸出
        movlw   00101100B    ; 設定 CCP1 為 PWM 模式，工作週期最低 2 位元為 10
        movwf   CCP1CON, a
; 初始化 CCP2 模組
        bsf     TRISB3       ; 設定 RB3 為輸入
        movlw   00000100B    ; 設定 CCP2 為 Capture 模式，捕捉每個下降邊緣
        movwf   CCP2CON, a
        bsf     CCP2IP       ; 設 CCP2 定中斷功能 , IPR2, 0
        bsf     CCP2IE       ; PIE2, 0
        bcf     CCP2IF       ; PIR2, 0

        bsf     IPEN         ; 啟動中斷優先順序的功能 , RCON, 7
```

CHAPTER

11

```
        bsf     GIEH            ; 啟動所有的高優先中斷 , INTCON, 7
;
Main:
        call    Delay20         ; 延遲 20us
        bsf     GO              ; 開始 A/D 轉換 , ADCON0, 0
WaitADC:
        btfsc   GO              ; 檢查 AD 轉換是否完成
        goto    WaitADC
        movlw   0x02
        subwf   ADRESH, W, a
        btfss   STATUS, 0, a    ; C 旗標
        addlw   0x03            ; 將最小 PR2 調整為 5，避免 PR2 小於 2
        addlw   0x02
        movwf   PR2, a          ; 設定 Duty cycle
        goto    Main
;*********************************************
;*  Delay20 - 延遲 20us
;*********************************************
Delay20:                        ; 2 Tcy for call
        movlw   0x09            ; 1 Tcy
        movwf   Count, a        ; 1 Tcy
        nop                     ; 1 Tcy
D20Loop:                        ; 9 * 5 = 45 Tcy
        nop                     ; 1 Tcy
        nop                     ; 1 Tcy
        decfsz  Count,F, a      ; 1 Tcy for non-skip
        goto    D20Loop         ; 2 Tcy for goto
        return                  ; 2 Tcy for return
;*********************************************
;****       ISRs() : 中斷執行函式
;****
;*********************************************
```

```
Hi_ISRs:                    ; 高優先中斷執行函式
    movf  EDGEH, W, a       ; 計算兩次觸發邊緣時間差
    subwf CCPR2H, W, a
    bnn   LED               ; 時間差 >0
    addlw 0xff              ; 時間差 <0, +256
    incf  WREG, a
LED:                        ; 燈號顯示
    movwf LATD, a
    movff CCPR2H, EDGEH     ; 儲存時間作為下次計算基準
    movff CCPR2L, EDGEL
    bcf   CCP2IF            ; 清除 CCP2 中斷旗標 , PIR2, 0
    retfie f               ; Return with shadow register
;
    END
```

在範例程式中，將 CCP2 模組的輸入訊號捕捉功能設定為在每一次訊號下降邊緣時觸發；然後藉由與前一次捕捉觸發時儲存的數值比較，計算出兩次訊號下降邊緣的時間間隔，也就是一個完整訊號的週期。為了降低訊號的頻率使讀者容易由 CCP2 所聯結的發光二極體上觀察訊號的變化，程式中將 TIMER2 計時器的前除器調整為最大比例。

11.5　加強型ECCP模組的PWM控制

較新的微控制器，如 PIC18F4520 的 CCP1 模組除了基本的 CCP 功能之外，也提供更完整的 PWM 波寬調變功能。包括：
1. 可提供 1、2 或 4 組 PWM 輸出。
2. 可選擇輸出波型的極性。
3. 可設定的空乏時間（dead time）。
4. 自動關閉與自動重新啓動。
加強的 PWM 模組結構示意圖如圖 11-5 所示。

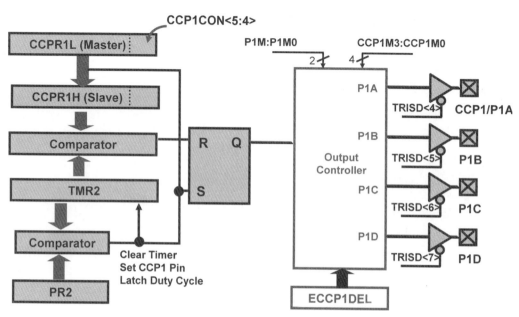

圖 11-5　加強的 PWM 模組結構示意圖

　　加強的 PWM 模組設定位元是屬於 CCP1CON 暫存器的 P1M1:P1M0 位
元。當 P1M1:P1M0 位元設定為 00 時，加強的 PWM 模組是與基本 CCP 模組
的 PWM 功能相容的。新的 CCP1CON 暫存器定義如表 11-6 所示。

CCP1CON設定暫存器定義

表 11-6　加強的 PWM 模組 CCP1CON 設定暫存器位元定義

R/W-0	R/W-0	R/W-0	R/W-0	R/W-0	R/W-0	R/W-0	R/W-0
P1M1	P1M0	DCxB1	DCxB0	CCPxM3	CCPxM2	CCPxM1	CCPxM0

bit 7 　　　　　　　　　　　　　　　　　　　　　　　　　　　bit 0

bit 7-6 **P1M1:P1M0:** 加強的 PWM 設定位元。

　　If CCP1M3:CCP1M2 = 00, 01, 10:

　　xx = P1A 設定為 CCP 腳位。P1B、P1C、P1D 為一般數位輸出入腳位。

　　If CCP1M3:CCP1M2 = 11:

　　00 = 單一輸出：P1A 設定為 PWM 腳位。P1B、P1C、P1D 為一般數位輸出入腳位。

01 = 全橋正向輸出：P1D 設定為 PWM 腳位，P1A 為高電位。P1B、P1C 為一般數位輸出入腳位。

10 = 半橋輸出：P1A、P1B 設定為 PWM 腳位並附空乏時間控制。P1C、P1D 為一般數位腳位。

11 = 全橋逆向輸出：P1B 設定為 PWM 腳位，P1B 為高電位。P1A、P1D 為一般數位輸出入腳位。

bit 5-4 **DC1B1:DC1B0:** PWM Duty Cycle bit 1 and bit 0

Capture mode:

未使用。

Compare mode:

未使用。

PWM mode:

PWM 工作週期的最低兩位元。配合 CCPR1L 暫存器使用。

bit 3-0 **CCP1M3:CCP1M0:** 加強的 CCP 模組設定位元。

0000 = Capture/Compare/PWM off (resets ECCP module)

0001 = Reserved

0010 = Compare mode, toggle output on match

0011 = Capture mode

0100 = Capture mode, every falling edge

0101 = Capture mode, every rising edge

0110 = Capture mode, every 4th rising edge

0111 = Capture mode, every 16th rising edge

1000 = Compare mode, initialize CCP1 pin low, set output on compare match (set CCP1IF)

1001 = Compare mode, initialize CCP1 pin high, clear output on compare match (set CCP1IF)

1010 = Compare mode, generate software interrupt only, CCP1 pin reverts to I/O state

1011 = Compare mode, trigger special event (ECCP resets TMR1 or TMR3, sets CCP1IF bit)

1100 = PWM mode; P1A, P1C active-high; P1B, P1D active-high

```
1101 = PWM mode; P1A, P1C active-high; P1B, P1D active-low
1110 = PWM mode; P1A, P1C active-low; P1B, P1D active-high
1111 = PWM mode; P1A, P1C active-low; P1B, P1D active-low
```

　　加強的 PWM 波寬調變模式提供了額外的波寬調變輸出選項，以應付更廣泛的控制應用需求。這個模組仍然保持了與基本模組的相容性，但是在新的功能上可以輸出高達四個通道的波寬調變訊號。應用程式可以透過控制 CCP-1CON 暫存其中控制位元的設定以選擇訊號的極性。

PWM輸出設定

　　利用 CCP1CON 暫存器中的 P1M1:P1M0 位元可以設定波寬調變輸出為下列四種選項之一：

　　00 = 單一輸出：P1A 設定為 PWM 腳位。P1B、P1C、P1D 為一般數位輸出入腳位。

　　01 = 全橋正向輸出：P1D 設定為 PWM 腳位，P1A 為高電位。P1B、P1C 為一般數位輸出入腳位。

　　10 = 半橋輸出：P1A、P1B 設定為 PWM 腳位並附空乏時間控制。P1C、P1D 為一般數位腳位。

　　11 = 全橋逆向輸出：P1B 設定為 PWM 腳位，P1B 為高電位。P1A、P1D 為一般數位輸出入腳位。

　　在單一輸出的模式下，只有 CCP1/P1A 腳位會輸出 PWM 的波型變化，這是與基本 PWM 相容的操作模式。

　　在半橋輸出的模式下，只使用 P1A 與 P1B 腳位輸出 PWM 訊號並附有空乏時間的控制，如圖 11-6 所示。

　　在全橋正向輸出的模式下，P1D 設定為 PWM 腳位，P1A 為高電位。P1B、P1C 為一般數位輸出入腳位，如圖 11-7 所示。

　　在全橋逆向輸出的模式下，P1B 設定為 PWM 腳位，P1B 為高電位。P1A、P1D 為一般數位輸出入腳位，如圖 11-8 所示。

圖 11-6　加強的 PWM 波寬調變模組半橋輸出的模式

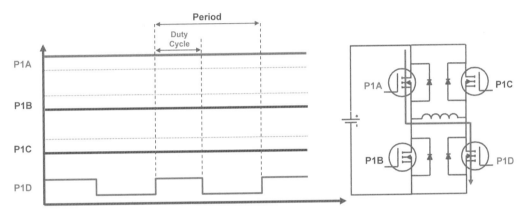

圖 11-7　加強的 PWM 波寬調變模組全橋正向輸出的模式

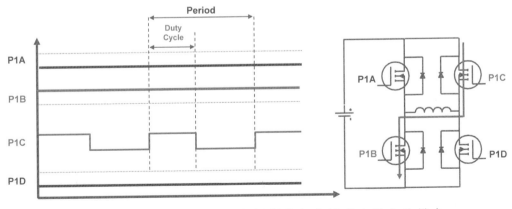

圖 11-8　加強的 PWM 波寬調變模組全橋逆向輸出的模式

在半橋模式下，如圖 11-7 與 11-8 所示，因為 P1A 與 P1B 所控制的場效電晶體不能夠同時開啟而形成短路，使得在應用程式中必須要將 P1A 與 P1B 輸出的 PWM 波寬調變波型在切換之間加上空乏時間（Dead Time）加以區隔。PIC18F4520 微控制器所具備的加強 PWM 模組便提供了一個使用者可設定的空乏時間延遲功能。應用程式可以藉由 PWM1DEL 控制暫存器中的 PDC6:PDC0 位元設定 0 到 128 個指令執行週期（Tcy）的空乏時間延遲長度。這一個暫存器的內容與位元定義如表 11-7 所示。

▌PWM1DEL暫存器定義

表 11-7　PWM1DEL 暫存器內容與位元定義

R/W-0	R/W-0	R/W-0	R/W-0	R/W-0	R/W-0	R/W-0	R/W-0
PRSEN	PDC6	PDC5	PDC4	PDC3	PDC2	PDC1	PDC0

bit7　　　　　　　　　　　　　　　　　　　　　　　　bit 0

bit 7 **PRSEN:** PWM 重新開始啟動位元。

　1 = 在自動關閉的時候，當觸發關閉的事件消失時，ECCPASE 位元將自動清除為 0。

　0 = 在自動關閉的時候，ECCPASE 位元必須由軟體清除為 0。

bit 6-0 **PDC6:PDC0:** PWM 延遲計數位元。

　延遲時間為這七個位元所表示的 2 進位數字乘以指令執行週期。

▌自動關閉的功能

當模組被設定為加強式的 PWM 模式時，訊號輸出的腳位可以被設定為自動關閉模式。這自動關閉的模式下，當關閉事件發生時，將會把加強式 PWM 訊號輸出腳位強制改為所預設的關閉狀態。關閉事件可以用任何一個類比訊號比較器模組、RB0/INT0/FLT0 腳位上的高電壓訊號、或者上述三個訊號的組合所觸發。

比較器可以用來監測一個與電橋電路上所流通電流成正比的電壓訊號；當電壓超過設定的一個門檻值時，表示這個時候電流過載，比較器便可以觸發一個關閉訊號。除此之外,也可以利用 RB0/INT0/FLT0 腳位上的外部數位觸發訊號引發一個關閉事件。應用程式可以藉由 ECCP1AS 暫存器的 ECCPAS2:ECCPAS0 位元設定選擇使用上述三種關閉事件訊號源。而關閉事件發生時,每一個 PWM 訊號輸出腳位的預設狀態也可以在 ECCP1AS 暫存器中設定。這個 ECCP1AS 暫存器的內容與相關位元定義如表 11-8 所示。

◉ ECCP1AS暫存器定義

表 11-8 ECCP1AS 暫存器內容與位元定義

R/W-0	R/W-0	R/W-0	R/W-0	R/W-0	R/W-0	R/W-0	R/W-0
ECCPASE	ECCPAS2	ECCPAS1	ECCPAS0	PSSAC1	PSSAC0	PSSBD1	PSSBD0

bit7   bit 0

bit 7 **ECCPASE:** ECCP Auto-Shutdown Event Status bit

    1 = 關閉事件發生,腳位設定為關閉狀態。

    0 = ECCP 輸出正常操作。

bit 6-4 **ECCPAS2:ECCPAS0:** ECCP 自動關閉來源設定位元。

    111 = FLT0 or Comparator 1 or Comparator 2

    110 = FLT0 or Comparator 2

    101 = FLT0 or Comparator 1

    100 = FLT0

    011 = Either Comparator 1 or 2

    010 = Comparator 2 output

    001 = Comparator 1 output

    000 = Auto-shutdown is disabled

bit 3-2 **PSSAC1:PSSAC0:** P1A 與 P1C 預設的關閉狀態控制位元。

    1x = Pins A and C are tri-state

    01 = Drive Pins A and C to '1'

    00 = Drive Pins A and C to '0'

bit 1-0 **PSSBD1:PSSBD0:** P1B 與 P1D 預設的關閉狀態控制位元。

    1x = Pins B and D tri-state

```
01 = Drive  Pins  B  and  D  to '1'
00 = Drive  Pins  B  and  D  to '0'
```

　　當自動關閉事件發生時，ECCPASE 位元將會被設定為 1。如果自動重新開始（PWM1DEL<7>）的功能未被開啟的話，則在關閉事件消逝之後，這個位元將必須由軟體清除為 0；如果自動重新開始的功能被開啟的話，則在關閉事件消逝之後，這個位元將會被自動清除為 0。

　　由於加強式的 PWM 波寬調變訊號模組功能變得更為完整卻也變得更為複雜，使用者在撰寫相關應用程式時必須要適當地規劃各個功能，包括：

　　1. 選擇四種 PWM 輸出模式之一。

　　2. 如果必要的話，設定延遲時間。

　　3. 設定自動關閉的功能、訊號來源與自動關閉時輸出腳位的狀態。

　　4. 設定自動重新開始的功能。

CHAPTER 12

通用非同步接收傳輸模組

在微控制器的使用上，資料傳輸與通訊介面是一個非常重要的部分。對於某一些簡單的工作而言，或許微控制器本身的硬體功能就可以完全地應付。但是對於一些較為複雜的工作，或者是需要與其他遠端元件做資料的傳輸或溝通時，資料傳輸與通訊介面的使用就變成是不可或缺的程序。例如微處理器如果要和個人電腦做資料的溝通，便需要使用個人電腦上所具備的通訊協定／介面，包括 RS-232 與 USB 等等。如果所選擇的微控制器並不具備這樣的通訊硬體功能，則應用程式所能夠發揮的功能將會受到相當的限制。

PIC18 系列微控制器提供許多種通訊介面作為與外部元件溝通的工具與橋樑，包括 USART、SPI、I²C 與 CAN 等等通訊協定相關的硬體。由於在這些通訊協定的處理已經建置在相關的微控制器硬體，因此在使用上就顯得相當地直接而容易。一般而言，在使用時不論是上述的哪一種通訊架構，應用程式只需要將傳輸的資料存入到特定的暫存器中，PIC 微控制器中的硬體將自動地處理後續的資料傳輸程序而不需要應用程式的介入；而且當硬體完成傳輸的程序之後，也會有相對應的中斷旗標或位元的設定提供應用程式作為傳輸狀態的檢查。同樣地，在資料接收的方面，PIC18 系列微控制器的硬體將會自動地處理接收資料的前端作業；當接收到完整的資料並存入暫存器時，控制器將會設定相對應的中斷旗標或位元，觸發應用程式對所接收的資料做後續的處理。

在這一章將以最廣泛使用的通用非同步接收傳輸模組 UART 的使用為範例，說明如何使用 PIC 微控制器中的通訊模組。並引導使用者撰寫相關的程式並與個人電腦作資訊的溝通。

12.1　通用非同步接收傳輸模組

　　一般的 PIC18 微控制器配置有一個通用同步／非同步接收傳輸模組，這個資料傳輸模組有許多不同的使用方式。這個 USART 資料傳輸模組可以被設定爲一個全雙工非同步的系統作爲與其他周邊裝置的通訊介面，例如資料終端機或者個人電腦；或者它可以被設定成爲一個半雙工同步通訊介面，可以用來與其他的周邊裝置傳輸資料，例如微控制器外部的 AD/DA 訊號擷取裝置或者串列傳輸的 EEPROM 資料記憶體。

　　這個 USART 模組可以被設定爲下列的數個模式：

1. 非同步（全雙工）資料傳輸。
2. 同步（半雙工）資料傳輸的主控端（Master）。
3. 同步（半雙工）資料傳輸的受控端（Slave）。

　　如果要將這個模組所需要的資料傳輸腳位 RC6/TX/CK 與 RC7/RX/DT 設定作爲 USART 資料傳輸使用時，必須要做下列的設定：

- RCSTA 暫存器的 SPEN 位元必須要設定爲 1
- TRISC<6> 位元必須要清除爲 0
- TRISC<7> 位元必須要設定爲 1

　　USART 模組中與資料傳輸狀態或控制相關的 TXSTA 暫存器內容定義如表 12-1 所示。

◎ TXSTA資料傳輸暫存器定義

表 12-1　TXSTA 資料傳輸狀態或控制暫存器內容定義

R/W-0	R/W-0	R/W-0	R/W-0	R/W-0	R/W-0	R-1	R/W-0
CSRC	TX9	TXEN	SYNC	SENDB	BRGH	TRMT	TX9D
bit7							bit0

bit 7 **CSRC:** Clock Source Select bit

　　<u>Asynchronous mode:</u>（非同步傳輸模式）

　　無作用。

Synchronous mode:（同步傳輸模式）

1 = 主控端，將產生時序脈波。

0 = 受控端，將接受外部時序脈波。

bit 6 **TX9**: 9-bit Transmit Enable bit

1 = 選擇 9 位元傳輸。

0 = 選擇 8 位元傳輸。

bit 5 **TXEN**: Transmit Enable bit

1 = 啓動資料傳送。

0 = 關閉資料傳送。

Note：同步模式下，SREN/CREN 位元設定強制改寫 TXEN 位元設定。

bit 4 **SYNC**: USART Mode Select bit

1 = 同步傳輸模式。

0 = 非同步傳輸模式。

bit 3 **SENDB**: Send Break Character bit

Asynchronous mode：

1 = 下次傳輸時發出同步中斷（由硬體清除爲 0）。

0 = 同步中斷完成。

Synchronous mode：

Don't care.

bit 2 **BRGH**: High Baud Rate Select bit

Asynchronous mode:

1 = 高速。

0 = 低速。

Synchronous mode:

無作用。

bit 1 **TRMT**: Transmit Shift Register Status bit

1 = TSR 暫存器資料空乏。

0 = TSR 暫存器填滿資料。

bit 0 **TX9D**: 9th bit of Transmit Data

9 位元傳輸模式下可作爲位址或資料位元，或同位元檢查位元。

　　USART 模組中與資料接收狀態或控制相關的 RCSTA 暫存器內容定義如表 12-2 所示。

▎RCSTA資料接收暫存器定義

表 12-2　RCSTA 資料接收狀態或控制暫存器內容定義

R/W-0	R/W-0	R/W-0	R/W-0	R/W-0	R-0	R-0	R-x
SPEN	RX9	SREN	CREN	ADDEN	FERR	OERR	RX9D

bit7   bit0

bit 7 **SPEN:** Serial Port Enable bit

　1 = 啟動串列傳輸埠腳位傳輸功能。

　0 = 關閉串列傳輸埠腳位傳輸功能。

bit 6 **RX9:** 9-bit Receive Enable bit

　1 = 設定 9 位元接收模式。

　0 = 設定 8 位元接收模式。

bit 5 **SREN:** Single Receive Enable bit

　Asynchronous mode:

　無作用。

　Synchronous mode - Master:

　1 = 啟動單筆資料接收。

　0 = 關閉單筆資料接收。

　單筆資料接收完成後自動清除為 0。

　Synchronous mode - Slave:

　無作用。

bit 4 **CREN:** Continuous Receive Enable bit

　Asynchronous mode:

　1 = 啟動資料接收模組。

　0 = 關閉資料接收模組。

　Synchronous mode:

　1 = 啟動資料連續接收模式，直到 CREN 位元被清除為 0。CREN 設定高於 SREN

0 = 關閉資料連續接收模式。

bit 3 **ADDEN:** Address Detect Enable bit

　Asynchronous mode 9-bit (RX9 = 1)：

　1 = 啟動位址偵測、中斷功能與 RSR<8>=1 資料載入接收緩衝器的功能。

　0 = 關閉位址偵測，所有位元被接收與第九位元可作為同位元檢查位元。

bit 2 **FERR:** Framing Error bit

　1 = 資料定格錯誤（Stop 位元為 0），可藉由讀取 RCREG 暫存器清除。

　0 = 無資料定格錯誤。

bit 1 **OERR:** Overrun Error bit

　1 = 資料接收溢流錯誤，可藉由清除 CREN 位元清除。

　0 = 無資料接收溢流錯誤。

bit 0 **RX9D:** 9th bit of Received Data

　9 位元接收模式下可作為位址或資料位元，或應用程式提供的同位元檢查位元。

USART 資料傳輸硬體架構圖如圖 12-1 所示。

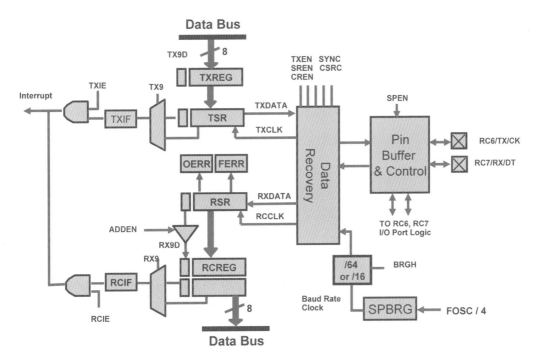

圖 12-1　USART 資料傳輸硬體架構圖

　　在接收資料的時候，由 RX 腳位輸入的訊號必須先經過腳位訊號控制位元與暫存器的管制然後才能夠傳輸到資料還原硬體電路，而這個資料還原電路的操作方式與鮑率（Baud Rate）的設定以及其他相關的資料傳輸狀態設定位元有關。然後所載入的訊號將會先載入到 RSR 暫存器做初步地檢查資料的正確性，然後再傳入到 RCREG 暫存器等待核心處理器的讀取。這時候，模組將會向核心處理器發出一個資料接收的中斷訊號；如果核心處理器未及時讀取 RCREG 中的資料時，USART 模組還提供了一層的緩衝器。

　　而在傳送資料的時候，核心處理器經過資料匯流排將資料存入到 TXREG 暫存器中。然後 USART 將會在 TSR 暫存器可以使用的時候，將 TXREG 暫存器的資料載入，這時候資料便進入由硬體自動傳輸的狀態。同時，將會對核心處理器發出一個傳輸資料的中斷訊號。

USART鮑率產生器

　　鮑率產生器（Baud Rate Generator, BRG）同時支援非同步與同步模式的 USART 操作，它是一個專屬的 8 位元鮑率產生器，並利用 SPBRG 暫存器來控制一個獨立運作的 8 位元計時器的計時週期。在非同步的狀況下，TXSTA 暫存器的 BRGH 控制位元也會與鮑率的設定有關。但是在同步資料傳輸的模式下，BRGH 控制位元的設定將會被忽略。

　　在決定所需要的非同步傳輸鮑率以及微控制器的時脈頻率之後，SPBRG 暫存器所需要的設定值可以藉由下列的公式計算：

SYNC	BRGH = 0 (Low Speed)	BRGH = 1 (High Speed)
0	(Asynchronous) Baud Rate = Fosc/(64(X+1))	Baud Rate = Fosc/(16(X+1))

　　例如，當控制位元被設定為 0，微處理器的時脈來源頻率為 16MHz，而所需要產生的非同步資料傳輸鮑率為 9600 bps 的時候，則應設定的 SPBRG 暫存器數值計算如下：

Desired Baud Rate = Fosc/ (64 (X + 1))

Solving for X:

$\quad$ X = ((Fosc / Desired Baud Rate) / 64) − 1

$\quad$ X = ((16000000 / 9600) / 64) − 1

$\quad$ X = [25.042] = 25

Calculated Baud Rate = 16000000 / (64 (25 + 1))

$\qquad\qquad\qquad\quad$ = 9615

Error = (Calculated Baud Rate-Desired Baud Rate) /Desired Baud Rate

$\quad$ = (9615 − 9600) / 9600

$\quad$ = 0.16%

　　如果必要的話，可以將控制位元 BRGH 設定為 1，而得到不同的 SPBRG 設定值。在這裡建議讀者使用不同的 BRGH 設定值計算鮑率誤差，然後選擇誤差較小的 BRGH 設定值使用。

　　當寫入一個新的設定值到 SPBRG 暫存器時，將會使鮑率產生器的 BRG 計時器被重置為 0。這樣的設計可以確保 BRG 計時器不會等待計時器溢流之後才產生新的鮑率。

　　在使用 RC7/RX/DT 腳位接受資料傳輸時，腳位的狀態將會由主要偵測電路採樣三次以決定在腳位上所接收到的資料是一個高電位或者是低電位的資料。

　　與鮑率產生相關的暫存器內容如表 12-3 所示。

表 12-3　與鮑率產生相關的暫存器內容

Name	Bit 7	Bit 6	Bit 5	Bit 4	Bit 3	Bit 2	Bit 1	Bit 0	Value on POR, BOR	Value on All Other RESETS
TXSTA	CSRC	TX9	TXEN	SYNC	SENDB	BRGH	TRMT	TX9D	0000 -010	0000 -010
RCSTA	SPEN	RX9	SREN	CREN	ADDEN	FERR	OERR	RX9D	0000 -00x	0000 -00 x
SPBRG	Baud Rate Generator Register								0000 0000	0000 0000

　　基本的鮑率、系統操作時脈頻率與所需要的 BRGH 及 SPBRG 設定值如表 12-4 所示。

表 12-4-(1)　同步傳輸鮑率、系統操作時脈頻率與 SPBRG 設定值

BAUD RATE (Kbps)	Fosc = 40 MHz		SPBRG value (decimal)	33 MHz		SPBRG value (decimal)	25 MHz		SPBRG value (decimal)	20 MHz		SPBRG value (decimal)
	KBAUD	% ERROR		KBAUD	% ERROR		KBAUD	% ERROR		KBAUD	% ERROR	
0.3	NA	-	-	NA	-	-	NA	-	-	NA	-	-
1.2	NA	-	-	NA	-	-	NA	-	-	NA	-	-
2.4	NA	-	-	NA	-	-	NA	-	-	NA	-	-
9.6	NA	-	-	NA	-	-	NA	-	-	NA	-	-
19.2	NA	-	-	NA	-	-	NA	-	-	NA	-	-
76.8	76.92	+0.16	129	77.10	+0.39	106	77.16	+0.47	80	76.92	+0.16	64
96	96.15	+0.16	103	95.93	-0.07	85	96.15	+0.16	64	96.15	+0.16	51
300	303.03	+1.01	32	294.64	-1.79	27	297.62	-0.79	20	294.12	-1.96	16
500	500	0	19	485.30	-2.94	16	480.77	-3.85	12	500	0	9
HIGH	10000	-	0	8250	-	0	6250	-	0	5000	-	0
LOW	39.06	-	255	32.23	-	255	24.41	-	255	19.53	-	255

BAUD RATE (Kbps)	Fosc = 16 MHz		SPBRG value (decimal)	10 MHz		SPBRG value (decimal)	7.15909 MHz		SPBRG value (decimal)	5.0688 MHz		SPBRG value (decimal)
	KBAUD	% ERROR		KBAUD	% ERROR		KBAUD	% ERROR		KBAUD	% ERROR	
0.3	NA	-	-	NA	-	-	NA	-	-	NA	-	-
1.2	NA	-	-	NA	-	-	NA	-	-	NA	-	-
2.4	NA	-	-	NA	-	-	NA	-	-	NA	-	-
9.6	NA	-	-	NA	-	-	9.62	+0.23	185	9.60	0	131
19.2	19.23	+0.16	207	19.23	+0.16	129	19.24	+0.23	92	19.20	0	65
76.8	76.92	+0.16	51	75.76	-1.36	32	77.82	+1.32	22	74.54	-2.94	16
96	95.24	-0.79	41	96.15	+0.16	25	94.20	-1.88	18	97.48	+1.54	12
300	307.70	+2.56	12	312.50	+4.17	7	298.35	-0.57	5	316.80	+5.60	3
500	500	0	7	500	0	4	447.44	-10.51	3	422.40	-15.52	2
HIGH	4000	-	0	2500	-	0	1789.80	-	0	1267.20	-	0
LOW	15.63	-	255	9.77	-	255	6.99	-	255	4.95	-	255

BAUD RATE (Kbps)	Fosc = 4 MHz		SPBRG value (decimal)	3.579545 MHz		SPBRG value (decimal)	1 MHz		SPBRG value (decimal)	32.768 kHz		SPBRG value (decimal)
	KBAUD	% ERROR		KBAUD	% ERROR		KBAUD	% ERROR		KBAUD	% ERROR	
0.3	NA	-	-	NA	-	-	NA	-	-	0.30	+1.14	26
1.2	NA	-	-	NA	-	-	1.20	+0.16	207	1.17	-2.48	6
2.4	NA	-	-	NA	-	-	2.40	+0.16	103	2.73	+13.78	2
9.6	9.62	+0.16	103	9.62	+0.23	92	9.62	+0.16	25	8.20	-14.67	0
19.2	19.23	+0.16	51	19.04	-0.83	46	19.23	+0.16	12	NA	-	-
76.8	76.92	+0.16	12	74.57	-2.90	11	83.33	+8.51	2	NA	-	-
96	1000	+4.17	9	99.43	+3.57	8	83.33	-13.19	2	NA	-	-
300	333.33	+11.11	2	298.30	-0.57	2	250	-16.67	0	NA	-	-
500	500	0	1	447.44	-10.51	1	NA	-	-	NA	-	-
HIGH	1000	-	0	894.89	-	0	250	-	0	8.20	-	0
LOW	3.91	-	255	3.50	-	255	0.98	-	255	0.03	-	255

表 12-4-(2) 非同步傳輸（BRGH=0）鮑率、系統時脈頻率與 SPBRG 設定值

BAUD RATE (Kbps)	Fosc = 40 MHz		SPBRG value (decimal)	33 MHz		SPBRG value (decimal)	25 MHz		SPBRG value (decimal)	20 MHz		SPBRG value (decimal)
	KBAUD	% ERROR		KBAUD	% ERROR		KBAUD	% ERROR		KBAUD	% ERROR	
0.3	NA	-	-	NA	-	-	NA	-	-	NA	-	-
1.2	NA	-	-	NA	-	-	NA	-	-	NA	-	-
2.4	NA	-	-	2.40	-0.07	214	2.40	-0.15	162	2.40	+0.16	129
9.6	9.62	+0.16	64	9.55	-0.54	53	9.53	-0.76	40	9.47	-1.36	32
19.2	18.94	-1.36	32	19.10	-0.54	26	19.53	+1.73	19	19.53	+1.73	15
76.8	78.13	+1.73	7	73.66	-4.09	6	78.13	+1.73	4	78.13	+1.73	3
96	89.29	-6.99	6	103.13	+7.42	4	97.66	+1.73	3	104.17	+8.51	2
300	312.50	+4.17	1	257.81	-14.06	1	NA	-	-	312.50	+4.17	0
500	625	+25.00	0	NA	-	-	NA	-	-	NA	-	-
HIGH	625	-	0	515.63	-	0	390.63	-	0	312.50	-	0
LOW	2.44	-	255	2.01	-	255	1.53	-	255	1.22	-	255

BAUD RATE (Kbps)	Fosc = 16 MHz		SPBRG value (decimal)	10 MHz		SPBRG value (decimal)	7.15909 MHz		SPBRG value (decimal)	5.0688 MHz		SPBRG value (decimal)
	KBAUD	% ERROR		KBAUD	% ERROR		KBAUD	% ERROR		KBAUD	% ERROR	
0.3	NA	-	-	NA	-	-	NA	-	-	NA	-	-
1.2	1.20	+0.16	207	1.20	+0.16	129	1.20	+0.23	92	1.20	0	65
2.4	2.40	+0.16	103	2.40	+0.16	64	2.38	-0.83	46	2.40	0	32
9.6	9.62	+0.16	25	9.77	+1.73	15	9.32	-2.90	11	9.90	+3.13	7
19.2	19.23	+0.16	12	19.53	+1.73	7	18.64	-2.90	5	19.80	+3.13	3
76.8	83.33	+8.51	2	78.13	+1.73	1	111.86	+45.65	0	79.20	+3.13	0
96	83.33	-13.19	2	78.13	-18.62	1	NA	-	-	NA	-	-
300	250	-16.67	0	156.25	-47.92	0	NA	-	-	NA	-	-
500	NA	-	-	NA	-	-	NA	-	-	NA	-	-
HIGH	250	-	0	156.25	-	0	111.86	-	0	79.20	-	0
LOW	0.98	-	255	0.61	-	255	0.44	-	255	0.31	-	255

BAUD RATE (Kbps)	Fosc = 4 MHz		SPBRG value (decimal)	3.579545 MHz		SPBRG value (decimal)	1 MHz		SPBRG value (decimal)	32.768 kHz		SPBRG value (decimal)
	KBAUD	% ERROR		KBAUD	% ERROR		KBAUD	% ERROR		KBAUD	% ERROR	
0.3	0.30	-0.16	207	0.30	+0.23	185	0.30	+0.16	51	0.26	-14.67	1
1.2	1.20	+1.67	51	1.19	-0.83	46	1.20	+0.16	12	NA	-	-
2.4	2.40	+1.67	25	2.43	+1.32	22	2.23	-6.99	6	NA	-	-
9.6	8.93	-6.99	6	9.32	-2.90	5	7.81	-18.62	1	NA	-	-
19.2	20.83	+8.51	2	18.64	-2.90	2	15.63	-18.62	0	NA	-	-
76.8	62.50	-18.62	0	55.93	-27.17	0	NA	-	-	NA	-	-
96	NA	-	-	NA	-	-	NA	-	-	NA	-	-
300	NA	-	-	NA	-	-	NA	-	-	NA	-	-
500	NA	-	-	NA	-	-	NA	-	-	NA	-	-
HIGH	62.50	-	0	55.93	-	0	15.63	-	0	0.51	-	0
LOW	0.24	-	255	0.22	-	255	0.06	-	255	0.002	-	255

CHAPTER

12

表 12-4-(3)　非同步傳輸（BRGH=1）鮑率、系統時脈頻率與 SPBRG 設定值

BAUD RATE (Kbps)	Fosc = 40 MHz			33 MHz			25 MHz			20 MHz		
	KBAUD	% ERROR	SPBRG value (decimal)	KBAUD	% ERROR	SPBRG value (decimal)	KBAUD	% ERROR	SPBRG value (decimal)	KBAUD	% ERROR	SPBRG value (decimal)
0.3	NA	-	-	NA	-	-	NA	-	-	NA	-	-
1.2	NA	-	-	NA	-	-	NA	-	-	NA	-	-
2.4	NA	-	-	NA	-	-	NA	-	-	NA	-	-
9.6	NA	-	-	9.60	-0.07	214	9.59	-0.15	162	9.62	+0.16	129
19.2	19.23	+0.16	129	19.28	+0.39	106	19.30	+0.47	80	19.23	+0.16	64
76.8	75.76	-1.36	32	76.39	-0.54	26	78.13	+1.73	19	78.13	+1.73	15
96	96.15	+0.16	25	98.21	+2.31	20	97.66	+1.73	15	96.15	+0.16	12
300	312.50	+4.17	7	294.64	-1.79	6	312.50	+4.17	4	312.50	+4.17	3
500	500	0	4	515.63	+3.13	3	520.83	+4.17	2	416.67	-16.67	2
HIGH	2500	-	0	2062.50	-	0	1562.50	-	0	1250	-	0
LOW	9.77	-	255	8,06	-	255	6.10	-	255	4.88	-	255

BAUD RATE (Kbps)	Fosc = 16 MHz			10 MHz			7.15909 MHz			5.0688 MHz		
	KBAUD	% ERROR	SPBRG value (decimal)	KBAUD	% ERROR	SPBRG value (decimal)	KBAUD	% ERROR	SPBRG value (decimal)	KBAUD	% ERROR	SPBRG value (decimal)
0.3	NA	-	-	NA	-	-	NA	-	-	NA	-	-
1.2	NA	-	-	NA	-	-	NA	-	-	NA	-	-
2.4	NA	-	-	NA	-	-	2.41	+0.23	185	2.40	0	131
9.6	9.62	+0.16	103	9.62	+0.16	64	9.52	-0.83	46	9.60	0	32
19.2	19.23	+0.16	51	18.94	-1.36	32	19.45	+1.32	22	18.64	-2.94	16
76.8	76.92	+0.16	12	78.13	+1.73	7	74.57	-2.90	5	79.20	+3.13	3
96	100	+4.17	9	89.29	-6.99	6	89.49	-6.78	4	105.60	+10.00	2
300	333.33	+11.11	2	312.50	+4.17	1	447.44	+49.15	0	316.80	+5.60	0
500	500	0	1	625	+25.00	0	447.44	-10.51	0	NA	-	-
HIGH	1000	-	0	625	-	0	447.44	-	0	316.80	-	0
LOW	3.91	-	255	2.44	-	255	1.75	-	255	1.24	-	255

BAUD RATE (Kbps)	Fosc = 4 MHz			3.579545 MHz			1 MHz			32.768 kHz		
	KBAUD	% ERROR	SPBRG value (decimal)	KBAUD	% ERROR	SPBRG value (decimal)	KBAUD	% ERROR	SPBRG value (decimal)	KBAUD	% ERROR	SPBRG value (decimal)
0.3	NA	-	-	NA	-	-	0.30	+0.16	207	0.29	-2.48	6
1.2	1.20	+0.16	207	1.20	+0.23	185	1.20	+0.16	51	1.02	-14.67	1
2.4	2.40	+0.16	103	2.41	+0.23	92	2.40	+0.16	25	2.05	-14.67	0
9.6	9.62	+0.16	25	9.73	+1.32	22	8.93	-6.99	6	NA	-	-
19.2	19.23	+0.16	12	18.64	-2.90	11	20.83	+8.51	2	NA	-	-
76.8	NA	-	-	74.57	-2.90	2	62.50	-18.62	0	NA	-	-
96	NA	-	-	111.86	+16.52	1	NA	-	-	NA	-	-
300	NA	-	-	223.72	-25.43	0	NA	-	-	NA	-	-
500	NA	-	-	NA	-	-	NA	-	-	NA	-	-
HIGH	250	-	0	55.93	-	0	62.50	-	0	2.05	-	0
LOW	0.98	-	255	0.22	-	255	0.24	-	255	0.008	-	255

12.2　USART非同步資料傳輸模式

　　USART 非同步資料傳輸模式或者簡稱 UART，是目前廣泛被使用的一種資料傳輸模式。在個人電腦上，我們可以使用 COM 傳輸埠藉由 RS-232 通訊協定的格式，讓微控制器與個人電腦作資料的傳輸。

在這個模式下，USART 模組使用標準的 non-return-to-zero（NRZ）格式，也就是一個起始（Start）位元、八或九個資料位元加上一個中止（Stop）位元的格式。最為廣泛使用的是 8 位元資料的模式，如圖 12-2 所示。微處理器上內建專屬的 8 位元鮑率產生器可以從微控制器的震盪時序中產生標準的鮑率。USART 模組在傳輸資料時，將會由低位元資料開始傳輸。USART 的資料接收器與傳輸器在功能上是獨立分開的，但是它們將會使用同樣的資料格式與鮑率。根據控制位元 BRGH 的設定，鮑率產生器將會產生一個 16 倍或 64 倍的時脈訊號。USART 模組的硬體並不支援同位元檢查，但是可以利用軟體程式來完成。這時候，同位元將會被儲存在第九個位元資料的位址。在睡眠的模式下，非同步資料傳輸模式將會被中止。

圖 12-2　標準的 UART 通訊協定傳輸資料時序與格式

藉由設定 TXSTA 暫存器的 SYNC 控制位元為 0，可以將 USART 設定為非同步操作模式。USART 非同步資料傳輸模組包含了下列四個重要的元件：

- 鮑率產生器。
- 採樣電路。
- 非同步傳輸器。
- 非同步接收器。

USART 非同步接收器

USART 非同步接收器的方塊圖如圖 12-1 所示。串列傳輸移位暫存器（Transmit Shift Register, TSR）是資料傳輸器的核心，TSR 移位暫存器將透過可讀寫的傳輸緩衝暫存器 TXREG 得到所要傳輸的資料。所需要傳輸的資料可以經由程式指令將資料載入 TXREG 暫存器。TSR 暫存器必須要等到前一筆資料傳輸的中止位元被傳送出去之後，才會將下一筆資料由 TXREG 暫存器載入。一旦 TXREG 暫存器的資料被移轉到 TSR 暫存器時，TXREG 暫存器的內容將會被清除而且 PIR1 暫存器的中斷旗標位元 TXIF 將會被設定為 1。中斷的功能可以藉由設定 PIE1 暫存器中的中斷致能位元 TXIE 開啟或關閉。無論中斷的功能是否開啟，在資料傳輸完畢的時候，TXIF 中斷旗標位元都會被設定為 1，而且不能由軟體將它清除。一直到有新的資料被載入到 TXREG 暫存器時，這個中斷旗標位元才會被清除為 0。當資料傳輸功能被開啟時（TXEN=1），中斷旗標將會被設定為 1。如同中斷旗標位元 TXIF 用來顯示 TXREG 暫存器的狀態，另外一個狀態位元 TRMT 則被用來顯示 TSR 暫存器的狀態。當暫存器的資料空乏時，TRMT 狀態位元將會被設定為 1，而且它只能夠被讀取而不能寫入。TRMT 位元的狀態與中斷無關，因此使用者只能夠藉由輪詢（Polling）的方式來檢查這個 TRMT 位元，藉以決定 TSR 暫存器是否空乏。TSR 暫存器並未被映射到資料記憶體，因此使用者無法直接檢查這個暫存器的內容。

使用者可以依照下面的步驟開啟非同步資料傳輸：

1. 根據所需要的資料傳輸鮑率設定 SPRBG 暫存器。如果需要較高的傳輸鮑率，可以將控制位元 BRGH 設定為 1。

2. 將控制位元 SYNC 清除為 0，並設定控制位元 SPEN 為 1 以開啟非同步串列傳輸埠的功能。

3. 如果需要使用中斷的功能時，將控制位元 TXIE 設定為 1。

4. 如果需要使用 9 位元資料傳輸格式的話，將控制位元 TX9 設定為 1。

5. 藉由設定 TXEN 位元來開啟資料傳輸的功能，這同時也會將中斷旗標位元 TXIF 設定為 1。

6. 如果選擇 9 位元資料傳輸模式時，先將第九個位元的資料載入到 TX9D 位元中。

7. 將資料載入到 TXREG 暫存器中，這個動作將會開啟資料傳輸的程序。

與非同步資料傳輸相關的暫存器如表 12-5 所示。

表 12-5　與非同步資料傳輸相關的暫存器

Name	Bit 7	Bit 6	Bit 5	Bit 4	Bit 3	Bit 2	Bit 1	Bit 0	Value on POR, BOR	Value on All Other RESETS
INTCON	GIE/GIEH	PEIE/GIEL	TMR0IE	INT0IE	RBIE	TMR0IF	INT0IF	RBIF	0000 000x	0000 000u
PIR1	PSPIF(1)	ADIF	RCIF	TXIF	SSPIF	CCP1IF	TMR2IF	TMR1IF	0000 0000	0000 0000
PIE1	PSPIE(1)	ADIE	RCIE	TXIE	SSPIE	CCP1IE	TMR2IE	TMR1IE	0000 0000	0000 0000
IPR1	PSPIP(1)	ADIP	RCIP	TXIP	SSPIP	CCP1IP	TMR2IP	TMR1IP	0000 0000	0000 0000
RCSTA	SPEN	RX9	SREN	CREN	ADDEN	FERR	OERR	RX9D	0000 -00x	0000 -00x
TXREG	USART Transmit Register								0000 0000	0000 0000
TXSTA	CSRC	TX9	TXEN	SYNC	—	BRGH	TRMT	TX9D	0000 -010	0000 -010
SPBRG	Baud Rate Generator Register								0000 0000	0000 0000

Note 1: The PSPIF, PSPIE and PSPIP bits are reserved on the PIC18F2X2 devices; always maintain these bits clear.

USART非同步資料接收

　　資料接收器的結構方塊圖如圖 12-1 所示。RC7/RX/DT 腳位將會被用來接收資料並驅動資料還原區塊（Data Recovery Block）。資料還原區塊實際上是一個高速移位暫存器，它是以 16 倍的鮑率頻率來運作的。相對地，主要資料接收串列移位的操作程序則是以 Fosc 或者資料位元傳輸的頻率來運作的。這個操作模式通常被使用在 RS-232 的系統中。

　　使用者可以依照下列的步驟來設定非同步的資料接收：

1. 根據所需要的資料傳輸鮑率設定 SPRBG 暫存器。如果需要較高的傳輸鮑率，刻意將控制位元 BRGH 設定位 1。
2. 將控制位元 SYNC 清除為 0，並設定控制位元 SPEN 為 1 以開啓非同步串列傳輸埠的功能。
3. 如果需要使用中斷的功能時，將控制位元 RCIE 設定為 1。
4. 如果需要使用 9 位元資料傳輸格式的話，將控制位元 RX9 設定為 1。
5. 將控制位元 CREN 設定為 1 以開啓資料接收的功能。
6. 當資料接收完成時，中斷旗標位元 RCIF 將會被設定為 1、如果 RCIE 位元與被設定的話，將會產生一個中斷事件的訊號。

7. 如果開啓 9 位元資料傳輸模式的話，先讀取 RCSTA 暫存器的資料以得到第九個位元的數值並決定是否有任何錯誤在資料接收的過程中發生。

8. 讀取 RCREG 暫存器中的資料以得到 8 位元的傳輸資料。

9. 如果有任何錯誤發生的話，藉由清除控制位元 CREN 為 0 以清除錯誤狀態。

10. 如果想要使用中斷的功能，必須確保 INTCON 控制暫存器中的 GIE 與 PEIE 控制位元都被設定為 1。

與非同步資料接收相關的暫存器如表 12-6 所示。

表 12-6　與非同步資料接收相關的暫存器

Name	Bit 7	Bit 6	Bit 5	Bit 4	Bit 3	Bit 2	Bit 1	Bit 0	Value on POR, BOR	Value on All Other RESETS
INTCON	GIE/GIEH	PEIE/GIEL	TMR0IE	INT0IE	RBIE	TMR0IF	INT0IF	RBIF	0000 000x	0000 000u
PIR1	PSPIF(1)	ADIF	RCIF	TXIF	SSPIF	CCP1IF	TMR2IF	TMR1IF	0000 0000	0000 0000
PIE1	PSPIE(1)	ADIE	RCIE	TXIE	SSPIE	CCP1IE	TMR2IE	TMR1IE	0000 0000	0000 0000
IPR1	PSPIP(1)	ADIP	RCIP	TXIP	SSPIP	CCP1IP	TMR2IP	TMR1IP	0000 0000	0000 0000
RCSTA	SPEN	RX9	SREN	CREN	ADDEN	FERR	OERR	RX9D	0000 -00x	0000 -00x
RCREG	USART Receive Register								0000 0000	0000 0000
TXSTA	CSRC	TX9	TXEN	SYNC	—	BRGH	TRMT	TX9D	0000 -010	0000 -010
SPBRG	Baud Rate Generator Register								0000 0000	0000 0000

Note 1: The PSPIF, PSPIE and PSPIP bits are reserved on the PIC18F2X2 devices; always maintain these bits clear.

以上所介紹的非同步資料傳輸接收模式是一般最廣泛使用的資料傳輸模式，包括與個人電腦上 RS-232 便是使用這個模式。USART 模組還有許多其他不同的資料傳輸模式，例如同步資料傳輸的主控端模式，或者受控端模式；有興趣的讀者可以參考相關的資料手冊以學習各個不同操作模式的使用方法。

除了傳輸一般的 8 位元二進位資料之外，通常 UART 傳輸模組也會使用常見的 ASCII 文字符號。ASCII（American Standard Code for Information Interchange）編碼是全世界所公認的符號編碼表，許多文字符號資料的傳輸都是藉由這個標準的編碼方式進行資料的溝通，例如個人電腦視窗作業系統下的超級終端機程式。ASCII 符號編碼的內容如第一章表 1-1 所示。

接下來，就讓我們使用範例程式來說明如何完成上述非同步資料傳輸接收的設定與資料傳輸；在範例程式中，將使用個人電腦上的超級終端機介面程式與所使用的 PIC18F452 微控制器作資料的傳輸介紹，藉以達到由個人電腦掌控微控制器或者由微控制器擷取資料的功能。

範例 12-1

量測可變電阻的類比電壓值，並將 10 位元的量測結果轉換成 ASCII 編碼並輸出到個人電腦上的 VT-100 終端機。當電腦鍵盤按下 'c' 按鍵時開始輸出資料；當按下按鍵 'p' 停止輸出資料。

```
#include <xc.inc>    ;將微處理器相暫存器與其他符號的定義檔包含到程式檔中
;
    RX_Temp      EQU    0x10
;
    C_Hold_Delay  EQU  0x00      ;類比訊號採樣保持時間延遲計數暫存器
    TxD_Flag     EQU  0x01   ;資料傳輸延遲時間旗標
    Hex_Temp     EQU  0x02   ;編碼轉換暫存器
```

CHAPTER

12

```
    WREG_TEMP    EQU 0x20    ;  儲存處理器資料重要變數
    STATUS_TEMP EQU 0x21    ;  以便在進出函式時，暫存重要資料
    BSR_TEMP     EQU 0x22
;
;  定義 Timer1 計時器週期 1 SEC
#define  TMR1H_VAL    (65536-32768)  /256
#define  TMR1L_VAL    (65536-32768)  &  0xFF
;
;*****************************************************************
;****   RESET Vector @ 0x0000
;*****************************************************************
PSECT mycode,abs,class=CODE,space=SPACE_CODE,reloc=2
;  一定要改成絕對位址 <abs> 定義的 PSECT 宣告，才能將程式定義在重置向量或中斷向量
    org        0x00            ;  重置向量
    bra        Init
;
    org        0x08            ;  高優先中斷向量
    bra        Hi_ISRs
;
    org        0x18            ;  低優先中斷向量
    bra        Low_ISRs
;
;*****************************************************************
;****   The Main Program start from Here !!
;*****************************************************************

    org        0x02A           ;  主程式開始位址
Init:
    call       Init_IO
    call       Init_Timer1
    call       Init_AD
```

```
       call    Init_USART
;
    bsf     IPEN          ; 啟動中斷優先順序 RCON, 7
    bsf     GIEH          ; 啟動高優先中斷功能，以利用 TIMER1 計時器中斷
                            INTCON, 7
    bsf     GIEL          ; 啟動並優先中斷功能，以利用 USART RX 中斷 INTCON,
                            6
    clrf    TxD_Flag, a   ; 清除計時旗標
;
Main:
    nop
    btfsc   TxD_Flag, 1, a ; 旗標等於 0，繼續傳送類比訊號資料
    bra     Main           ; 旗標等於 1，停止傳送類比訊號資料
;
    btfss   TxD_Flag, 0, a ; 檢查計時是否超過 1 Sec?
    bra     Main           ; 否，繼續迴圈
    bcf     TxD_Flag, 0, a ; 是，清除 1S 中計時器錶
    call    AD_Convert     ; 開始類比訊號轉換
;
    movf    ADRESH,w , a   ; 將轉換結果 A/D <b9:b8> 轉成 ASCII 並由 UART 送出
    andlw   00000011B
    call    Hex_ASCII
    call    Tx_a_Byte
;
    swapf   ADRESL,w, a    ; 將轉換結果 A/D <b7:b4> 轉成 ASCII 並由 USART 送出
    andlw   0Fh
    call    Hex_ASCII
    call    Tx_a_Byte
;
    movf    ADRESL, w, a   ; 將轉換結果 A/D <b3:b0> 轉成 ASCII 並由 USART 送出
    andlw   0Fh
```

```
        call      Hex_ASCII
        call      Tx_a_Byte
;
        movlw     0x0A              ; 送出符號 0x0A & 0x0D 以便在終端機換行
        call      Tx_a_Byte
        movlw     0x0d
        call      Tx_a_Byte
;
        bra       Main              ; 無窮迴圈



;
;******    Send a byte to USART    ******
Tx_a_Byte:
        movwf     TXREG, a         ; 透過 USART 送出去的位元符號
        nop                        ;
        btfss     TXIF             ; 檢查資料傳輸完成與否 ? PIR1, 4
        bra       $-2              ; No, 繼續檢查旗標位元 TXIF
        return                     ; Yes, 傳輸完成，返還
;
;*******   Convert low nibble to ASCII code   *******
Hex_ASCII:
        andlw     0x0F             ; 確定 high nibble 為 "0000"
        movwf     Hex_Temp, a
        movlw     0x09             ; 跟 9 比較
        cpfsgt    Hex_Temp, a
        bra       Less_than_9
        movf      Hex_Temp, w, a   ; > 9, 數字加 0x37
        addlw     0x37
        return
Less_than_9:
```

```
        movf    Hex_Temp, w, a ; < = 9, 數字加 0x30
        addlw   0x30
        return


;
;*****   Connvert the 10-bit A/D    *****
AD_Convert:
        call    C_Hold_Time     ; 延遲 50uS 完成訊號採樣保持
        bsf     GO              ; 開始 A/D轉換  ADCON0, 1
        nop                     ; Nop
        btfsc   GO              ; 檢查 A/D轉換是否完成
        bra     $-4             ; 否，繼續檢查
        return
;
;***********************************************************
;****  Initial I/O Port
;***********************************************************
Init_IO:                        ; 設定數位輸入腳位
        clrf    LATD, a
        clrf    TRISD, a        ; 將 PORTD 數位輸出入埠設爲輸出
        bcf     TRISC6
        bsf     TRISC7


        return
;
;***********************************************************
;****  Initial Timer1 as a 1 Sec Timer
;***********************************************************
Init_Timer1:
        movlw   10001111B       ;16 位元模式、1 倍前除器、非同步計數模式
        movwf   T1CON, a        ; 使用外部震盪器，開啓計時器
```

CHAPTER

12

CHAPTER

12

```
;
    movlw    TMR1H_VAL      ; 設定計時器高位元組資料
    movwf    TMR1H, a
    movlw    TMR1L_VAL      ; 設定計時器低位元組資料
    movwf    TMR1L, a
;
    bsf      TMR1IP         ; 設定 Timer1 高優先中斷  IPR1, 0
    bcf      TMR1IF         ; 清除中斷旗標  PIR1, 0
    bsf      TMR1IE         ; 開啓計時器中斷功能  PIE1, 0
;
    return
;
;*******************************************************************
;****  Initial A/D converter
;*******************************************************************
Init_AD:
    movlw    00000001B      ; 選擇 AN0 通道轉換，
    movwf    ADCON0, a      ; 啓動 A/D 模組
;
    movlw    00001110B      ; 設定 VDD/VSS 爲參考電壓
    movwf    ADCON1, a      ; 設定 AN0 爲類比腳位
;
    movlw    10111010B      ; 結果向右靠齊並
    movwf    ADCON2, a      ; 設定採樣時間 20TAD，轉換時間爲 Fosc/32
;
    bcf      ADIE           ; 停止 A/D 中斷功能  PIE1, 6

    return
;
;*******************************************************************
;****  Initial USART as 9600,N,8,1
```

```
;***********************************************************
Init_USART:
    movlw    00100100B    ; 8 位元模式非同步傳輸
    movwf    TXSTA, a      ; 低鮑率設定，啟動傳輸功能
;
    movlw    10010100B    ; 啟動 8 位元資料接收功能
    movwf    RCSTA, a      ; 連續接收模式，停止位址偵測點
;
    movlw    64           ; 設定鮑率為 9600
    movwf    SPBRG, a
;;
    bcf      TXIF          ; 清除資料傳輸中斷旗標 PIR1, 4
    bcf      TXIE          ; 停止資料傳輸中斷功能 PIE1, 4
;
    bcf      RCIP          ; 設定資料接收低優先中斷 IPR1, 5
    bcf      RCIF          ; 清除資料接收中斷旗標 PIR1, 5
    bsf      RCIE          ; 啟動資料接收中斷 PIE1, 5
;
    return
;***********************************************************
;****      Sample Hold (Charge) time delay routine (50uS)
;***********************************************************
C_Hold_Time:
    movlw    200
    movwf    C_Hold_Delay, a
    nop
    nop
    decfsz   C_Hold_Delay, f, a
    bra      $-4
    return
;***********************************************************
```

```
;****        Hi_ISRs : Hi-Priority Interrupt reotine
;****
;*********************************************************
Hi_ISRs:
    bcf     TMR1IF           ; 清除 Timer1 中斷旗標 PIR1, 0
;
    movlw   TMR1H_VAL        ; 設定計時器高位元組資料
    movwf   TMR1H, a
    movlw   TMR1L_VAL
    movwf   TMR1L, a
;
    bsf     TxD_Flag, 0, a ; 設定 1 Sec 計時旗標
;
    retfie  f                ; 利用 shadow register 返回
;*********************************************************
;****        Low_ISRs : Low-Priority Interrupt reotine
;****
;*********************************************************
Low_ISRs:
    movff   STATUS, STATUS_TEMP ; 儲存處理器資料重要變數
    movff   WREG, WREG_TEMP
    movff   BSR, BSR_TEMP
;
;   bcf     RCIF             ; 清除資料接收中斷旗標 PIR1, 5
; 讀取 RCREG1 便會清除 RCIF，所以不用上一個指令
    movff   RCREG, RX_Temp       ; 將接收資料顯示在 LED
    movff   RX_Temp, LATD        ; 將接收資料顯示在 LED
;
    movlw   'c'              ; 檢查接收資料是否為 'c'?
    cpfseq  RX_Temp, a
    bra     No_EQU_C
```

```
    bcf     TxD_Flag, 1, a        ; Yes, 啓動傳輸資料
    bra     Exit_Low_ISR
No_EQU_C:
    movlw   'p'                   ; 檢查接收資料是否爲 'p'?
    cpfseq  RX_Temp, a
    bra     Exit_Low_ISR          ; No, 不作動
    bsf     TxD_Flag, 1, a        ; Yes, 停止傳送資料
;
Exit_Low_ISR:
    movff   BSR_TEMP, BSR         ; 回復重要資料暫存器
    movff   WREG_TEMP, WREG
    movff   STATUS_TEMP, STATUS
    retfie          ; 一般中斷返回
;
    END
```

CHAPTER

12

　　在範例程式中，藉由 TXSTA 與 RCSTA 暫存器適當地設定將 USART 傳輸模組設定爲非同步傳輸模式，傳輸速率則定在 9600bps 的鮑率，傳輸格式則爲 8-N-1 的資料格式。同時藉由開啓資料接收中斷的功能，在任何時候只要有資料傳入微控制器的 RCREG 暫存器，則藉由低優先中斷的功能檢查輸入的字元符號，再依照符號的內容設定資料傳輸的旗標；當程式回復到主程式的執行後，根據所設定的旗標與計時器的時間數值綜合判斷，決定是否傳輸資料。如果需要傳輸的話，藉由十六進位編碼轉換 ASCII 編碼的格式轉換函式，將類比數位轉換的結果轉換成可以在超級終端機顯示的 ASCII 編碼字元符號。

　　UART 模組的中斷旗標 TXIF 與 RCIF 不同於其他的中斷旗標，是無法由使用者的指令進行清除，而是藉由資料載入 TXREG 或將資料由 RCREG 讀取後由硬體自動清除爲 0。當 TXREG 暫存器可以再載入資料時 TXIF 會由硬體設定爲 1，RCREG 則是在有資料由外部傳入完成後由硬體將 RCIF 設定爲 1。

　　同時程式中利用 TIMER1 計時器與高優先中斷建立每秒更新的類比訊號轉換結果顯示。由於同時有兩個中斷功能開啓，因此在中斷執行程式中分別以

狀態旗標變數設定的方式記錄中斷的發生；然後再回到正常程式中在藉由狀態旗標變數的檢查決定是否進行相關的資料傳輸與類比訊號轉換程序。藉此方法可以避免在中斷執行程式時間過長影響其他程式執行的現象。而且爲了計時的精準，故將計時器中斷列爲高優先，資料接收列爲低優先中斷；因此，即使在資料接收中斷程序中，仍可以精準地計時。

12.3 加強的EUSART模組功能

除了上述的一般 USART 模組功能之外，較新的 PIC18 微控制器配置有加強型的 EUSART 模組，主要增加的功能包括：

■ 採樣電路。

■ 自動鮑率偵測（Auto Baudrate Detection）。

■ 12 位元中斷字元傳輸（12-bit Break Character Transmit）。

■ 同步中斷字元自動喚醒（Auto-Wake-up）。

表 12-7　與 EUSART 模組相關的暫存器

Name	Bit 7	Bit 6	Bit 5	Bit 4	Bit 3	Bit 2	Bit 1	Bit 0
TXSTA	CSRC	TX9	TXEN	SYNC	SENDB	BRGH	TRMT	TX9D
RCSTA	SPEN	RX9	SREN	CREN	ADDEN	FERR	OERR	RX9D
BAUDCON	ABDOVF	RCIDL	—	SCKP	BRG16	—	WUE	ABDEN
SPBRGH	EUSART Baud Rate Generator Register, High Byte							
SPBRG	EUSART Baud Rate Generator Register, Low Byte							

在 EUSART 模組中增加了一個控制暫存器 BAUDCON，其相關位元定義與控制內容表列如下：

BAUDCON控制暫存器定義

表 12-8 BAUDCON 控制暫存器內容定義

R/W-0	R-1	U-0	R/W-0	R/W-0	U-0	R/W-0	R/W-0
ABDOVF	RCIDL	—	SCKP	BRG16	—	WUE	ABDEN

bit 7   bit 0

ABDOVF: Auto-Baud Acquisition Rollover Status bit

1 = 自動鮑率偵測時鮑率計數發生溢流。

0 = 未發生鮑率計數溢流。

bit 6 **RCIDL:** Receive Operation Idle Status bit

1 = 資料接收作業閒置。

0 = 資料接收作業進行中。

bit 5 **Unimplemented:** Read as '0'

bit 4 **SCKP:** Synchronous Clock Polarity Select bit

Asynchronous mode:

未使用。

Synchronous mode:

1 = 閒置時 CK 腳位為高電位。

0 = 閒置時 CK 腳位為低電位。

bit 3 **BRG16:** 16-bit Baud Rate Register Enable bit

1 = 使用 16 位元鮑率產生器。

0 = 使用 8 位元鮑率產生器。

bit 2 **Unimplemented:** Read as '0'

bit 1 **WUE:** Wake-up Enable bit

Asynchronous mode:

1 = 模組持續偵測 RX 腳位，於下降邊緣產生中斷，於下一個上升邊緣清除為 0。

0 = 模組不偵測 RX 腳位。

Synchronous mode:

未使用。

bit 0 **ABDEN:** Auto-Baud Detect Enable bit

Asynchronous mode:

　　1 = 模組對（55h）訊號進行鮑率偵測；偵測完成時清除為 0。

　　0 = 鮑率偵測完成或關閉。

Synchronous mode:

　　未使用。

▋自動鮑率偵測

　　在加強的 EUSART 模組中，可以利用採樣電路與 16 位元鮑率產生器（SP-BRGH & SPBRG）對於特定的輸入位元組訊號 0x55=01010101B 進行鮑率的偵測；在偵測時，16 位元鮑率產生器將作為一個計數器使用藉以偵測的輸入位元組訊號變化的時間，進了利用計數器的數值計算所需要的鮑率。在偵測完成時，會自動將適當的鮑率設定值存入到鮑率產生器中，便可以進行後續的資料傳輸與接收。

　　由於需要特殊輸入位元組訊號的配合，因此在使用上必須要求相對應的資料發送端在資料傳輸的開始時先行送出 0x55 的特殊訊號，否則將無法完成自動鮑率偵測的作業。

▋自動喚醒功能

　　在加強的 EUSART 模組中起，應用程式也可以藉由接收腳位 RX/DT 的訊號變化將微控制器從閒置的狀態中喚醒。

　　在微控制器的睡眠模式下，所有傳輸到 EUSART 模組的時序將會被暫停。因此，鮑率產生器的工作也將暫停而無法繼續地接受資料。此時，自動喚醒功能將可以藉由偵測資料接收腳位上的訊號變化來喚醒微控制器而得以處理後續的資料傳輸作業。但是這種自動喚醒的功能，只能夠在非同步傳輸的模式下使用。

　　藉由將控制位元 WUE 設定為 1 便可以啟動自動喚醒的功能。在完成設定後，正常的資料接收程序將會被暫停，而模組將會進入閒置狀態並且監視在資料接收腳位 RX/DT 上是否有喚醒訊號的發生。所需要的喚醒訊號是一個由高電壓變成低電壓的下降邊緣訊號，這個訊號與 LIN 通訊協定中的同步中斷或者喚醒訊號位元的開始狀態是相同的。也就是說，藉由適當的自動喚醒設定，EUSART 模組將可以使用在 LIN 通訊協定的環境中。

在接收到喚醒的訊號時，如果微控制器是處於睡眠模式時，EUSART 模組將會產生一個 RCIF 的中斷訊號。這個中斷訊號將可以藉由讀取 RCREG 資料暫存器的動作而清除為 0。在接收到喚醒訊號（下降邊緣）之後，RX 腳位上的下一個上升邊緣訊號將會自動的將控制位元 WUE 清除為 0。這個上升邊緣的訊號通常也就是同步中斷訊號的結束，此時模組將會回歸到正常的操作狀態。

CHAPTER

12

CHAPTER 13

EEPROM 資料記憶體

除了一般的動態資料記憶體（RAM）之外，通常在微控制器中也配置有可以永久儲存資料的電氣可抹除資料記憶體（EEPROM, Electrical Erasable Programmable ROM）。EEPROM 主要的用途是要將一些應用程式所需要使用的永久性資料儲存在記憶體中，無論微控制器的電源中斷與否，這一些資料都會永久地保存在記憶體中不會消失。因此，當應用程式需要儲存永久性的指標時，例如資料表、函式對照表、固定不變的常數等等，便可以將這些資料儲存在 EEPROM 記憶體中。

當然這一些固定不變的資料也可以藉由程式的撰寫，將他們安置在應用程式的一部分；但是這樣的做法一方面增加程式的長度，另一方面則由於資料隱藏在程式中間，如果需要做資料的修改或者更新時，便需要將程式重新地更新燒錄才能夠修正原始的資料。但是如果將資料儲存在 EEPROM 記憶體中時，則資料的更新可以藉由程式的軟體在線上自我更新，或是藉由燒錄器單獨更新 EEPROM 中的資料而不需要改寫程式。如此一來，便可將應用程式與永久性資料分開處理，可以更有效地進行資料管理與程式維修。

13.1 EEPROM資料記憶體讀寫管理

PIC18 系列微控制器的 EEPROM 資料記憶體可以在正常程式執行的過程中，利用一般的操作電壓完成 EEPROM 記憶資料的讀取或寫入。但是這些永久性的資料記憶體並不是直接映射到檔案暫存器空間，替代的方式是將它們透過特殊功能暫存器的使用以及間接定址的方式進行資料的讀取或寫入。

與 EEPROM 資料記憶體讀寫相關的特殊功能暫存器有下列四個：

- EECON1
- EECON2
- EEDATA
- EEADR

　　EEPROM 記憶體的讀寫是以位元組（byte）為單位進行的。在讀寫 EE-PROM 資料的時候，EEDATA 特殊功能暫存器儲存著所要處理的資料內容，而 EEADR 特殊功能暫存器則儲存著所需要讀寫的 EEPROM 記憶體位址。PIC18F4520 微控制器總共配置有 256 個位元組的 EEPROM 資料記憶體，它們的位址定義為 0x00～0xFF，是由 EEADR 暫存器的 8 個位元決定的。

　　由於硬體的特性，EEPROM 資料記憶體需要較長的時間才能完成抹除與寫入的工作。在 PIC18F4520 微控制器硬體的設計上，當執行一個寫入資料的動作時，將自動地先將資料抹除後再進行寫入的動作（erase-before-write）。資料寫入所需要的時間是由微控制器內建的計時器所控制。實際資料寫入所需的時間與微控制器的操作電壓和溫度有關，而且由於製造程序的關係，不同的微控制器也會有些許的差異。

　　與 EEPROM 資料記憶體讀寫相關的特殊功能暫存器如表 13-1 所示。

表 13-1　與 EEPROM 資料記憶體讀寫相關的特殊功能暫存器

Name	Bit 7	Bit 6	Bit 5	Bit 4	Bit 3	Bit 2	Bit 1	Bit 0	Value on: POR, BOR	Value on All Other RESETS
INTCON	GIE/GIEH	PEIE/GIEL	T0IE	INTE	RBIE	T0IF	INTF	RBIF	0000 000x	0000 000u
EEADR	EEPROM Address Register								0000 0000	0000 0000
EEDATA	EEPROM Data Register								0000 0000	0000 0000
EECON2	EEPROM Control Register2 (not a physical register)								—	—
EECON1	EEPGD	CFGS	—	FREE	WRERR	WREN	WR	RD	xx-0 x000	uu-0 u000
IPR2	OSCFIP	CMIP	—	EEIP	BCLIP	LVDIP	TMR3IP	CCP2IP	11-1 1111	11-1 1111
PIR2	OSCFIF	CMIF	—	EEIF	BCLIF	LVDIF	TMR3IF	CCP2IF	00-0 0000	00-0 0000
PIE2	OSCFIE	CMIE	—	EEIE	BCLIE	LVDIE	TMR3IE	CCP2IE	00-0 0000	00-0 0000

◙EECON1與EECON2暫存器

　　EECON1 是管理 EEPROM 資料記憶體讀寫的控制暫存器。EECON2 則是一個虛擬的暫存器，它是用來完成 EEPROM 寫入程序所需要的暫存器。如果讀取 EECON2 暫存器的內容，將會得到 0 的數值。

◙EECON1控制暫存器定義

　　EECON1 相關的暫存器位元定義表如表 13-2 所示。

表 13-2　EECON1 控制暫存器內容定義

R/W-x	R/W-x	U-0	R/W-0	R/W-x	R/W-0	R/S-0	R/S-0
EEPGD	CFGS	—	FREE	WRERR	WREN	WR	RD
bit 7							bit 0

bit 7 **EEPGD:** FLASH Program or Data EEPROM Memory Select bit
　　1 = 讀寫快閃程式記憶體。
　　0 = 讀寫 EEPROM 資料記憶體。

bit 6 **CFGS:** FLASH Program/Data EE or Configuration Select bit
　　1 = 讀寫結構設定或校正位元暫存器。
　　0 = 讀寫快閃程式記憶體或 EEPROM 資料記憶體。

bit 5 **Unimplemented:** Read as '0'

bit 4 **FREE:** FLASH Row Erase Enable bit
　　1 = 在下一次寫入動作時，清除由 TBLPTR 定址的程式記憶列內容，清除動作完成時回復為 0。
　　0 = 僅執行寫入動作。

bit 3 **WRERR:** FLASH Program/Data EE Error Flag bit
　　1 = 寫入動作意外終止（由 $\overline{MCLR}$ 或其他 RESET 引起）。
　　0 = 寫入動作順利完成。
　　Note：當 WRERR 發生時，EEPGD 或 FREE 狀態位元將不會被清除以便追蹤錯誤來源。

bit 2 **WREN:** FLASH Program/Data EE Write Enable bit

```
        1 = 允許寫入動作。
        0 = 禁止寫入動作。
bit 1 WR: Write Control bit
        1 = 啟動 EEPROM 資料或快閃程式記憶體寫入動作，寫入完成時自動清除為 0。軟
            體僅能設定此位元為 1。
        0 = 寫入動作完成。
bit 0 RD: Read Control bit
        1 = 開始 EEPROM 資料或快閃程式記憶體讀取動作，讀取完成時自動清除為 0。軟
            體僅能設定此位元為 1。當 EEPGD = 1 時，無法設定此位元為 1。
        0 = 未開始 EEPROM 資料或快閃程式記憶體讀取動作。
```

　　EECON1 暫存器中的控制位元 RD 與 WR 分別用來啟動讀取與寫入操作的程序，軟體只可以將這些位元的狀態設定為 1 而不可以清除為 0。在讀寫的程序完成之後，這些位元的內容將會由硬體清除為 0。這樣的設計目的是要避免軟體意外地將 WR 位元清除為 0 而提早結束資料寫入的程序，這樣的意外將會造成寫入資料的不完全。

　　當設定 WREN 位元為 1 時，將會開始寫入的程序。在電源開啟的時候，WREN 位元是被預設為 0 的。當寫入的程序被重置、監視計時器重置或者其他的指令中斷而沒有完成的時候，WRERR 狀態位元將會被設定為 1，使用者可以檢查這個位元以決定是否在重置之後需要重新將資料寫入到同一個位址。如果需要重新寫入的話，由於 EEDATA 資料暫存器與 EEADR 位址暫存器的內容在重置時被清除為 0，因此必須要將相關的資料重新載入。

13.2　讀寫EEPROM記憶體資料

◗ 讀取EEPROM記憶體資料

　　要從一個 EEPROM 資料記憶體位址讀取資料，應用程式必須依照下列的步驟：

　　1. 先將想要讀取資料的記憶體位址寫入到 EEADR 暫存器，共 8 個位元。

2. 將 EEPGD 控制位元清除為 0。

3. 將 CFGS 控制位元清除為 0。

4. 然後將 RD 控制位元設定為 1。

在完成這樣的動作後，資料在下一個指令週期的時間將可以從 EEDATA 暫存器中讀取。EEDATA 暫存器將持續地保留所讀取的數值直到下一次的 EE-PROM 資料讀取，或者是應用程式寫入新的資料到這個暫存器。

由於這是一個標準的作業程序，所以讀者可以參考下面的標準組合語言範例進行 EEPROM 資料記憶體的讀取。

```
MOVLW    DATA_EE_ADDR          ;
MOVWF    EEADR, a              ; 被讀取資料記憶體 8 位元位址
BCF      EECON1, EEPGD, a      ; 設定為資料記憶體
BCF      EECON1, CFGS, a       ; 開啟記憶體路徑
BSF      EECON1, RD, a         ; 讀取資料
MOVF     EEDATA, W, a          ; 資料移入工作暫存器 WREG
```

寫入EEPROM記憶體資料

要將資料寫入到一個 EEPROM 資料記憶體位址，應用程式必須依照下列的步驟：

1. 先將想要寫入資料的記憶體位址寫入到 EEADR 暫存器。

2. 將要寫入的資料儲存到 EEDATA 暫存器。

接下來的動作較為繁複，但是由於寫入的程序是一個標準動作，因此則可以參考下面的範例來完成資料寫入 EEPROM 記憶體的工作。

```
MOVLW    DATA_EE_ADDR
MOVWF    EEADR, a              ; 寫入資料記憶體 8 位元位址
MOVLW    DATA_EE_DATA          ;
BCF      EECON1, EEPGD, a      ; 指向 EEPROM 資料記憶體
MOVLW    DATA_EE_DATA          ; 存入寫入資料
```

```
MOVWF      EEDATA, a                  ;
                                      ; EEPROM memory
BSF        EECON1, WREN, a            ; Enable writes
BCF        INTCON, GIE, a             ; 將所有的中斷關閉
MOVLW      55h                        ; Required Sequence
MOVWF      EECON2, a                  ; Write 55h
MOVLW      AAh                        ;
MOVWF      EECON2, a                  ; Write AAh
BSF        EECON1, WR, a              ; Set WR bit to begin write
BSF        INTCON, GIE, a             ; 重新啟動中斷功能
                                      ; user code execution
 ⋮
BCF        EECON1, WREN, a            ; Disable writes on write complete
                                      ; (EEIF set)
```

　　如果應用程式沒有完全依照上列的程式內容來撰寫指令，則資料寫入的程序將不會被開啟。而為了避免不可預期的中斷發生而影響程式執行的順序，強烈建議應用程式碼在執行上述的指令之前，必須要將所有的中斷關閉。

　　除此之外，EECON1 暫存器中的 WREN 控制位元必須要被設定為 1 才能夠開啟寫入的功能。這一個額外的機制可以防止不可預期的程式執行意外地啟動 EEPROM 記憶體資料寫入的程序。除了在更新 EEPROM 資料記憶體的內容之外，WREN 控制位元必須要永遠保持設定為 0 的狀態。而且 WREN 位元一定要由軟體清除為 0，它不會被硬體所清除。

　　一旦開始寫入的程序之後，EECON1、EEADR 與 EEDATA 暫存器的內容就不可以被更改。除非 WREN 控制位元被設定為 1，否則 WR 控制位元將會被禁止設定為1。而且這兩個位元必須要用兩個指令依照順序先後地設定為1，而不可以使用 movlw 或其他的指令在同一個指令週期將它們同時設定為 1。這樣的複雜程序主要是為了保護 EEPROM 記憶體中的資料不會被任何不慎或者意外的動作所改變。

　　在完成寫入的動作之後，WR 狀態位元將會由硬體自動清除為 0，而且將

會把 EEPROM 記憶體寫入完成中斷旗標位元 EEIF 設定為 1。應用程式可以
利用開啓中斷功能或者是輪詢檢查這個中斷位元來決定寫入的狀態。EEIF 中
斷旗標位元只能夠用軟體清除。

　　由於寫入動作的複雜，建議讀者在完成寫入動作之後，檢查數值寫入的資
料是否正確。建立一個好的程式撰寫習慣是程式執行正確的開始。

　　如果應用程式經常地在改寫 EEPROM 資料記憶體的內容時，建議在應用
程式的開始適當地將 EEPROM 資料記憶體的內容重置為 0，然後再有效地使
用資料記憶體，以避免錯誤資料的引用。讀者可以參考下面的範例程式將所有
的 EEPROM 資料記憶體內容歸零。

```
        CLRF      EEADR, a              ; 由位址 0 的記憶體開始
        BCF       EECON1,CFGS, a        ; 記憶體路徑設定為資料記憶體
        BCF       INTCON,GIE, a         ; 停止中斷
        BSF       EECON1,WREN, a        ; 啓動寫入
LOOP:                                   ; 清除陣列迴圈
        BSF       EECON1,RD, a          ; 讀取目前位址資料
        MOVLW     55H                   ; 標準程序
        MOVWF     EECON2, a             ; WRITE 55H
        MOVLW     AAH
        MOVWF     EECON2, a             ; WRITE AAH
        BRA       $-2
I   NCFSZ         EEADR,F, a            ; 遞加位址，並判斷結束與否
        BSF       EECON1,WR, a          ; 設定 WR 位元開始寫入
        BTFSC     EECON1,WR, a          ; 等待寫入完成
        BRA       LOOP                  ; NOT ZERO, 繼續迴圈
        BCF       EECON1,WREN, a        ; 關閉寫入
        BSF       INTCON,GIE, a         ; 啓動中斷
```

　　對於進階的使用者，也可以將資料寫入到 FLASH 程式記憶體的位址；將
資料寫入到 FLASH 程式記憶體的程序和 EEPROM 資料的讀寫程序非常的類

似，但是需要較長的讀寫時間。而且在讀寫的過程中除了可以使用單一位元組的讀寫程序之外，同時也可以藉由表列讀取（Table Read）或者表列寫入（Table Write）的方式一次將多筆資料同時寫入或讀取。由於這樣的讀寫需要較高的程式技巧，有興趣的讀者可以參考相關微控制器的資料手冊以了解如何將資料寫入到程式記憶體中。

範例 13-1

量測可變電阻的類比電壓值，並將 10 位元的量測結果轉換成 ASCII 編碼並輸出到個人電腦上的 VT-100 終端機。當電腦鍵盤按下下列按鍵時，進行以下的動作：

按下按鍵 'c' 開始輸出資料；
按下按鍵 'p' 停止輸出資料；
按下按鍵 'r' 讀取 EEPROM 的資料；
按下按鍵 'w' 更新 EEPROM 的資料；
按下按鍵 'e' 清除 EEPROM 的資料。

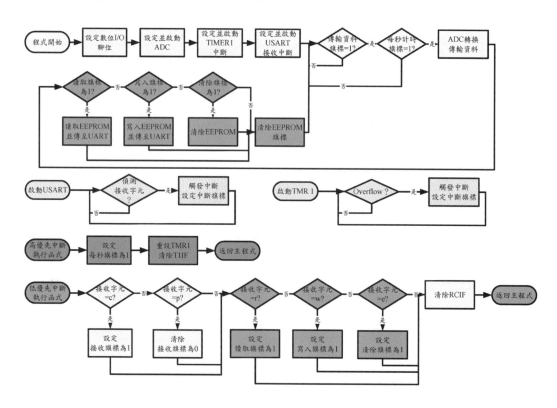

```
#include    <xc.inc>   ; 將微處理器相暫存器與其他符號的定義檔包含到程式檔中
;
RX_Temp              EQU  0x10

C_Hold_Delay         EQU  0x00          ; 類比訊號採樣保持時間延遲計數暫存器
TxD_Flag             EQU  0x01          ; 資料傳輸延遲時間旗標
Hex_Temp             EQU  0x02          ; 編碼轉換暫存器

WREG_TEMP            EQU  0x20          ; 儲存處理器資料重要變數
STATUS_TEMP          EQU  0x21          ; 以便在進出函式時，暫存重要資料
BSR_TEMP             EQU  0x22
;
Data_EE_Addr         EQU  0x30          ; EEPROM 資料位址
Data_EE_Data         EQU  0x31          ; EEPROM 資料
ADRH                 EQU  0x32          ; 高位元資料變數
ADRL                 EQU  0x33          ; 低位元資料變數
;
#define   EEP_ADRL    0                 ; Define EEPROM Low Byte Address
#define   EEP_ADRH    1                 ; Define EEPROM High Byte Address
#define   TMR1_VAL    32768             ; 定義 Timer1 計時器週期 1 SEC
; 定義 Timer1 計時器週期 1 SEC
#define   TMR1H_VAL   (65536-32768) /256
#define   TMR1L_VAL   (65536-32768) & 0xFF;


;************************************************************
;****   RESET Vector @ 0x0000
;************************************************************
PSECT mycode,abs,class=CODE,space=SPACE_CODE,reloc=2
;  一定要改成絕對位址 <abs> 定義的 PSECT 宣告，才能將程式定義在重置向量或中斷向量
    org    0x00                         ; 重置向量
    bra    Init
```

```
;
    org    0x08                      ; 高優先中斷向量
    bra    Hi_ISRs
;
    org    0x18                      ; 低優先中斷向量
    bra    Low_ISRs
;******************************************************************
;****    The Main Program start from Here !!
;******************************************************************
    org    0x02A                     ; 主程式開始位址
Init:
    lfsr   1, Hex_Temp+0x110         ; 將編碼暫存器區塊位址載入 FSR

    call   Init_IO
    call   Init_Timer1
    call   Init_AD
    call   Init_USART
;
    bsf    IPEN                      ; 啓動中斷優先順序 RCON, 7
    bsf    GIEH                      ; 啓動高優先中斷功能，以利用 TIMER1 計
                                     ;   時器中斷 INTCON, 7
    bsf    GIEL                      ; 啓動並優先中斷功能，以利用 USART RX
                                     ;   中斷 INTCON, 6
    clrf   TxD_Flag, a               ; 清除計時旗標
;
Main:
    nop
    btfsc  TxD_Flag, 1, a            ; 旗標等於 0，繼續傳送類比訊號資料
    bra    Main                      ; 旗標等於 1，停止傳送類比訊號資料
;
    btfss  TxD_Flag, 0, a            ; 檢查計時是否超過 1 Sec?
```

```
        bra     Main                    ; 否，繼續迴圈
        bcf     TxD_Flag, 0, a          ; 是，清除 1S 中計時器錶
        call    AD_Convert              ; 開始類比訊號轉換
;
        movff   ADRESH, ADRH
        movff   ADRESL, ADRL

        movlw   00001100B               ; Do nothing if TxD_Flag(2:3)=00
        andwf   TxD_Flag, w, a
        btfsc   STATUS, 2, a            ; bit 2=Z
        bra     UART_DIS
;
        btfsc   TxD_Flag, 3, a
        bra     Not_R_EE
;
        movlw   EEP_ADRL
        movwf   Data_EE_Addr, a
        call    READ_EEPROM
        movff   EEDATA, ADRL
        movlw   EEP_ADRH
        movwf   Data_EE_Addr, a
        call    READ_EEPROM
        movff   EEDATA, ADRH
        bcf     TxD_Flag, 2, a
;
        bra     UART_DIS
;
Not_R_EE:
        btfsc   TxD_Flag, 2, a
        call    Not_W_EE
;
```

```
        movlw   EEP_ADRL
        movwf   Data_EE_Addr, a
        movff   ADRL, Data_EE_Data
        call    WRITE_EEPROM
        movff   EEDATA, ADRL
        movlw   EEP_ADRH
        movwf   Data_EE_Addr, a
        movff   ADRH, Data_EE_Data
        call    WRITE_EEPROM
        movff   EEDATA, ADRH
        bcf     TxD_Flag, 3, a
;
        bra     UART_DIS
;
Not_W_EE:
;
        movlw   EEP_ADRL
        movwf   Data_EE_Addr, a
        clrf    Data_EE_Data, a
        clrf    ADRL, a
        clrf    ADRH, a
        call    WRITE_EEPROM
        movlw   EEP_ADRH
        movwf   Data_EE_Addr, a
        call    WRITE_EEPROM
        movff   EEDATA, ADRH
        bcf     TxD_Flag, 2, a
        bcf     TxD_Flag, 3, a
;
UART_DIS:
        movf    ADRH, w, a              ; 將轉換結果 A/D <b9:b8> 轉成 ASCII
```

```
                                    ; 並由 UART 送出
    andlw  00000011B
    call   Hex_ASCII
    call   Tx_a_Byte
;
    swapf  ADRL, w, a               ; 將轉換結果 A/D <b7:b4> 轉成 ASCII
                                    ; 並由 USART 送出
    andlw  0x0F
    call   Hex_ASCII
    call   Tx_a_Byte
;
    movf   ADRL, w, a               ; 將轉換結果 A/D <b3:b0> 轉成 ASCII
                                    ; 並由 USART 送出
    andlw  0x0F
    call   Hex_ASCII
    call   Tx_a_Byte
;
    movlw  0x0a                     ; 送出符號 0x0A & 0x0D 以便在終端機換行
    call   Tx_a_Byte
    movlw  0x0d
    call   Tx_a_Byte
;
    bra    Main                     ; 無窮迴圈

;******   Send a byte to USART   ******
Tx_a_Byte:
    movwf  TXREG, a                 ; 透過 USART 送出去的位元符號
    btfss  TX1IF                    ; 檢查資料傳輸完成與否? PIR1, 4
    bra    $-2                      ; No, 繼續檢查旗標位元 TXIF
    return
;
```

```
; ******* Convert low nibble to ASCII code      *******
Hex_ASCII:
    andlw         0x0F                    ; 確定 high nibble 為"0000"
    movwf         Hex_Temp, a
    movlw         0x9                     ; 跟 9 比較
    cpfsgt        Hex_Temp, a
    bra           Less_than_9
    movf          Hex_Temp, w, a     ; > 9, 數字加 0x37
    addlw         0x37
    return
    Less_than_9:
    movf          Hex_Temp, w, a     ; < = 9, 數字加 0x30
    addlw         0x30
    return


;
; *****      Connvert the 10-bit A/D    *****
AD_Convert:
    call    C_Hold_Time              ; 延遲 50uS 完成訊號採樣保持
    bsf     GO                       ; 開始 A/D 轉換 ADCON0, 1
    nop                              ; Nop
    btfsc   GO                       ; 檢查 A/D 轉換是否完成
    bra     $-2                      ; 否，繼續檢查
    return
    ;
; **************************************************************
; ****    Initial I/O Port
; **************************************************************
Init_IO:                            ; 設定數位輸入腳位
    clrf    TRISD, a                ; 將 PORTD 數位輸出入埠設為輸出
    clrf    LATD, a
```

```
    bsf    TRISA0                      ; 將腳位 RA0 設爲輸入
    return
;
;***************************************************************
;****    Initial Timer1 as a 1 Sec Timer
;***************************************************************
Init_Timer1:
    movlw  10001111B                   ; 16 位元模式、1 倍前除器、非同步計數
                                       ; 模式
    movwf  T1CON, a                    ; 使用外部外部震盪器，開啓計時器
;
    movlw  TMR1H_VAL                   ; 設定計時器高位元組資料
    movwf  TMR1H, a
    movlw  TMR1L_VAL                   ; 設定計時器低位元組資料
    movwf  TMR1L, a
;
    bsf    TMR1IP                      ; 設定 Timer1 高優先中斷 IPR1, 0
    bcf    TMR1IF                      ; 清除中斷旗標 PIR1, 0
    bsf    TMR1IE                      ; 開啓計時器中斷功能 PIE1, 0
;
    return
;
;***************************************************************
;****    Initial A/D converter
;***************************************************************
Init_AD:
    movlw  00000001B                   ; 選擇 AN0 通道轉換，
    movwf  ADCON0, a                   ; 啓動 A/D 模組
;
    movlw  00001110B                   ; 設定 VDD/VSS 爲參考電壓
    movwf  ADCON1, a                   ; 設定 AN0 爲類比腳位
```

CHAPTER

13

```
;
    movlw   10111010B                   ; 結果向右靠齊並
    movwf   ADCON2, a                   ; 設定採樣時間 20TAD，轉換時間爲
                                        ; Fosc/32
;
    bcf     ADIE                        ; 停止 A/D 中斷功能 PIE1, 6

    return;
;************************************************************
;****    Initial USART as 9600,N,8,1
;************************************************************
Init_USART:
    movlw   00100100B                   ; 8 位元模式非同步傳輸
    movwf   TXSTA, a                    ; 低鮑率設定，啓動傳輸功能
;
    movlw   10010100B                   ; 啓動 8 位元資料接收功能
    movwf   RCSTA, a                    ; 連續接收模式，停止位址偵測點
;
    movlw   64                          ; 設定鮑率爲 9600
    movwf   SPBRG, a
;
    bcf     TXIF                        ; 清除資料傳輸中斷旗標 PIR1, 4
    bcf     TXIE                        ; 停止資料傳輸中斷功能 PIE1, 4
;
    bcf     RCIP                        ; 設定資料接收低優先中斷 IPR1, 5
    bcf     RCIF                        ; 清除資料接收中斷旗標 PIR1, 5
    bsf     RCIE                        ; 啓動資料接收中斷 PIE1, 5
;
    return
;
```

CHAPTER 13

```
;*****************************************************************
;****    Sample Hold (Charge) time delay routine (50uS)
;*****************************************************************
C_Hold_Time:
    movlw  200
    movwf  C_Hold_Delay, a
    nop
    nop
    decfsz C_Hold_Delay, f, a
    bra    $-2
    return


;*****************************************************************
;****    Hi_ISRs : Hi-Priority Interrupt reotine
;****
;*****************************************************************
Hi_ISRs:

    bcf    TMR1IF                    ; 清除 Timer1 中斷旗標 PIR1, 0
;
    movlw  TMR1H_VAL ; 設定計時器高位元組資料
    movwf  TMR1H, a
    movlw  TMR1L_VAL
    movwf  TMR1L, a
;
    bsf    TxD_Flag, 0 , a           ; 設定 1 Sec計時旗標
;
    retfie f                         ; 利用 shadow register 返回
;*****************************************************************
;****    Low_ISRs : Low-Priority Interrupt reotine
;****
```

```
;*********************************************************
Low_ISRs:
    movff   STATUS,STATUS_TEMP        ; 儲存處理器資料重要變數
    movff   WREG,WREG_TEMP
    movff   BSR,BSR_TEMP
;
;   bcf     RC1IF                     ; 清除資料接收中斷旗標 PIR1, 5
    movff   RCREG, RX_Temp            ; 將接收資料顯示在 LED
    movff   RX_Temp, LATD             ; 將接收資料顯示在 LED
;
    movlw   'c'                       ; 檢查接收資料是否為 'c'?
    cpfseq  RX_Temp, a
    bra     No_EQU_c                  ; No, 不作動
    bcf     TxD_Flag, 1, a            ; Yes, 啟動傳輸資料
    bra     Exit_Low_ISR
No_EQU_c:
    movlw   'p'                       ; 檢查接收資料是否為 'p'?
    cpfseq  RX_Temp, a
    bra     No_EQU_p                  ; No, 不作動
    bsf     TxD_Flag, 1, a            ; Yes, 停止資料傳輸
    bra     Exit_Low_ISR
No_EQU_p:
    movlw   'r'                       ; 檢查接收資料是否為 'r'?
    cpfseq  RX_Temp, a
    bra     No_EQU_r                  ; No, 不作動
    bcf     TxD_Flag, 3, a            ; 設定讀取 EEPROM 旗標
    bsf     TxD_Flag, 2, a            ;
    bcf     TxD_Flag, 1, a            ; Yes, 啟動傳輸資料
    bra     Exit_Low_ISR
No_EQU_r:
    movlw   'w'                       ; 檢查接收資料是否為 'w'?
```

```
        cpfseq RX_Temp, a
        bra    No_EQU_w              ; No, 不作動
        bsf    TxD_Flag, 3, a        ; 設定寫入 EEPROM旗標
        bcf    TxD_Flag, 2, a        ;
        bcf    TxD_Flag, 1, a        ; Yes, 啟動傳輸資料
        bra    Exit_Low_ISR
No_EQU_w:
        movlw  'e'                   ; 檢查接收資料是否為 'e'?
        cpfseq RX_Temp, a
        bra    Exit_Low_ISR          ; No, 不作動
        bsf    TxD_Flag, 2, a        ; 設定清除 EEPROM旗標
        bsf    TxD_Flag, 3, a        ;
        bcf    TxD_Flag, 1, a        ; Yes, 啟動傳輸資料
        bra    Exit_Low_ISR
;
Exit_Low_ISR:
        movff  BSR_TEMP,BSR          ; 回復重要暫存器資料
        movff  WREG_TEMP,WREG
        movff  STATUS_TEMP,STATUS
        retfie
;
;
;------ INTERNAL EEPROM READ ------
;
READ_EEPROM:                         ; 讀取 eeprom標準程序
        movff  Data_EE_Addr,EEADR
;
        bcf    GIE                   ; INTCON, 7
        bcf    EEPGD                 ; EECON1, 7
        bcf    CFGS                  ; EECON1, 6
        bsf    RD                    ; EECON1, 0
```

```
        movf    EEDATA, w, a
        bsf     GIE                     ; INTCON, 7
        return
;
;----INTERNAL EEPROM WRITE-----
;
WRITE_EEPROM:                           ; 寫入 eeprom 標準程序
        movff   Data_EE_Addr, EEADR
        movff   Data_EE_Data, EEDATA
;
        BCF     EEPGD                   ; EECON1, 7
        bcf     CFGS                    ; EECON1, 6

        bsf     WREN                    ; EECON1, 2
        BCF     GIE                     ; INTCON, 7
;
        MOVLW   0X55
        MOVWF   EECON2, a
        MOVLW   0XAA
        MOVWF   EECON2, a
        bsf     WR                      ; EECON1, 1
;
        bsf     GIE                     ;INTCON, 7

LOOP1:
        BTFSS   EEIF                    ; 檢查寫入動作是否完成  PIR2, 4
        GOTO    LOOP1
;
        bcf     WREN                    ; EECON1, 2
        bcf     EEIF                    ; PIR2, 4
```

RETURN

END

　　在範例程式中，利用了標準的 EEPROM 指令程序在相對應的電腦按鍵觸發而經由 UART 資料接收中斷的功能，在中斷執行函式中判斷所接收的資料符號為何。然後根據所接收到的符號設定相對應的動作旗標，再依照標準的 EEPROM 讀取或寫入的程序完成所發出的動作。

　　看完了這個範例程式，讀者還會覺得 EEPROM 的讀寫很困難嗎？

CHAPTER 14

LCD 液晶顯示器

在一般的微控制器應用程式中,經常需要以數位輸出入埠的管道來進行與其他外部周邊元件的訊息溝通。例如外部記憶體、七段顯示器、發光二極體與液晶顯示器等等。為了加強使用者對於這些基本需求的應用程式撰寫能力,在這個章節中將會針對以組合程式語言撰寫一般微控制器常用的 LCD 液晶顯示器驅動程式做一個詳細的介紹。希望藉由這樣的練習可以加強撰寫應用程式的能力,並可以應用到其他類似的外部周邊元件驅動程式處理。

在一般的使用上,微控制器的運作時常要與其他的數位元件做訊號的傳遞。除了複雜的通訊協定使用之外,也可以利用輸出入埠的數位輸出入功能來完成元件間訊號的傳遞與控制。在這裡我們將使用一個 LCD 液晶顯示器的驅動程式作為範例,示範如何適當而且有順序地控制控制器的各個腳位。

1: VDD	2: GND
3: VC	4: RS
5: RW	6: E
7: DB0	8: DB1
9: DB2	10: DB3
11: DB4	12: DB5
12: DB6	14: DB7

圖 14-1　液晶顯示器(LCD)腳位示意圖

14.1 液晶顯示器的驅動方式

　　要驅動一個 LCD 顯示正確的資訊，必須要對它的基本驅動方式有一個基本的認識。使用者可以參考 Microchip 所發布的 AN587 使用說明，來了解驅動一個與 Hitachi LCD 控制器 HD44780 相容的顯示器。如圖 14-1 所示，除了電源供應（VDD、GND）、背光電源（A、K）及對比控制電壓（VC）的外部電源接腳之外，LCD 液晶顯示器可分為 4 位元及 8 位元資料傳輸兩種模式的電路配置。基本上，如果使用 4 位元長度的資料傳輸模式，控制一個 LCD 需要七個數位輸出入的腳位。其中四個位元是作為資料傳輸，另外三個則控制了資料傳輸的方向以及採樣時間點。如果使用是 8 位元長度的資料傳輸模式，則需要十一個數位輸出入的腳位。它們的功能簡述如表 14-1。

表 14-1　液晶顯示器腳位功能

腳位	功能	
RS	L: Instruction Code Input H: Data Input	
R/W	H: Data Read (LCD module→MPU) L: Data Write (LCD module←MPU)	
E	H→L: Enable Signal L→H: Latch Data	
DB0	8- Bit Data Bus Line	
DB1		
DB2		
DB3		
DB4		4-Bit Data Bus Line
DB5		
DB6		
DB7		

設定一個 LCD 顯示器資料傳輸模式、資料顯示模式以及後續資料傳輸的標準流程可以從下面的圖 14-2 流程圖中看出。

圖 14-2　液晶顯示器初始化設定流程圖

其中，

I/D = 1: Increment;	I/D = 0: Decrement
S = 1: Accompanies display shift	
S/C = 1: Display shift	S/C = 0: Cursor move
R/L = 1: Shift to the right	R/L = 0: Shift to the left
DL = 1: 8 bits	DL = 0: 4 bits
N = 1: 2 lines	N = 0: 1 line
F = 1: 5x10 dots	F = 0: 5x8 dots
D = 1: Display on	D = 0: Display off
C = 1: Cursor on	C = 0: Cursor off
B = 1: Blinking on	B = 0: Blinking off
BF = 1: Internally operating;	BF = 0: Instructions acceptable

　　顯示器的第一行起始位址為 0x00，第二行起始位址為 0x40，後續的顯示字元位址則由此遞增。如果以四位元傳輸模式要修改顯示內容時，依照下列操作步驟依序地將資料由控制器傳至 LCD 顯示器控制器：

1. 將準備傳送的資料中較高 4 位元（Higher Nibble）設定到連接 DB4 ～ DB7 的腳位。

2. 將 E 腳位由 1 清除為 0，此時 LCD 顯示器控制器將接受 DB4 ～ DB7 腳位上的數位訊號。

3. 先將 RS 與 RW 腳位依需要設定其電位（1 或 0）。

4. 緊接著將 E 腳位由 0 設定為 1。

5. 檢查 LCD 控制器的忙碌旗標（Busy Flag, BF）或等待足夠時間以完成傳輸。

6. 重複步驟 1 ～ 5，將步驟 1 的資料改為較低 4 位元（Lower Nibble），即可完成 8 位元資料傳輸。

　　傳輸時序如圖 14-3 所示。各階段所需的時間，如標示 1 ～ 7，請參閱 Microchip 應用說明 AN587。

圖 14-3　　液晶顯示器資料傳輸時序

　　因此在應用程式中，使用者必須依照所規定的流程順序控制時間，並依照所要求的資料設定對應的輸出入腳位，才能夠完成顯示器的設定與資料傳輸。在接下來的範例程式中，我們將針對設定流程中的步驟撰寫函式；並且將這些函式整合完成程式的運作。當控制器檢測到周邊相關的訊號時，將會在顯示器上顯示出相關的資訊。

　　單單是看到設定液晶顯示器的流程，恐怕許多讀者就會望之怯步，不知道要從何著手。但是這個需求反而凸顯出使用函式來撰寫 PIC 微控制器應用程式的優點。我們可以利用組合語言中呼叫函式的功能，將設定與使用 LCD 液晶顯示器的各個程序撰寫成函式；然後在主程式中需要與 LCD 液晶顯示器做訊息溝通時，使用呼叫函式的簡單敘述就可以完成 LCD 液晶顯示器所要求的繁瑣程序。

　　呼叫函式概念廣泛地被運用在組合語言程式的撰寫中。對於複雜繁瑣的工作程序，我們可以將它撰寫成函式。一方面可以將這些冗長的程式碼獨立於主程式之外；另一方面在程式的撰寫與除錯的過程中，也可以簡化程式的需求並縮小程式的範圍與大小，有利於程式的檢查與修改。而對於必須要重複執行的工作程序，使用呼叫函式的概念可以非常有效地簡化主程式的撰寫，避免一再重複的程式碼出現。同時這樣的函式也可以應用在僅有少數差異的重複工作

程序中，增加程式撰寫的方便性與可攜性。例如，將不同的字元符號顯示在
LCD 液晶顯示器上的工作程序便可以撰寫成一個將所要顯示的字元作為引數
的函式，這樣的函式便可以在主程式中重複地被呼叫使用，大幅地簡化主程式
的撰寫。

　　接下來，就讓我們從範例程式學習如何將 LCD 液晶顯示器的工作程序撰
寫成函式。

範例 14-0

　　根據 Microchip 所發布的 AN587 使用說明，來撰寫驅動一個與 Hitachi
LCD 控制器 HD44780 相容顯示器的函式集。

```
#include   <xc.inc>        ; 將微處理器相暫存器與其他符號的定義檔包含到程式檔中
;
GLOBAL          InitLCD
GLOBAL          putcLCD
GLOBAL          clrLCD
GLOBAL          L1homeLCD
GLOBAL          L2homeLCD
GLOBAL          Send_Cmd
GLOBAL          PutHexLCD
GLOBAL          Hex2ASCII
GLOBAL          Delay_xMS
GLOBAL          Delay_1mS
;
; 定義 LCD 資料匯流排使用腳位與方向控制位元
; LCD_DATA[0:3]-->DB[4:7]
;
LCD_CTRL        equ     TRISD
LCD_DATA        equ     LATD
; 定義 LCD 模組控制使用腳位與方向控制位元
```

```
;  PORTE,2 --> [E]  : LCD operation start signal control
;  PORTE,1 --> [RW]: LCD Read/Write control
;  PORTE,0 --> [RS]: LCD Register Select control
;                   : "0" for Instrunction register (Write), Busy Flag
                       (Read)
;                   : "1" for data register (Read/Write)
#define    LCD_E_DIR   TRISE,2,a
#define    LCD_RW_DIR  TRISE,1,a
#define    LCD_RS_DIR  TRISE,0,a
#define    LCD_E       LATE,2,a
#define    LCD_RW      LATE,1,a
#define    LCD_RS      LATE,0,a


;  LCD 模組相關控制命令
CLR_DISP     equ   00000001B   ; Clear display and return cursor to home
Cursor_Home  equ   00000010B   ; Return cursor to home position

ENTRY_DEC    equ   00000100B   ; Decrement cursor position & No display shift
ENTRY_DEC_S  equ   00000101B   ; Decrement cursor position & display shift
ENTRY_INC    equ   00000110B   ; Increment cursor position & No display shift
ENTRY_INC_S  equ   00000111B   ; Increment cursor position & display shift

DISP_OFF     equ   00001000B   ; Display off
DISP_ON      equ   00001100B   ; Display on control
DISP_ON_C    equ   00001110B   ; Display on, Cursor on
DISP_ON_B    equ   00001111B   ; Display on, Cursor on, Blink cursor

FUNC_SET     equ   00101000B   ; 4-bit interface, 2-lines & 5x7 dots
CG_RAM_ADDR  equ   01000000B   ; Least Significant 6-bit are for CGRAM address
DD_RAM_ADDR  equ   10000000B   ; Least Significant 7-bit are for DDRAM address
```

CHAPTER

14

```
;

;  宣告資料暫存變數
PSECT udata_bank0
LCD_Byte:        DS      1
LCD_Temp:        DS      1
Count_100uS:     DS      1
Count_1mS:       DS      1
Count_mS:        DS      1
W_BUFR:          DS      1
Hex_Bfr:         DS      1

; 可攜式程式區塊開始宣告
PSECT code
```

　　在上述的宣告中，利用虛擬指令 #define 與 EQU 將程式中所必須使用到的字元符號或者相關的腳位等等作詳細的定義，以便未來在撰寫程式時可以利用有意義的文字符號代替較難了解的 LCD 功能數值定義，有利於未來程式的維護與修改。同時相關腳位的定義方式也有助於未來硬體更替時程式修改的方便性，大幅地提高了這個函式庫的可攜性與應用。除此之外，並使用 udata 虛擬指令來宣告數個變數暫存器的位置，減少宣告式的複雜與困難。而 GLOB-AL 全域變數的宣告，使所有的函式可以在專案程式的任何一個部分被使用。最後，利用可攜式程式碼 LCD_CODE CODE 的宣告，讓程式編譯器將後續撰寫的函式透過 PIC-AS LINKER 聯結器及聯結檔安排到適當的程式記憶區塊。

　　接下來所撰寫的函式，由於全部宣告為全域變數，因此可以在專案中的任一個部分呼叫相關函式使用。

```
;**********************************************************
;  LCD 模組初始化函式
;**********************************************************
```

```
InitLCD:
      bcf     LCD_E              ; Clear LCD control line to Zero
      bcf     LCD_RW
      bcf     LCD_RS
;
      bcf     LCD_E_DIR          ; configure control lines for Out put pin
      bcf     LCD_RW_DIR
      bcf     LCD_RS_DIR
;
      movf    LCD_CTRL,w,a       ; get I/O directional setting
      andlw   0x0F
      movwf   LCD_CTRL,a         ; set LCD bus  DB[4:7] for output
;
      movlw   50                 ; Power-On delay 50mS
      rcall   Delay_xMS
;
      movlw   00000011B          ; #1, Init for 4-bit interface
      rcall   Send_Low_4bit
;
      movlw   10                 ; Delay 10 mS
      rcall   Delay_xMS
;
      movlw   00000011B          ; #2, Fully Initial LCD module
      rcall   Send_Low_4bit      ; Sent '0011' data
      rcall   Delay_1mS
;
      movlw   00000011B          ; #3, Fully Initial LCD module
      rcall   Send_Low_4bit      ; Sent '0011' data
      rcall   Delay_1mS
;
      movlw   00000010B          ; #4, Fully Initial LCD module
```

CHAPTER

14

```
        rcall   Send_Low_4bit     ; Sent '0010' data
        rcall   Delay_1mS
;

        movlw   FUNC_SET          ; #5,#6 , Set 4-bit mode, 2 lines &
                                  ; 5x7 dots
        rcall   Send_Cmd
        rcall   Delay_1mS
;

        movlw   DISP_ON           ; #7,#8 , Turn display on (0x0C)
        rcall   Send_Cmd
        rcall   Delay_1mS
;

        movlw   CLR_DISP          ; #9,#10 , Clear LCD Screen
        rcall   Send_Cmd
        movlw   5                 ; Delay 5mS for Clear LCD Command execution
        rcall   Delay_xMS
;

        movlw   ENTRY_INC         ; #11,#12, Configure cursor movement
        rcall   Send_Cmd
        rcall   Delay_1mS
;

        movlw   DD_RAM_ADDR       ; Set writes for display memory
        rcall   Send_Cmd
        rcall   Delay_1mS
;

        return
;*****************************************************************
;*putcLCD - 將字元符號送到 LCD 函式 *
;*****************************************************************
putcLCD:
        banksel LCD_Byte
```

```
        movwf    LCD_Byte, b       ; Save WREG in Byte variable
        rcall    Send_High_LCD     ; Send upper nibble first
        banksel  LCD_Byte
        movf     LCD_Byte,w,b
        rcall    Send_Low_LCD      ; Send lower nibble data
        rcall    Delay_100uS
        return
;
Send_Low_LCD:
        swapf    WREG,w,a          ; swap high/low nibble
Send_High_LCD:
        bcf      LCD_RW            ; set LCD Write Mode
        andlw    0xF0              ; Clear high nibble
        banksel  LCD_Temp
        movwf    LCD_Temp, b
        movf     LCD_DATA,w,a      ; Read back PORT
        andlw    0x0F              ; keep data for LCD_DATA[4:7]
        iorwf    LCD_Temp,w,b
        movwf    LCD_DATA,a        ; Write data to LCD bus   for  low  nib
                                     ble bus DB[4:7]
        bsf      LCD_RS            ; Set for data input
        nop
        bsf      LCD_E             ; Clock nibble into LCD
        nop
        bcf      LCD_E
        return
;**************************************************************
;*       將 16 進位的數值轉換成文字符號傳到 LCD
;**************************************************************
PutHexLCD:
        banksel  W_BUFR
        movwf    W_BUFR,b          ; Save W Register !!
```

```
        swapf    W_BUFR,w,b          ; High nibble first !!
        rcall    Hex2ASCII
        rcall    putcLCD
;
        banksel  W_BUFR
        movf     W_BUFR,w,b
        rcall    Hex2ASCII
        rcall    putcLCD
        return
;**************************************************************
;*       轉換四位元資料為 ASCII 編碼資料
;**************************************************************
Hex2ASCII:
        andlw    0x0f                ; Mask Bit 4 to 7
        banksel  Hex_Bfr
        movwf    Hex_Bfr, b
        sublw    0x09
        btfsc    STATUS,0,a          ; If W less than A (C=1) --> only add 30h
        bra      _Add_W_30
_Add_W_37:
        movlw    0x37
        bra      _Hex_cont
_Add_W_30:
        movlw    0x30
_Hex_cont:
        banksel  Hex_Bfr
        addwf    Hex_Bfr,w,b         ; The correct ASCII code for this char !!
        return
;**************************************************************
;* SendCmd - 將 LCD 控制指令傳到 LCD*
;**************************************************************
Send_Cmd:
```

```
        banksel LCD_Byte
        movwf   LCD_Byte,b      ; Save WREG in Byte variable
        rcall   Send_High_4bit  ; Send upper nibble first
        banksel LCD_Byte
        movf    LCD_Byte,w,b
        rcall   Send_Low_4bit   ; Send lower nibble data
        rcall   Delay_100uS
        return
;
Send_Low_4bit:
        swapf   WREG,w,a        ; swap high/low nibble
Send_High_4bit:
        bcf     LCD_RW          ; set LCD Write Mode
        andlw   0xF0            ; Clear high nibble
        banksel LCD_Temp
        movwf   LCD_Temp,b
        movf    LCD_DATA,w,a    ; Read back PORT
        andlw   0x0F            ; keep data for LCD_DATA[4:7]
        iorwf   LCD_Temp,w,b
        movwf   LCD_DATA,a      ; Write data to LCD bus for low nibble
                                  bus DB[4:7]
        bcf     LCD_RS          ; Clear for command inut
        nop
        bsf     LCD_E           ; Clock nibble into LCD
        nop
        bcf     LCD_E
        return
;*************************************************************
;* clrLCD - 清除 LCD 模組顯示內容
;*************************************************************
clrLCD:
```

```
        movlw    CLR_DISP           ; Clear LCD screen
        rcall    Send_Cmd
        movlw    5                  ; Delay 5mS for Clear LCD Command execution
        bra      Delay_xMS
;*************************************************************
;* L1homeLCD - 將輸入游標移至第一行起始位址
;*************************************************************
L1homeLCD:
        movlw    DD_RAM_ADDR|0x00   ; Send command to move cursor to
        rcall    Send_Cmd           ; home position on line 1
        bra      Delay_100uS
;*************************************************************
;* L2homeLCD - 將輸入游標移至第二行起始位址
;*************************************************************
L2homeLCD:
        movlw    DD_RAM_ADDR|0x40   ; Send command to move cursor to
        rcall    Send_Cmd           ; home position on line 2
        bra      Delay_100uS
;*************************************************************
;*       Delay - 延遲 XmS
;*************************************************************
Delay_xMS:
        banksel  Count_mS
        movwf    Count_mS,b
_D_mS:
        call     Delay_1mS
        banksel  Count_mS
        decfsz   Count_mS,f,b
        goto     _D_mS
        return
;*************************************************************
```

```
;*  Delay_1mS - 延遲 1mS (1.00mS @ 10MHz)                              *
;*  Delay_100uS - 延遲 100us @ 10Mhz                                    *
;*********************************************************************
Delay_1mS:
        movlw    10                  ; Load 1mS Dealy Value
        banksel  Count_1mS
        movwf    Count_1mS,b         ; Save to Count2
_D_1mS:
        call     Delay_100uS
        banksel  Count_1mS
        decfsz   Count_1mS,f,b       ; Count_1ms = 0 ?
        bra      _D_1mS
        return
Delay_100uS:
        movlw    50                  ; Load delay 100uS value
        banksel  Count_100uS
        movwf    Count_100uS,b       ; Save to Count2
_D_2uS:
        nop
        nop
        decfsz   Count_100uS,f,b     ; Count2 - 1 = 0 ?
        bra      _D_2uS
        return
```

在這些函式庫的撰寫中，我們刻意地使用與低階 PIC 系列微控制器相容的基礎組合語言指令，所以這個函式庫將來可以應用到其他的微控制器。從這個地方也可以讓讀者了解到 Microchip 在設計 PIC 系列的 8 位元控制器時，用心地保留彼此之間高度相容性的優點。

在上列的 LCD 模組函式庫中，較為值得注意的有幾個地方。首先，由於硬體上使用四個腳位的資料匯流排模式，因此在 putcLCD 函式中先將較高的四個位元送出；然後藉由 swapf 指令將高低四個位元互換，然後再行送出較低的四個字元而完成一個位元組的資料傳輸。其次，在 LCD 模組初始化的函式 InitLCD 中值得讀者仔細地去學習了解的是 LCD 模組控制位元的訊號切換與先後次序。由於在初始化的過程中，必須要依據規格文件所定義的訊號順序以及間隔時間正確地傳送出相關的初始化訊號並定義 LCD 模組的使用方式，因此使用者必須詳細地閱讀相關的規格文件，例如 AN587，才能夠撰寫出正確的微控制器應用程式。最後，在 Send_High_4bit 函式中，由於 LCD 控制器的規格文件詳細地定義了 RD、RW、E 及資料匯流排的訊號切換時間與順序，因此在寫入資料時必須嚴格地遵守規格文件所定義的時序圖才能夠完成正確的資料傳輸。

從這個 LCD 函式庫的撰寫過程中，相信讀者已經了解到對於使用外部元件時所可能面臨的問題與困難。雖然相對於大部分的外部元件而言，LCD 模組是一個比較困難使用的元件；但是所必須要經歷的撰寫程式過程卻都是一樣的。在讀者開始撰寫任何　個外部元件的應用程式前，必須詳細地閱讀相關的規格文件以了解元件的正確使用方式與控制時序安排才能夠正確而有效地完成所需要執行的工作。這一點是所有的微控制器使用者的撰寫應用程式時，必須銘記在心的重要過程。

在完整地了解 LCD 顯示器模組的操作順序以及上列的相關函式庫使用觀念之後，讓我們用一個簡單的範例程式體驗函式庫應用的方便與效率。對於初學者而言，如何累積自己的函式庫將會成為日後發展微控制器應用的一個重要資源。或許本書所列舉的範例程式就是一個最好的開始。

範例 14-1

設定適當的輸出入腳位控制 LCD 模組，並在模組上顯示下列字串：

第一行：Welcome To PIC

第二行：Micro-Controller

```
        #include <xc.inc>

;
;  定義外部函式
        EXTERN  InitLCD, putcLCD, Send_Cmd, L1homeLCD, L2homeLCD, clrLCD


;  Locates startup code @ the reset vector

; STARTUP     code
        org     0x00
        goto    Start


;  Locates main code
; PROG1 code
Start:
        org     0x2A
        call    InitLCD
;
        call    L1homeLCD
        movlw   'W'
        call    putcLCD
        movlw   'e'
        call    putcLCD
        movlw   'l'
        call    putcLCD
        movlw   'c'
        call    putcLCD
        movlw   'o'
        call    putcLCD
        movlw   'm'
        call    putcLCD
```

CHAPTER

14

```
        movlw    'e'
        call     putcLCD
        movlw    ' '
        call     putcLCD
        movlw    'T'
        call     putcLCD
        movlw    'o'
        call     putcLCD
        movlw    ' '
        call     putcLCD
        movlw    'P'
        call     putcLCD
        movlw    'I'
        call     putcLCD
        movlw    'C'
        call     putcLCD
;
        call     L2homeLCD
        movlw    'M'
        call     putcLCD
        movlw    'i'
        call     putcLCD
        movlw    'c'
        call     putcLCD
        movlw    'r'
        call     putcLCD
        movlw    'o'
        call     putcLCD
        movlw    '-'
        call     putcLCD
        movlw    'C'
```

```
call    putcLCD
movlw   'o'
call    putcLCD
movlw   'n'
call    putcLCD
movlw   't'
call    putcLCD
movlw   'r'
call    putcLCD
movlw   'o'
call    putcLCD
movlw   'l'
call    putcLCD
movlw   'l'
call    putcLCD
movlw   'e'
call    putcLCD
movlw   'r'
call    putcLCD
goto    $

end
```

CHAPTER

14

　　在這個範例中，由於程式專案使用了兩個檔案構成，第一個檔案儲存主程式，而第二個檔案則儲存與 LCD 模組使用相關的函式。利用這樣的檔案管理架構可以使得程式的撰寫更為清楚而獨立，有助於未來程式的維護與移轉。但是當一個專案包含兩個以上的程式檔時，這程式必須使用 PIC-AS LINKER 聯結器將不同檔案中的各種宣告以及資料與程式記憶體安置的位址等等作一個整體的安排與聯結處理。

　　為了要完成這樣一個聯結的動作，專案中必須加入一個聯結檔 18f4520.lkr。一般而言，大部分的應用程式都可以使用標準的聯結檔；這些標準的聯結檔是由 MPLAB X IDE 所提供的，它們的位址是在程式安裝的目錄 ~\ LKR。在這個目錄下，使用者可以找到所有 Microchip PIC 系列微控制器的聯結檔。除非使用者有特別的資料或程式記憶體安排，否則不建議使用者隨意地修改這些標準的聯結檔內容。

14.2 微處理器查表的方式

在上面的範例程式中，雖然可以正確地將所要顯示的字串傳輸到 LCD 模組，但是在程式內容卻必須要逐一地將每一個字元符號利用幾個指令列出才能夠傳輸到函式中。由於程式撰寫必須將每一個文字符號逐一地定義，而且也無法使用迴圈來完成，所以讓很簡單的資料傳輸變得相當冗長。這時候，使用者可以利用查表的方式來建立所要顯示的字串；利用這個方法可以將所要顯示的內容與程式主體的執行動作分開，讓程式的內容架構更爲清楚。而程式主要是利用 retlw 的指令擷取所需要的文字符號，然後再返回正常程式執行後便可以從工作暫存器 WREG 直接將資料透過 LCD 相關的函式顯示在 LCD 模組上。

範例 14-2

利用 retlw 指令建立顯示在模組上的資料函式，利用查表的方式完成範例 14-1 LCD 模組顯示字串的工作。

```
#include <xc.inc>


;
; 定義外部函式
    EXTERN InitLCD, putcLCD, Send_Cmd, L1homeLCD, L2homeLCD, clrLCD


; Define index variables
    Line1_Ind       equ     0x20            ; 第一行符號數量暫存器
    Line2_Ind       equ     0x21            ; 第二行符號數量暫存器
    L1_char_no      equ     14              ; 定義第一行符號數量
    L2_char_no      equ     16              ; 定義第二行符號數量暫存器
; Locates startup code @ the reset vector
    org             0x00
    goto            Start


; Locates main code
    org             0x2A
Start:
    call            InitLCD
;
    call            L1homeLCD


    BANKSEL         Line1_Ind
    clrf            Line1_Ind, b
LCD_line1:                                  ; 第一行 LCD 文字符號顯示迴圈
    BANKSEL         Line1_Ind
    rlncf           Line1_Ind, W, b    ; 將位址指標乘 2
    call            Line1
    call            putcLCD


    BANKSEL         Line1_Ind
```

CHAPTER

14

```
        incf           Line1_Ind, F, b      ; 每取得一個符號之後,將位址指標遞
                                                加 1
        movlw          L1_char_no           ; 檢查所傳輸的文字符號數量
        subwf          Line1_Ind, W, b
        btfss          STATUS, Z, 0
        GOTO           LCD_line1
;
        call           L2homeLCD
        BANKSEL        Line2_Ind
        clrf           Line2_Ind, b
;
LCD_line2:                                   ; 第二行 LCD 文字符號顯示迴圈
        BANKSEL        Line2_Ind
        rlncf          Line2_Ind, W         ; 將位址指標乘 2
        call           Line2
        call           putcLCD

        BANKSEL        Line2_Ind
        incf           Line2_Ind, F, b      ; 每取得一個符號之後,將位址指標遞
                                                加 1
        movlw          L2_char_no           ; 檢查所傳輸的文字符號數量
        subwf          Line2_Ind, W, b
        btfss          STATUS, Z, 0
        GOTO           LCD_line2

        goto           $

Line1:                                       ; 查表函式,第一行所要顯示的文字符號
        ADDWF          PCL, F, a            ; 由工作暫存器取得需要跳躍的行數
        RETLW          'W'
        RETLW          'e'
```

```
        RETLW           'l'
        RETLW           'c'
        RETLW           'o'
        RETLW           'm'
        RETLW           'e'
        RETLW           ' '
        RETLW           'T'
        RETLW           'o'
        RETLW           ' '
        RETLW           'P'
        RETLW           'I'
        RETLW           'C'
;
Line2:                                  ; 查表函式，第二行所要顯示的文字符號
        ADDWF           PCL, F, a       ; 由工作暫存器取得需要跳躍的行數
        RETLW           'M'
        RETLW           'i'
        RETLW           'c'
        RETLW           'r'
        RETLW           'o'
        RETLW           '-'
        RETLW           'C'
        RETLW           'o'
        RETLW           'n'
        RETLW           't'
        RETLW           'r'
        RETLW           'o'
        RETLW           'l'
        RETLW           'l'
        RETLW           'e'
        RETLW           'r'
```

CHAPTER

14

```
;
    end
```

在上面的範例程式中，初始化宣告時程式先定義所要顯示的文字符號長度，然後將所要顯示的字串利用 retlw 指令建立在函式中。當主程式需要擷取文字符號時，只要將適當的符號位址傳入到工作暫存器中，在呼叫函式的時候便會依照所定義的數值改變程式計數器的內容，而跳換到適當的程式記憶體位址；而在所跳換的位址上，便儲存著所要顯示的文字符號。因為使用 retlw 指令的關係，將會把所要顯示的文字符號儲存在 WREG 工作暫存器後立刻轉換返回到主程式中。接下來，在主程式中只要執行相關的 LCD 顯示指令即可。

14.3　虛擬指令db宣告字串與表列讀取資料

為了要減少處理類似工作時程式撰寫的長度，並讓程式撰寫更為容易，因此在 MPASM 編譯器中提供了另外一種使用字串定義的虛擬指令撰寫方式。利用虛擬指令 db 宣告字串，而由組譯器自動地將這些所要顯示的字串以資料的方式儲存在程式記憶體中。稍後在主程式中，必須使用較為特別的列表讀取指令 TBLRD 來讀取相關的內容。讓我們以範例程式 14-3 作說明。

範例 14-3

使用字串定義與列表讀取（TBLRD）指令的方式改寫範例 14-1 LCD 模組顯示的程式。

```
#include   <xc.inc>    ;將微處理器相暫存器與其他符號的定義檔包含到程式檔中
; 定義外部函式
EXTRN InitLCD, putcLCD, Send_Cmd, L1homeLCD, L2homeLCD, clrLCD
; 定義巨集指令 PUT_Address 讀取所要顯示的字串位址 TARGET_STR
; 並呼叫函式 Put_String 將字串傳輸到 LCD 模組

; Locates startup code @ the reset vector
```

```
PSECT mycode, abs, class=CODE, space=SPACE_CODE, reloc=2
; 一定要改成絕對位址 <abs> 定義的 PSECT 宣告，才能將程式定義在重置向量或中斷向量
    org     0x00
    goto    Start
; Locates main code
PSECT code
Start:
    call    InitLCD
    call    L1homeLCD
;
;   PUTAddress  String1           ; 利用指令傳輸字串
    movlw   LOW HIGHWORD String1
    movwf   TBLPTRU, a
    movlw   HIGH String1
    movwf   TBLPTRH, a
    movlw   LOW  String1
    movwf   TBLPTRL, a
    call    Put_String
;
    call    L2homeLCD
;   PUTAddress  String2           ; 利用指令傳輸字串
    movlw   LOW HIGHWORD String2
    movwf   TBLPTRU, a
    movlw   HIGH String2
    movwf   TBLPTRH, a
    movlw   LOW String2
    movwf   TBLPTRL, a
    call    Put_String
    goto    $
;
; ************************************************************
```

CHAPTER

14

```
;****     由程式記憶體讀取 1 個字串，並將字串傳輸到 LCD 模組
;**********************************************************
Put_String:
    TBLRD*+  ; 利用列表讀取指定將資料擷取到 TABLAT 暫存器，並將列表指標遞加 1
    movlw   0x00
    cpfseq  TABLAT, a          ; 檢查是否讀到 0x00?
    goto    Send_String        ; No, 將資料傳輸到 LCD 模組
    return                     ; Yes, 返回呼叫程式
;
Send_String:
    movf    TABLAT, w, a       ; 將資料傳輸到 LCD 模組
    call    putcLCD            ;
    goto    Put_String         ; 繼續迴圈讀取下 1 筆資料
;
; 文字符號字串定義，並加上 0x00 作為檢查
PSECT data
String1:
    db 'W','e','l','c','o','m','e',' ','t','o',' ','P','I','C',
       0x00
String2:
    db 'M','i','c','r','o','-','C','o','n','t','r','o','l','l','e',
       'r',0x00
;
    end
```

在範例程式中下列的特殊指令將儲存在程式記憶體的字串起始位址搬移到查表指令需要的位址暫存器：

```
; PUTAddress String1       ; 利用指令傳輸字串
    movlw   LOW HIGHWORD String1
    movwf   TBLPTRU, a
```

```
movlw    HIGH String1
movwf    TBLPTRH, a
movlw    LOW String1
movwf    TBLPTRL, a
call     Put_String
```

根據引數所定義的字串位址更新列表讀取時的列表指標暫存器內容，然後再呼叫函式 Put_String，利用列表讀取的指令到列表指標所定義的程式記憶體位址將所定義的文字符號擷取，稍後再呼叫相關的 LCD 顯示函式 putcLCD 而完成所有資料的顯示。

經過上面三個範例程式的說明之後，相信讀者可以了解到不同的程式撰寫方式所呈現的效率與結果。要能夠撰寫精簡扼要的應用程式是需要長期的訓練與經驗的累積才能夠培養出紮實的基礎與能力。

CHAPTER

14

Microchip 開發工具

如果讀者決定使用 PIC18 系列微控制器作為應用的控制器，除了硬體之外，將需要適當的開發工具。整個 PIC18 系列微控制器應用程式開發的過程可以分割為 3 個主要的步驟：

- 撰寫程式碼
- 程式除錯
- 燒錄程式

每一個步驟將需要一個工具來完成，而這些工具的核心就是 Microchip 所提供的整合式開發環境軟體 MPLAB X IDE。

A.1　Microchip開發工具概況

▌整合式開發環境軟體MPLAB X IDE

整合式開發環境軟體 MPLAB X IDE 是由 Microchip 免費提供的，讀者可由 Microchip 的網站免費下載最新版的軟體。這個整合式的開發環境提供使用者在同一個環境下完成程式專案開發從頭到尾所有的工作。使用者不需要另外的文字編輯器、組譯器、編譯器、程式工具，來產生、除錯或燒錄應用程式。MPLAB X IDE 提供許多不同的功能來完成整個應用程式開發的過程，而且許多功能都是可以免費下載或內建的。

圖 A-1　MPLAB X IDE 整合式開發環境軟體與周邊軟硬體

　　MPLAB X IDE 提供許多免費的功能，包含專案管理器、文字編輯器、MPASM 組譯器、聯結器、軟體模擬器以及許多視窗介面連接到燒錄器、除錯器以及硬體模擬器。

■ 開發專案

　　MPLAB X IDE 提供了在工作空間內產生及使用專案所需的工具。工作空間將儲存所有專案的設定，所以使用者可以毫不費力地在專案間切換。專案精靈可以協助使用者用簡單的滑鼠即可完成建立專案所需的工作。使用者可以使用專案管理視窗，輕易地增加或移除專案中的檔案。

■ 文字編輯器

　　文字編輯器是 MPLAB X IDE 整合功能的一部分，它提供許多的功能使得程式撰寫更為簡便，包括程式語法顯示、自動縮排、括號對稱檢查、區塊註解、書籤註記以及許多其他的功能。除此之外，文字編輯視窗直接支援程式除錯工具，可顯示現在執行位置、中斷與追蹤指標，更可以用滑鼠點出變數執行中的數值等等的功能。

PIC微控制器程式語言工具

■組合語言程式組譯器與聯結器

MPLAB X IDE 整合式開發環境包含了以工業標準 GNU 為基礎所開發的 MPASM 程式組譯器以及 MPLINK 程式聯結器。這些工具讓使用者得以在這個環境下開發 PIC 微控制器的程式而無須購買額外的軟體。MPASM 程式組譯器可將原始程式碼組合編譯成目標檔案（object files），再由聯結器 MPLINK 聯結所需的函式庫程式，並轉換成輸出的十六進位編碼（HEX）檔案。

■C 語言程式編譯器

如果使用者想要使用 C 程式語言開發程式，Microchip 提供了 MPLAB XC8 程式編譯器。這個程式編譯器提供免費試用版本，也可以另外付費購買永久使用權的版本。XC8 編譯器讓使用者撰寫的程式可以有更高的可攜性、可讀性、擴充性以及維護性。而且 XC8 編譯器也可以被整合於 MPLAB X IDE 的環境中，提供使用者更緊密的整合程式開發、除錯與燒錄。

除了 Microchip 所提供的 XC8 編譯器之外，另外也有其他廠商供應的 C 程式語言編譯器，例如 Hi-Tech、CCS 等等。這些編譯器都針對 PIC 微控制器提供個別的支援。

■程式範本、包含檔及聯結檔

一開始到撰寫 PIC 微控制器應用程式，卻不知如何下手時，怎麼辦呢？這個時候可以參考 MPLAB X IDE 所提供的許多程式範本檔案，這些程式範本可以被複製並使用為讀者撰寫程式的基礎。使用者同時可以找到各個處理器的包含檔，這些包含表頭檔根據處理器技術手冊的定義，完整地定義了各個處理器所有的暫存器及位元名稱，以及它們的位址。聯結檔則提供了程式聯結器對於處理器記憶體的規劃，有助於適當的程式自動編譯與數據資料記憶體定址。

■ 應用說明 Application Note

AN587

Interfacing PICmicro® MCUs to an LCD Module

圖 A-2　Microchip 應用說明文件

如果使用者不曉得如何建立自己的程式應用硬體與軟體設計，或者是想要加強自己的設計功力，或者是工作之餘想打發時間，這時候可到 Microchip 的網站上檢閱最新的應用說明。Microchip 不時地提供新的應用說明，並有實際的範例引導使用者正確地運用 PIC 微控制器於不同的實際應用。

除錯器與硬體模擬器

在 MPLAB X IDE 的環境中，Microchip 針對 PIC 微控制器提供了三種不同的除錯工具：MPLAB X IDE 軟體模擬器、ICD4 線上即時除錯器以及 REAL ICE 硬體模擬器。上述的除錯工具提供使用者逐步程式檢查、中斷點設定、暫存器監測更新以及程式記憶體與數據資料記憶體內容查閱等等。每一個工具都有它獨特的優點與缺點。

■ MPLAB X IDE 軟體模擬器

MPLAB X IDE 軟體模擬器是一個內建於 MPLAB X IDE 中功能強大的軟體除錯工具，這個模擬器可於個人電腦上執行模擬 PIC 控制器上程式執行的狀況。這個軟體模擬器不僅可以模擬程式的執行，同時可以配合模擬外部系統輸入及周邊功能操作的反應，並可量測程式執行的時間。

由於不需要外部的硬體，所以 MPLAB X IDE 軟體模擬器是一個快速而且簡單的方法來完成程式的除錯，在測試數學運算以及數位訊號處理函式的重複計算時特別有用。可惜的是，在測試程式對於外部實體電路類比訊號時，資料的處理與產生會變得相當地困難與複雜。如果使用者可以提供採樣或合成的資料作為模擬的外部訊號，測試的過程可以變得較為簡單。

MPLAB X IDE 軟體模擬器提供了所有基本的除錯功能以及一些先進的功能，例如：

- 碼錶—可作為程式執行時間的偵測
- 輸入訊號模擬—可用來模擬外部輸入與資料接收
- 追蹤—可檢視程式執行的紀錄

■MPLAB REAL ICE 線上硬體模擬器

MPLAB REAL ICE 線上硬體模擬器是一個全功能的模擬器，它可以在真實的執行速度下模擬所有 PIC 控制器的功能。它是所有偵測工具中功能最強大的，它提供了優異的軟體程式以及微處理器硬體的透視與剖析。而且它也完整的整合於 MPLAB X IDE 的環境中，並具備有 USB 介面提供快速的資料傳輸。這些特性讓使用者可以在 MPLAB X IDE 的環境下快速地更新程式與數據資料記憶體的內容。

這個模組化的硬體模擬器同時支援多種不同的微控制器與不同的包裝選擇。相對於其功能的完整，這個模擬器的價格也相對地昂貴。它所具備的基本偵測功能與特別功能簡列如下：

- 多重的觸發設定—可偵測多重事件的發生，例如暫存器資料的寫入
- 碼錶—可作為程式執行時間的監測
- 追蹤—可檢視程式執行的紀錄
- 邏輯偵測—可由外部訊號觸發或產生觸發訊號給外部測試儀器

■MPLAB ICD4 及 PICkit4 線上除錯燒錄器

MPLAB ICD4 線上除錯是一個價廉物美的偵測工具，它提供使用者將所撰寫程式在實際硬體上執行即時除錯的功能。對於大部分無法負擔 REAL ICE

附

錄

A

昂貴的價格卻不需要它許多複雜的功能，ICD 4 是一個很好的選擇。

ICD4 提供使用者直接對 PIC 控制器在實際硬體電路上除錯的功能，同時也可以用它在線上直接對處理器燒錄程式。雖然它缺乏了硬體模擬器所具備的一些先進功能，例如記憶體追蹤或多重觸發訊號，但是它提供了基本除錯所需要的功能。

除了 ICD4 之外，Microchip 也提供更平價的線上除錯燒錄機 PICkit4，雖然速度較為緩慢些，但也可以執行大多數 ICD4 所提供的功能。無論如何，使用者必須選擇一個除錯工具以完成程式的開發。

■ 程式燒錄器 Programmer

除了 ICD4 之外，Microchip 也提供了許多程式燒錄器，例如 MPLAB PM4。這些程式燒錄器也已經完整地整合於 MPLAB X IDE 的開發環境中，使用者可以輕易地將所開發的程式燒錄到對應的 PIC 控制器中。由於這些程式燒錄器的價格遠較 ICD4 昂貴，讀者可自行參閱 Microchip 所提供的資料。在此建議使用者初期先以 ICD4 作為燒錄工具，待實際的程式開發完成後，視需要再行購買上述的程式燒錄器。

■ 實驗板

Microchip 提供了幾個實驗板供使用者測試與學習 PIC 微控制器的功能，這些實驗板並附有一些範例程式與教材，對於新進的使用者是一個很好的入門工具。有興趣的讀者可自行參閱相關資料。

配合本書的使用，讀者可使用相關的 APP025 實驗板，其詳細的硬體與周邊功能將在第五章中有詳細的介紹。

A.2　MPLAB X IDE整合式開發環境

◉ MPLAB X IDE概觀

在介紹了 PIC 微控制器以及相關的開發工具後，讀者可以準備撰寫一些程式了。在開始撰寫程式之前，必須要對 MPLAB X IDE 的使用有基本的了解，因為在整個過程中它將會是程式開發的核心環境，無論是程式撰寫、編譯、除錯以及燒錄。我們將以目前的版本為基礎，介紹 MPLAB X IDE 下列幾個主要的功能：

- 專案管理器—用來組織所有的程式檔案
- 文字編輯器—用來撰寫程式
- 程式編譯器介面—聯結個別程式編譯器用以編譯程式
- 軟體模擬器—用來測試程式的執行
- 除錯器與硬體模擬器介面—聯接個別的除錯器或硬體模擬器用以測試程式
- 程式燒錄介面—作為個別燒錄器燒錄處理器應用程式的介面

　　為協助讀者了解前述軟硬體的特性與功能，我們將以簡單的範例程式作一個示範，以實作的方式加強學習的效果。

　　首先，請讀者到 Microchip 網站上下載免費的 MPLAB X IDE 整合式開發環境軟體。安裝的過程相當的簡單，在此請讀者自行參閱安裝說明。

建立專案

■專案與工作空間

　　一般而言，所有在 MPLAB X IDE 的工作都是以一個專案為範圍來管理。一個專案包含了那些建立應用程式，例如原始程式碼，聯結檔等等的相關檔案，以及與這些檔案相關的各種開發工具，例如使用的語言工具與聯結，以及開發過程中的相關設定。

　　一個工作空間則可包含一個或數個專案，以及所選用的處理器、除錯工具、燒錄器、所開啟的視窗與位置管理，以及其他開發環境系統的設定。通常使用者會選用一個工作空間包含一個專案的使用方式，以簡化操作的過程。

　　MPLAB X IDE 中的專案精靈是建立器專案極佳的工具，整個過程相當地簡單。

附

錄

A

　　在開始之前，請在電腦的適當位置建立一個空白的新資料夾，以作為這個範例專案的位置。在這裡我們將使用 "D:\PIC\EX_for_MPASM_45K22" 作為我們儲存的位置。要注意的是 MPLAB X IDE 目前已經可以支援中文的檔案路徑，讀者可以自行定義其他位置的專案檔案路徑。讀者可將本書所附範例程式複製到上述的位置。

　　現在讀者可以開啓 MPLAB X IDE 這個的程式，如果開啓後有任何已開啓的專案，請在選單中選擇 File>Close All Projects 將其關閉。然後選擇 File>New Project 選項，以開啓專案精靈。

　第 1 步－選擇所需的處理器類別

　　下列畫面允許使用者選擇所要的處理器類別及專案類型。請選擇 Microchip Embedded>Standalone Project。完成後，點選「下一步」（Next）繼續程式的執行。

　　如果讀者有已經存在的專案，特別是以前利用舊版 MPLAB IDE 所建立的檔案，可以選擇其他項目轉換。

第 2 步－選擇所需的微控制器裝置

下列畫面允許使用者選擇所要使用的微控制器裝置。請選擇 PIC18F45K22。完成後，點選「下一步」（Next）繼續程式的執行。

第 3 步－選擇程式除錯及燒錄工具

下列畫面允許使用者選擇所要使用的程式除錯及燒錄工具。讀者可是自己擁有的工具選擇，建議讀者可以選擇 ICD4 或 PICkit4，較為物美價廉。裝置前方如果是綠燈標記，表示為MPLAB X IDE所支援的裝置；如果是黃燈標記，則為有限度的支援。完成後，點選「下一步」（Next）繼續程式的執行。

第 4 步－選擇程式編譯工具

　　下列畫面允許使用者選擇所要使用的程式除錯及燒錄工具。如果是使用 C 語言可以選用 XC8，或者是選用內建的 MPASM 組合語言組譯器。完成後，點選「下一步」（Next）繼續程式的執行。

第 5 步－設定專案名稱與儲存檔案的資料夾

在下列畫面中，使用者必須為專案命名。請鍵入 my_first_c_porject 作為專案名稱並且將專案資料夾指定到事先所設定的資料夾 D:\PIC\EX for MPASM_45K22\my_first_project。

特別需要注意的是，如果在程式中需要加上中文註解時，為了要顯示中文，必須要將檔案文字編碼（Encoding）設定為 Big5 或者是 UTF-8，才能正確地顯示。如果讀者有過去的檔案無法正確顯示時，可以利用其他文字編輯程式，例如筆記本，打開後再剪貼到 MPLAB X IDE 中再儲存即可更新。

完成後，點選「結束」（Finish）完成專案的初始化設定。同時就可以看到完整的 MPLAB X IDE 程式視窗。

第 6 步－加入現有檔案到專案

如果需要將已經存在的檔案加入到專案中，可以在專案視窗中對應類別的資料夾上按下滑鼠右鍵，將會出現如下的選項畫面，就可以將現有檔案加入專案中。

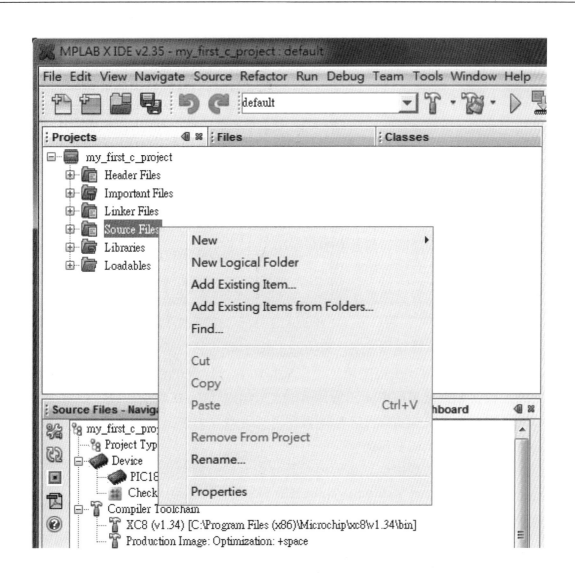

　　所選的檔案並不需要與專案在同一個資料夾，但是將它們放在一起會比較
方便管理。

　　在完成專案精靈之後，MPLAB X IDE 將會顯示一個專案視窗，如下圖：

其中在原始程式檔案類別（Source Files）將包含 "my_first_ code.asm" 檔案。如果讀者發現缺少檔案時，不需要重新執行專案精靈。這時候只要在所需要的檔案類別按滑鼠右鍵，選擇 Add Existing Item，然後尋找所要增加的檔案，點選後即可加入專案。使用者也可以按滑鼠右鍵，選擇 Remove From Project，將不要的檔案移除。

這時候使用者如果檢視專案所在的資料夾，將會發現 my_first_ project.x 專案資料夾與相關資料檔已由 MPLAB X IDE 產生。在專案管理視窗中雙點選 "my_ first_ code.asm"，將可在程式編輯視窗中開啓這個檔案以供編輯。

▌文字編輯器

MPLAB X IDE 程式編輯視窗中的文字編輯器提供數項特別功能，讓程式撰寫更加方便平順。這些功能包括：

- 程式語法顯示
- 檢視並列印程式行號
- 在單一檔案或全部的專案檔案搜尋文字
- 標記書籤或跳躍至特定程式行

- 雙點選錯誤訊息時，將自動轉換至錯誤所對應的程式行
- 區塊註解
- 括號對稱檢查
- 改變字型或文字大小

程式語法顯示是一個非常有用的功能，使用者因此不需要逐字地閱讀程式檢查錯誤。程式中的各項元素，例如指令、虛擬指令、暫存器等等會以不同的顏色與字型顯示，有助於使用者方便地閱讀並了解所撰寫的程式，並能更快地發現錯誤。

◧ 專案資源顯示

在專案資源顯示視窗中，將會顯示目前專案所使用的資源狀況，例如對應的微控制器裝置使用程式記憶體空間大小，使用的除錯燒錄器型別，程式編譯工具等等資訊。除此之外，視窗並提供下列圖案的快捷鍵，讓使用者可以在需要的時候快速查閱相關資料。

上列的圖示分別連結到，專案屬性，更新除錯工具狀態，調整中斷點狀態，微控制器資料手冊，以及程式編譯工具說明。

A.3　建立程式碼

◧ 組譯與聯結

建立的專案包括兩個步驟。第一個是組譯或編譯的過程，在此每一個原始程式檔會被讀取並轉換成一個目標檔（object file）。目標檔中將包含執行碼或者是 PIC 控制器相關指令。這些目標檔可以被用來建立新的函式庫，或者被用來產生最終的十六進位編碼輸出檔作為燒錄程式之用。建立程式的第二個

步驟是所謂聯結的步驟。在聯結的步驟中，各個目標檔和函式庫檔中所有 PIC 控制器指令和變數將與聯結檔中所規劃的記憶體區塊，一一地放置到適當的記憶體位置。

■聯結器將會產生兩個檔案

1. .hex 檔案─這個檔案將列出所有要放到 PIC 控制器中的程式、資料與結構記憶。
2. .cof 檔案─這個檔案就是編譯目標檔格式，其中包含了在除錯原始碼時所需要的額外資訊。

在使用 MPASM 組譯器時，程式會自動地完成編譯與聯結的動作，使用者不需要像過去的方式需要自行指定聯結檔。

微控制器系統設定位元

組合語言程式碼中必須包含系統設定位元（Configuration Bits）記憶體的設定，通常可以在程式中會以虛擬指令 config 定義，或以另一個檔案定義。MPLAB X IDE 要求在專案中以設定位元定義設定位元選項後，產生一個相關的定義檔，並加檔案加入到專案中。例如在 my_first_ project 範例中，在燒錄或除錯程式碼之前，我們必須要自行定義系統設定位元。這時候我們可以點選 Window>PIC Memory Views>Configuration Bits 來開啓結構位元視窗。使用者可以點選設定欄位中的文字來編輯各項設定，並選擇下方的程式碼產生按鍵，自動輸出系統設定位元程式檔。

在範例中將系統位元設定儲存微 Config.asm 檔案，並加入到專案中。

建立專案程式

一旦有了上述的程式檔與設定位元檔，專案的微控制器程式就可以被建立了，讀者可點選 RUN>Build Project 選項來建立專案程式。或者選擇工具列中的相關按鍵，如下圖中的紅框中按鍵完成程式建立。

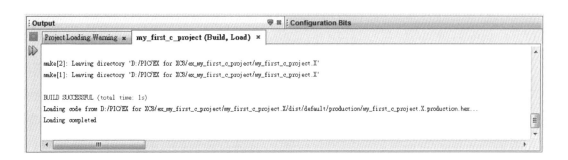

程式建立的結果會顯示在輸出視窗，如果一切順利，這時候視窗的末端將會顯現 Build Successful 的訊息。

現在專案程式已經成功地被建立了，使用者可以開始進行程式的除錯。除錯可以用幾種不同的工具來進行。在後續的章節中，我們將介紹使用 PICkit4 線上除錯器來執行除錯。

A.4　MPLAB X IDE軟體模擬器

一旦建立了控制器程式，接下來就必須要進行除錯的工作以確定程式的正確性。如果在這一個階段讀者還沒有計畫使用任何的硬體，那麼 MPLAB X IDE 軟體模擬器就是最好的選擇。其實 MPLAB X IDE 軟體模擬器還有一個更大的優點，就是它可以在程式燒錄之前，進行程式執行時間的監測以及各種數學運算結果的檢驗。MPLAB X IDE 軟體模擬器的執行已經完全地與 MPLAB X IDE 結合。它可以在沒有任何硬體投資的情況下模擬使用者所撰寫的程式在硬體上執行的效果，使用者可以模擬測試控制器外部輸入、周邊反應以及檢查內部訊號的狀態，卻不用做任何的硬體投資。

當然 MPLAB X IDE 軟體模擬器還是有它使用上的限制。這個模擬器仍然不能與任何的實際訊號作反應，或者是產生實際的訊號與外部連接。它不能夠觸發按鍵，閃爍 LED，或者與其他的控制器溝通訊號。即使如此 MPLAB X

附

錄

A

IDE 軟體模擬器仍然在開發應用程式、除錯與解決問題時，給使用者相當大的彈性。

基本上 MPLAB X IDE 軟體模擬器提供下列的功能：

- 修改程式碼並立即重新執行
- 輸入外部模擬訊號到程式模擬器中
- 在預設的時段，設定暫存器的數值

PIC 微控制器晶片有許多輸出入接腳與其他的周邊功能作多工的使用，因此這些接腳通常都有一個以上的名稱。軟體模擬器只認識那些定義在標準控制器表頭檔中的名稱爲有效的輸出入接腳。因此，使用者必須參考標準處理器的表頭檔案來決定正確的接腳名稱。

如果要使用 MPLAB X IDE 軟體模擬器，可以點選 Window>Simulator 開啓相關的模擬功能。

A.5　MPLAB ICD4與PICkit4線上除錯燒錄器

ICD4 是一個在程式發展階段中可以使用的燒錄器以及線上除錯器。雖然它的功能不像一個硬體線上模擬器（ICE）一般地強大，但是它仍然提供了許多有用的除錯功能。

ICD4 提供使用者在實際使用的控制器上執行所撰寫的程式，使用者可以用實際的速度執行程式或者是逐步地執行所撰寫的指令。在執行的過程中，使用者可以觀察而且修改暫存器的內容，同時也可以在原始程式碼中設立至少一個中斷點。它最大的優點就是，與硬體線上模擬器比較，它的價格非常地便宜。

除此之外，還有另一個選項就是 PICkit4 線上除錯器，它雖然速度較 ICD4 稍微緩慢，但可以提供相似的功能且價格更為便宜。

接下來我們將會介紹如何使用 PICkit4 線上除錯器。首先，我們必須將前面所建立的範例專案開啟，如果讀者還沒有完成前面的步驟，請參照前面的章節完成。

▶ 安裝PICkit4

在使用者安裝 MPLAB X IDE 整合式開發環境時，安裝過程中將會自動安裝 PICkit3 驅動程式。當 PICkit4 透過 USB 連接到電腦時，將會出現要求安裝驅動程式的畫面。這些驅動程式在安裝 MPLAB X IDE 時，將會自動載入驅動程式完成裝置聯結。

▶ 開啟專案

請點選 File>Open Project，打開前面所建立示範專案 my_first_c_project。

▶ 選用PICkit4線上除錯器

使用 PICkit4 的時候可以透過 USB 將 PICkit4 連接到電腦。這時候可以將電源連接到實驗板上。接著將 PICkit4 經由實驗板的 8-PIN 聯結埠，連接到待

附

錄

A

測試硬體所在的實驗板上。

　　如果在專案資源顯示視窗中發現除錯工具不是 PICkit4 的話，可以在 File>Project Properties 的選項下修改除錯工具選項，點選 PICkit4 選項。

▌建立程式除錯環境

　　與建立一般程式不同的是，程式除錯除了使用者撰寫的程式之外，必須加入一些除錯用的程式碼以便控制程式執行與上傳資料給電腦以便檢查程式。所以在建立程式時，必須要選擇建立除錯程式選項而非一般程式選項，如下圖所示：

▌監測視窗與變數視窗

　　在 PICkit4 線上除錯器功能中，也有許多輔助視窗可以用來顯示微控制器執行中的數據資料幫助除錯。但是這些數據必須要藉由中斷點控制微處理器停止執行時，才會更新數據資料。其中最重要的是除錯監測視窗與變數視窗，它們可以在 Window>Debugging 選項下啟動。

　　點選 Window>Debugging>Watches 開啟一個新的監測視窗，如下圖所示：

　　在視窗中只要輸入特殊暫存器或程式中的變數名稱，便可以在程式停止時更新顯示它們的數值資料。如果跟上一次的內容比較有變動時，將會以紅色數字顯示。數值的顯示型式，也可以選擇以十進位、二進位或十六進位等等方式表示。

　　點選 Window>Debugging>Variables 開啓一個新的變數視窗，如下圖所示：

Watches			Variables		
Name	Type		Address	Value	
⊞⊕ PORTD	SFR		0xF83	0x01	
⊞⊕ TRISD	SFR		0xF95	0x00	
<Entemewwatch>					
⊞◆ LATDbits	union		0xF8C		

　　變數視窗會將程式目前執行中的所有局部變數（Local Variables）內容顯示出來以供檢查。

程式檢查與執行

　　使用者現在可以執行程式。執行程式有兩種方式：燒錄執行與除錯執行。

■ 燒錄執行

　　燒錄執行式將編譯後的程式燒錄到微控制器中，然後由微控制器硬體直接以實際的程式執行，不受 MPLAB X IDE 的控制。也就是以使用者預期的狀態執行所設計的程式。在 MPLAB X IDE 上提供幾個與燒錄執行相關的功能按鍵，如下圖所示。每個圖示的功能分別是，下載並執行程式、下載程式到微控制器、上傳程式到電腦、微控制器執行狀態。

　　下載並執行程式會降程式燒錄到微控制器後，直接將 MCLR 腳位的電壓提升，讓微控制器直接進入執行狀態，點選後店完成燒錄的動作就可以觀察硬體執行程式的狀況。下載程式到微控制器及上傳程式到電腦。則只進行程式或上傳的程序，並不會進入執行的狀態；程式下載完成後，可以點選微控制器執行狀態的圖示，藉由改變 MCLR 腳位的電壓，啓動或停止程式的執行。點選後的圖示會改變爲下圖的圖樣作爲執行中的區別。

■ 除錯執行

　　使用燒錄執行時只能藉由硬體的變化，例如燈號的變化或按鍵的觸發來改變或觀察程式執行的狀態，無法有效檢查程式執行的內容。除錯執行則可以利用中斷點、監視視窗與變數視窗等工具，在程式關鍵的位置設置中斷點暫停，透過監視視窗或變數視窗觀察，甚至改變變數內容，有效地檢查程式執行已發現可能的錯誤。使用除錯執行必須要先用建立除錯程式編譯，以便加入除錯執行所需要的程式碼，如下圖所示：

　　要開始除錯執行，必須在編譯除錯程式後，選擇下載除錯程式，如下圖所示，才能進行除錯。

　　接下來，點選下圖中最右邊的圖示便會開始執行除錯程式。

　　使用者也可以直接點選這個圖示一次完成編譯、下載與除錯執行程式的程序。進入除錯執行的階段時，將會在工具列出下列圖示，分別代表停止除錯執行、暫停程式執行、重置程式、繼續執行、執行一行程式（指令）並跳過函式、執行一行程式（指令）並跳入函式、程式執行至游標所在位置後暫停、將程式計數器移至游標所在位置、將視窗與游標移至程式計數器（程式執行）所在位置。

利用這些功能圖示，使用者可以有效控制程式執行的範圍以決定檢查的範圍。除了監視視窗與變數視窗外，如果是使用組合語言撰寫程式的話，工具列中的程式計數器（Program Counter, PC）與狀態位元的內容也會顯示在下圖中的工具列作為檢查的用途。

PC: 0x7CFA　　N ov z dc c : W:0x0 : bank 0

中斷點

由於使用暫停的功能無法有效控制程式停止的位置，除了利用暫停的功能外，使用者也可以利用中斷點（Breakpoint）讓程式暫停。要設定中斷點，只要在程式暫停執行的時候點選程式最左端，使其出現下圖的紅色方塊圖示即可。只要程式執行完設有中斷點的程式集會暫停並更新監視視窗的內容。

```
4      void main (void) {
5
6              PORTD = 0x00;
7              TRISD = 0;
■              LATDbits.LATD0 = 1;
⇨              while (1) ;
10     }
```

綠色箭頭表示的是程式暫停的位置（尚未執行）。每一種除錯工具所能夠設定的中段點數量會因微控制器型號不同而有差異。以 PICkit4 與 PIC18F45K22 為例，所能提供的硬體中斷點為三個，而且不提供軟體中斷點（通常只有模擬器才有此功能）。

A.6 軟體燒錄程式Bootloader

除了上述由原廠所提供的開發工具之外，由於 PIC 微控制器的普遍使用，在坊間有許多愛用者為它開發了免費的軟體燒錄程式（Bootloader）。

所謂的軟體燒錄程式是藉由 PIC 系列微控制器所提供的線上自我燒錄程式的功能，事先在微控制器插入一個簡單的軟體燒錄程式，也就是所謂的 Bootloader。當電源啟動或者是系統重置的時候，這個軟體燒錄程式將會自我檢查以確定是否進入燒錄的狀態。檢查的方式將視軟體的撰寫而定，有的是等待一段時間，有的則是檢查某一筆資料，或者是檢查某一個硬體狀態等等。當檢查的狀態滿足時，這項呼叫軟體燒錄函式而進入自我燒錄程式的狀態；當檢查的狀態不滿足的時候，則將忽略燒錄程式的部分而直接進入正常程式執行的執行碼。

AN851

A FLASH Bootloader for PIC16 and PIC18 Devices

由於軟體燒錄程式可以在網際網路上取得，因此不需要特別的費用，甚至 Microchip 也提供了一個包括原始碼在內的 AN851 應用範例提供相關的程式。除此之外，針對 PIC18F 系列微控制器也可以找到支援的軟體燒錄程式，例如 COLT。如果讀者在初期並不想花費金錢添購燒錄硬體，但是又想嘗試微控制器的功能，不妨使用這一類的軟體燒錄程式作為一個開始。可惜的是，通常它們只能作為燒錄或檢查部份的資料記憶體內容，而無法進行程式除錯的

工作。詳細的軟體燒錄程式架構以及使用方法請參見 Microchip 應用範例說明
AN851。

附

錄

A

附錄 B

參考文獻

1. "Integrated Development Environment Tools Brochure," Microchip
2. "MPLAB IDE User's Guide," Microchip
3. "MPLAB IDE Quick Start Guide," Microchip
4. "MPASM/MPLINK User's Guide," Microchip
5. "PIC18FXX2 Datasheet," Microchip
6. "PIC18F452 to PIC18F4520 Migration," Microchip
7. "MPLAB® XC8 PIC® Assembler User's Guide," Microchip
8. "MPASM to MPLAB XC8 PIC Assembler Migration Guide" Microchip
9. "APP025 mini User's Manual," 曾百由
10. "Interfacing PICmicro MCUs to an LCD Module," AN587, Microchip
11. "A FLASH Bootloader for PIC16 and PIC18 Devices," AN851, Microchip

本書相關範例程式與 APP025 mini 實驗板檔案可以使用下列連結下載：
https://www.wunan.com.tw/bookdetail?NO=8465

範例程式與實驗板資料壓縮檔密碼：APP025miniPIC18F4520forPICAS

APP025 mini 實驗板購買可於下列網址查詢：
https://shopee.tw/product/34322176/19795405818/
https://www.icbox.com.tw/

國家圖書館出版品預行編目(CIP)資料

微處理器原理與應用：組合語言與PIC18微控制
器/曾百由.--三版.--臺北市：五南圖書出版
股份有限公司, 2024.03
面；公分
ISBN 978-626-393-138-1(平裝)

1.CST: 微處理機　2.CST: 組合語言

471.516　　　　　　　113002574

5D84

微處理器原理與應用
——組合語言與PIC18微控制器

作　　　者 ― 曾百由（281.2）

發 行 人 ― 楊榮川

總 經 理 ― 楊士清

總 編 輯 ― 楊秀麗

副總編輯 ― 王正華

責任編輯 ― 張維文

封面設計 ― 封怡彤

出 版 者 ― 五南圖書出版股份有限公司

地　　　址：106台北市大安區和平東路二段339號4樓

電　　　話：(02)2705-5066　　傳　真：(02)2706-6100

網　　　址：https://www.wunan.com.tw

電子郵件：wunan@wunan.com.tw

劃撥帳號：01068953

戶　　　名：五南圖書出版股份有限公司

法律顧問　林勝安律師

出版日期　2006年10月初版一刷（共二刷）

　　　　　2009年11月二版一刷（共二刷）

　　　　　2024年 3 月三版一刷

定　　　價　新臺幣640元

經典永恆・名著常在

五十週年的獻禮 —— 經典名著文庫

五南，五十年了，半個世紀，人生旅程的一大半，走過來了。

思索著，邁向百年的未來歷程，能為知識界、文化學術界作些什麼？

在速食文化的生態下，有什麼值得讓人雋永品味的？

歷代經典・當今名著，經過時間的洗禮，千錘百鍊，流傳至今，光芒耀人；

不僅使我們能領悟前人的智慧，同時也增深加廣我們思考的深度與視野。

我們決心投入巨資，有計畫的系統梳選，成立「經典名著文庫」，

希望收入古今中外思想性的、充滿睿智與獨見的經典、名著。

這是一項理想性的、永續性的巨大出版工程。

不在意讀者的眾寡，只考慮它的學術價值，力求完整展現先哲思想的軌跡；

為知識界開啟一片智慧之窗，營造一座百花綻放的世界文明公園，

任君遨遊、取菁吸蜜、嘉惠學子！